李嘉诚给儿子的 10 句话

司马中扬　编著

中国财富出版社

图书在版编目（CIP）数据

李嘉诚给儿子的10句话 / 司马中扬编著．—北京：中国财富出版社，2015.8

ISBN 978-7-5047-5754-8

Ⅰ.①李… Ⅱ.①司… Ⅲ.①成功心理—青年读物 Ⅳ.①B848.4-49

中国版本图书馆CIP数据核字（2015）第133421号

策划编辑：刘 晗　　**责任编辑**：刘 晗
责任印制：方朋远　　**责任校对**：杨小静　　**责任发行**：邢小波

出版发行：中国财富出版社
社　　址：北京市丰台区南四环西路188号5区20楼　　**邮政编码**：100070
电　　话：010-52227568（发行部）　　010-52227588转307（总编室）
010-68589540（读者服务部）　　010-52227588转305（质检部）
网　　址：http://www.cfpress.com.cn
经　　销：新华书店
印　　刷：北京高岭印刷有限公司
书　　号：ISBN 978-7-5047-5754-8/B·0441
开　　本：710mm×1000mm　1/16　　**版　　次**：2015年8月第1版
印　　张：16.5　　**印　　次**：2015年8月第1次印刷
字　　数：275千字　　**定　　价**：35.00元

前 言

老话说："可怜天下父母心""望子成龙"，道出了做父母的不容易，也道出了当子女的不容易。中国人普遍非常重视家教质量，父母常常期盼子女长大成人、事业有成，早日实现"成家立业"的美好愿望——如果孩子能端正做人、勤奋上进，父母就会喜上眉梢，甜在心头；如果孩子不思进取、得过且过，父母就会愁在脸上、苦在心里。显然，这两种情况都会时常出现，不是这家，就是那家，而且还存在一种可能性——今日的好孩子说不定会成为明天的败家子。看看我们的周围，这样的案例屡见不鲜，令人扼腕叹息。因此，父母一辈子都会对孩子的成长操心不已。

在这里，我们很关注"华人首富"李嘉诚先生的教子观点和方法，努力想从中找到学习的好经验。

大家都知道，李嘉诚先生是商界的一位标志性领袖，名声响遍天下！自 1958 年开始投资地产市场以来，他在半个多世纪的经商生涯中，靠自己的睿智决断、精深推算、非凡的经营手段，一步步打开了财富大门，从无到有，从小到大，从弱到强，把自己的商业地盘做得扎扎实实、硕果累累，几乎形成了"无敌手"的局面，到 1999 年登上"亚洲首富"的宝座，被誉为能够掀起龙卷风的"李超人"！ 2014 年《福布斯》香港富豪榜上，李嘉诚以资产 320 亿美元名列第一，蝉联全球华人首富。

人们常说："虎父无犬子。"李嘉诚先生对两个儿子李泽钜、李泽楷也怀有同样的期待，始终注意对他们言传身教的细节，告诉他们成就自我的方法，传授他们经营商业的秘诀。他曾经说过：对子女的教育，百分之九十九应该教他们做人的道理，即便是他们成人后，也应该是三分之二教他们如何做人，三分之一才是教他们如何做生意。

一句话，李嘉诚先生的意思是：做事先做人！这句话看似很简单，但是落实起来难度很高，因为做事可以一时，做人可是一辈子，做人不行往往就做不成事。大名鼎鼎的曾国藩、左宗棠对子女就一个要求——"做好人"！李嘉诚先生深知这个道理，希望李泽钜和李泽楷从小要做个心好的人、正直的人、诚信的人，然后才能做个优秀的成功商人。两兄弟正是从小接受父亲这样的端正教育，长期跟在身边耳濡目染，才能在今天独当一面，令大家羡慕不已，把他们称作"龙虎兄弟"。为此，李嘉诚先生也很骄傲，看到两个争气的孩子为家族增光添彩，认为这是他一辈子最满意的两个“人生项目”，正如他所说，“泽”字是按家族字排的，以“钜”“楷”起名，就是希望他们能够做到“巨大”和成为“楷模”！现在可以说，李嘉诚先生是天下父母教育子女的好榜样！

毫无疑问，在现代复杂多变、诱惑满地的社会，父母都视孩子为“掌上明珠”，天天巴不得“龙凤呈祥”，但是一旦忽视了优良的培养教育和正确引导，任由他们偏离端正道路肆意妄为，说不定将来手上捧着的是一块沉甸甸的“坏砖头”，这是天下父母都不愿见到的结局。怎么办？理所当然这样做——要多向李嘉诚先生学习，赶紧把他的教子真经学到手，找到培养自己孩子的给力点！

本书作者长期关注李嘉诚先生的教子问题，多年以来有个愿望——想根据权威版本的李嘉诚先生传记及李嘉诚1990—2014年汕头大学毕业典礼演讲汇总、《全球商业》联合《商业周刊》采访录等资料，认真总结一下李嘉诚先生的教子观。前不久，恰巧美国著名《财富》杂志借全球论坛在香港举行之际专访李嘉诚先生，他讲述了10句教子箴言——“克勤克俭，不求奢华”“赚钱靠机遇，成功靠信誉”“耐心等待成功的到来”“学会培养独立的生活能力”“别人如果放弃，你就要出手”“不要对一项业务情有独钟”“有胆识也要有谋略”“懂得用人是成功的前提”“要时刻考虑合作伙伴的利益”“肯用心来思考未来”。这10句话，是李嘉诚先生从自己80多年的曲折生涯中“淘”出来的，发着金子般的光芒，反映了他对人生事业的洞见和智慧，可谓是李氏家族最好的“传家宝”。

作者利用三年多时间阅读大量资料，认真完成了这本书，想竭力把这位最用心良苦的富豪父亲平时如何教子的好观念和好方法呈现出来，让大家真切地看到他对两个儿子的“四心”——狠心、苦心、热心、关心，以便天下父母能有所启示、借鉴和采纳，早日让孩子成为自己心满意足、别人翘大拇指的成功快乐人士。

全书紧紧围绕“言传身教”这个主线，结构条理清晰，道理深刻，用讲故事、举案例、多比较的方法，客观公正地解读这10句至理名言，可读性和实用性极强，希望天下用心良苦的父母能把它摆在案头，时常读读，一定会受益匪浅，茅塞顿开，获得正确的教育理念。这是作者的期待，也是你们的愿望！

目 录

第 4 句话　学会培养独立的生活能力 /67

老话说："牛犊子长大靠自己"，道出了独立生存的重要性！你看看，在虎、豹、狮成群的非洲大草原上，幼小的虎、豹、狮早早地就开始苦练自己独立生存的绝活——奔跑、突击、闪躲，功夫越到家的越厉害越生猛，功夫越不行的越脆弱越胆怯。

李嘉诚早年经历过茶楼→钟表公司→五金厂→塑胶公司→自创公司，也深知现代商业竞争的厉害和生猛，为了教导儿子克服脆弱和胆怯的心理，稳稳当当经历各种大场面，他告诫儿子一定要自强起来，"学会培养独立的生活能力"，而且把这种能力训练得越强越好，这样才能自己撑起一片天，拼出一块地。这叫"能力制胜法"！

第6句话　不要对一项业务情有独钟 /119

做任何事情最忌讳"一根筋"，即俗话说"不到黄河心不死"。犯这种毛病的人往往不懂得"多点开花""四面出击"的好处。很多脑子不转弯的商人总盯住一件事做到"发霉"为止，然后才考虑下一步怎么挪窝，所以总是跟不上市场大潮而成为可怜巴巴的落伍者。

李嘉诚对儿子讲的一句话真可谓老到至极——"不要对一项业务情有独钟"，即要靠自己明亮的双眼"左顾右盼"，多盯住几个能够发起的进攻点，学会在不同时间"换山头"，力戒困死在一个土坑里，就会产生"这壶不开那壶开""东方不亮西方亮"的商业效应。

事情，工作起来就会热火朝天，效益就会不断飘红。两种对比，印证了一句行话：“不会用人的老板是废人，善于用人的老板是能人！”

李嘉诚明白用人就好比厂房和机器的关系，有了新厂房没有机器等于是个空壳子，有了机器即使摆到旧厂房同样可以马达轰鸣。所以他常把这个比喻告诉儿子，让他们知道“懂得用人是成功的前提”。

的生意风生水起，一天比一天红火，而自己天天掐着指头算计小事情，走不了几步就完蛋。

李嘉诚非常看重“未来战略”在商业规划版图上的紧迫性，希望儿子能够以前瞻性的大眼光看到大格局，扎扎实实地做出一番大事业，劝他们再忙，都要“肯用心来思考未来”，否则，就只能属于小打小闹的小商贩而已。

第 1 句话　克勤克俭，不求奢华

我们常见这样的情况：一些成功的商人尤其巨商天天面对大把大把的金钱，富得浑身流油，想要什么就有什么，想干什么就干什么，把私欲膨胀展露到极点。实际上，这样的商人最容易把自己变成廉价品——“土豪样儿”，几下子就能毁掉父辈或自己辛辛苦苦打拼出来的基业。相反，真正懂得低调行事、严于律己的巨商不会挥金如土，而是保持勤俭持家、珍惜钱财的优良品质，以把事业做稳、做久、做大为高远目标。

李嘉诚谆谆教导自己的儿子，一定要铭记“克勤克俭，不求奢华”八个字，必须把要脸面、要排场、摆阔气的劲头彻底收住，用内敛、低调、简朴的态度做人做事，用心把自己经营的地盘做到最大最好。要不然，在李嘉诚看来，就是二愣子干事——越要越糟。

1. 苦日子折磨不垮好儿郎

※ 李嘉诚贴心话

☆苦难的生活，是我人生的最好锻炼，尤其是做推销员，使我学会了不少的东西，明白了不少事理。所以这些是我用 10 亿元、100 亿元也买不到的。

☆东坡先生曾说：“食无肉，病无药，居无室……”生活所需全部欠缺。我小时候比苏东坡这句话所说的生活条件更苦，在这艰难阶段，我还能在品格、个性、能力、情感与志趣的探索里，找到快乐的滋味。

※ 教子真经解读

李嘉诚是一个从苦难年代走过来的人，经历过风风雨雨，遇到过高低险夷，懂得“苦难”两字比自己手上的钞票更能锤炼人。上面两段话彰显出他的自我拼搏精神，有一股虎虎生风之气，可以作为天下父母教子的人生良药，意思分别是：苦日子是磨砺人生的最大资本，越苦越要挺起腰杆子。用今天的话说，这叫“不经风雨，哪能见彩虹！”

※ 教子故事解析

现代家庭中哪件事火烧眉毛？不用多想，都是这件事——如何教育孩子成功！在天下父母眼中，这件事比天还要大。但是好办法在哪里？怎样一学就管用呢？这又让很多操碎心的父母整天六神无主、急火攻心，甚至跑到各种各样的“教育家”“咨询师”那里取回不同“真经”，却怎么念都不行，“宝贝疙瘩们”该咋样还咋样，弄不好父母还遭呛呛声，斜眼瞅过来。

最好的“教子真经”是什么经？其实，没有多么深奥，也没有多么复杂，就是把孩子的心思摸准，让他们在正道上加油，让穷人的孩子早当家，让富家的孩子顶大事。

2015 年 2 月，哈佛大学资深教育专家乔尔·卡德森教授在深圳做了一场报告，题为《家长们，静下心，抓一抓孩子教育的好方法》，他说了几段话：

我们团队长期从事孩子成长的教育工作，如今面对挑战——这十几年的社会发生巨大变化，已经与过去完全不一样了。商人家庭往往会出现这样的情况，父母为了生意整天忙碌，无暇顾及孩子的教育，等到他们富有起来的时候，转过头来，突然发现最大的问题却是孩子——他们自身品质出了麻烦，性格乖张、态度骄横、任意妄为、好逸恶劳、贪图享乐。这五点是目前很多“富二代”身上的典型特点，自然令父母大失所望。

怎样解决这个问题？我们很欣赏李嘉诚先生的教子方法，既传统又现代，既严厉又宽松。比如，他非常重视对自己孩子的早期教育和后续培养，并用自己的一言一行引导他们健康成长，把如何做人的道理贯穿其中，教育他们为什么要守住勤俭、不贪奢华的道理，而不仅仅是对他们大谈生意经，教怎么去赚钱。

从人性的角度看，厌贫穷、爱富贵是人们的共同特点，但是一旦由贫而富，最考验人的时候就到了。李嘉诚先生经常对李泽钜、李泽楷说：“苦难的生活，是我人生的最好锻炼。”这句话可谓人生忠告，值得所有父母思量再三，想一想自己怎样把教子观念落实好，不要让自己的“富二代”沉醉在奢华之中，把人性扭曲了。

乔尔·卡德森教授一方面批评部分“富二代”品行不良，大肆享受富贵，做事没有准头，一方面非常推崇李嘉诚先生教子观的益处，对两个儿子言传身教，重视做人的道理。这两方面都把握得都很准确，值得其他父母领悟和借鉴。是的，人性中有优点，也有缺点，作为父母，要善于培养孩子正确的人生观念，增加人性的优点，减少人性的弱点，像李嘉诚一样反复告诉自己的孩子“苦难的生活，是我人生的最好锻炼”，让他们的品行变得硬实起来。

古人说：“子不教父之过。”这句话大家天天挂在嘴上，有些父母严厉教子，有些父母溺爱孩子，往往不能把真正的成功道理告诉孩子，自然就起不到很好的效果，这叫“棒子敲不到鼓点上”。李嘉诚养子、教子，始终告诉他们一个做人的基本道理——真牛的商人表面上看来都不狂，而是不忘自己以前的艰难生活，不去追慕奢华习气，时刻记得贪图奢华、追求享乐到头来会把自己变得不值几个钱。

李嘉诚从年少经历苦难的生活锤炼，到现在成为无人不晓的“华人首富”，他的精彩奋斗故事可谓是“草根逆袭”的终极版。

1）在乱世时代，随家人颠沛流离

李嘉诚的父亲叫李云经。1928 年，李嘉诚出生于广东潮州。1937 年开始，日寇逐步侵占中国大片锦绣山河。不久，潮州沦陷于铁蹄之下，日军大肆烧杀抢掠，居民惶惶不可终日，纷纷逃出城外，去山乡农村投亲靠友，躲避战乱。

执教多年的李云经彻底失业，同时李嘉诚小学尚未毕业就失学了。1940 年年初，李云经携妻带子逃到澄海县隆都松坑乡，寄住在姨亲家。不久，又辗转逃到后沟，投靠在小学任教的胞弟李奕家。这一年，祖母因惊吓、贫困而逝世。李云经、李奕两兄弟倾资为老母操办了简单的葬礼，草草掩埋在后沟的山冈。

李云经失业一载，仍未找到教职。他不会体力劳动，也不会做小生意，感叹“百无一用是书生”。胞弟李奕薪水微薄，李云经不忍心受其接济，当执教多年攒下的积蓄渐罄时，李云经心急如焚。当时，内地烽火连天，兵荒马乱，香港成了内地人的避难所。特别是妻弟庄静庵属香港的殷商，是他们唯一可以投奔的对象。李云经与妻庄碧琴商议多日，决定前往香港投靠庄静庵。

李云经的妻弟庄静庵，幼年在潮州乡间读私塾，小学毕业后，像众多潮州人一样离家闯荡。1935 年，27 岁的庄静庵来香港涉足钟表业，从最简单的布质、皮质表带做起，一步步做大。他的产品质优价廉，深受代理商和消费者欢迎。后来他开始兼营钟表贸易，购入瑞士钟表，再销往东南亚各国。

1940年冬，当李嘉诚一家历尽千辛万苦来到香港时，庄静庵已被潮人视为成功人士。他腾出房间让李氏一家住下，设家宴为姐姐姐夫洗尘。席间，他仔细询问了家乡的近况，然后为姐夫介绍了香港现状，劝李云经不要着急，先安心休息，逛逛港街，再慢慢找工作。

庄静庵未提起让姐夫李云经去他的公司做职员，这是李云经夫妇始料不及的。也许，庄静庵在商言商，绝不把公司人事与亲戚关系搅和在一起吧。李云经长期生活在传统伦理氛围中，明白这是有头脑的商家通常的做法，但在感情上不易接受。庄碧琴想去质问弟弟，但被李云经制止。他不想给妻弟添太多的麻烦，来香港投靠妻弟已是万不得已。而且他毕竟是读书人，怀着传统儒士惯有的清高，不愿轻易“为五斗米折腰”。

由于第二次世界大战全面爆发，当时处于英国保护之下的香港也未能长保和平。很快，日寇的铁蹄便踏上了香港，开始烧杀抢夺，使得香港的前景顿时一片黯然，百业萧条。李云经挣的薪水越来越少，为了养家糊口，他只好拼命工作。由于长年劳累，加上贫困、忧愤，不幸染上肺病，他终于在家庭最困难时病倒了。为了维持儿子的助学费，李云经坚持不住院，甚至医生开了药方，他也不去药店买药，偷偷省下一点药钱，以供日后儿子继续学业。庄静庵实在看不下去了，才强行把他拖进了医院。为了给父亲治病，李嘉诚一家生活相当清贫，两顿稀粥，加上母亲去集贸市场捡来的菜叶子，便是一天的伙食。李嘉诚当时只有十几岁，就以羸弱的身躯肩负起了一家人生活的重担。

2）14岁就担起养活家庭的重担

李云经终于没能熬过1943年的寒冬，走完了坎坷的一生，离开了这个动荡纷乱的世界。他临终前，哽咽着对李嘉诚说：“阿诚，这个家从此就只有靠你了，你要把它维持下去啊！”此外，他知道未成年的儿子未来更需要依靠亲友的帮助，又不希望儿子抱有太多的依赖心理，所以留下了“贫穷志不移”“做人需有骨气”“求人不如求己”“吃得苦中苦，方为人上人”“不义富且贵，于我如浮云”“失意不灰心，得意莫忘形”“达则兼济天下，穷则独善其身”等遗言。

父亲没给李嘉诚留下一文钱，相反，给他遗下了一副家庭重担。还有一件更要命的事，李嘉诚为了给父亲看病，开始看医书，突然他自己的身体一天比一天虚弱，原来他也得了与父亲一样的病。他绝口不给母亲讲这件事，因为怕母亲担心。老天有眼，他不看医生、不吃药，硬是扛了三年，竟然挺了过来。

如此不幸的少年时代，使得李嘉诚开始了学徒生涯，跑茶馆，做推销，没有白天黑夜，挣着几个辛苦钱，很多时候顾不上吃口热饭，就匆匆地干活去了，时不时还遭到别人的白眼，有一次在茶馆倒水，他不小心洒到了客人的衣服上，差点被老板揍一顿，他只能忍气吞声，默默地把泪水往肚里咽，收工后，瘦小的影子孤独地晃在凄凉的大街小巷。与此同时，他渐渐地看尽人情冷暖，知道世事艰难，牢记父亲遗嘱，每天都咬牙做事，发誓要对得起自己天天泡在里面的这份苦难生活，长大后要做一名真正让人们敬佩不已、奉献社会的大商人。

“沧海可填山可移，男儿志气当如斯。”数十年过去了，李嘉诚事业有成，他感慨万千地回忆说：

“当年我们一家生活在战乱、父亲病故、贫穷三重合奏的悲歌中。抬头白云悠悠，前景一片黯愁，仰啸问天，人情茫如风影，四方没有回应。我唯一的信念——建立更好的自己，才能建立更好的未来。”

“这个小指头是我第一个疤痕。这疤痕是我14岁的时候，愤怒的印记。那年，一个寒风透骨的冬天下午，我忙了一整天，要把堆得高高的皮带切割，为明天生产工序做好准备。从窗框中，看见高层他们，坐在暖暖的室内，悠闲地品茗。我默然感到很孤独、很怨愤，我错手割伤自己，深可见骨，我还记得血从伤口流出由红变黑，当时心中只有一个念头——自己一定不再成为那可怜的人。”

从这些话中我们可以看出，“小阿诚”多有男人气概；“仰啸问天”四字，“小阿诚”是多么痛苦；“自己一定不再成为那可怜的人”一句，“小阿诚”又多么有抱负！李嘉诚年少时泡在苦水里，却是个敢担当的好儿郎，凭着坚强的信念和毅力，把命运紧紧握在自己手里，终于从生活最底层一步步登上财富最高层，兑现了父亲临终前的含泪重托。

几十年过去了，李嘉诚时不时给李泽钜、李泽楷讲述自己年少的苦难生活，一个目的就是告诉他们：不管现在多么富有，都要记住苦难是人生成长的一大资本——苦日子折磨不垮好儿郎，它会让人变得更坚强。另一方面绝不能把自己富有的样子肆意摆出来，要阔气，在别人面前大炫富贵，抖擞出张狂来张狂去的牛气劲儿。而且要把“苦难的生活，是人生的最好锻炼”这句话当作一条家训传下去，只有这样做，儿孙们才能像世上最优秀的推销员那样推销好自己的人生。

李泽钜、李泽楷每每听父亲讲述到这儿，都会默默地点点头，暗自以父亲为“人生导师”！

让孩子过些苦日子，没啥大不了的，别心痛！让他们明白抱着蜜罐子长不大，苦水中泡一泡是好事，能把坚韧性格打造出来，当个真正的好儿郎。

2.“奢华”这家伙会把人害残废

※ 李嘉诚贴心话

☆我个人对生活一无所求，吃住都十分简单，上天给我的恩赐，我并没多要财产的奢求。如果此生能做多点对人类、民族、国家长治久安有益的事，我是乐此不疲的。

☆衣服和鞋子是什么牌子，我都不怎么讲究。一套西装穿十年八年是很平常的事。我的皮鞋十双有五双是旧的，皮鞋坏了，扔掉太可惜，补好了照样可以穿。我手上戴的手表也是普通的，已经用了好多年。

☆如果单以金钱来算，在香港六七名还排不上我，我这样说是有事实根据的。但我认为，富有的人要看他是怎么做。照我现在的做法，我为自己内心感到富足而高兴，这是肯定的。有金钱之外的思想，保留一点自己值得自傲的地方，人生活得更加有意义。

※ 教子真经解读

在李嘉诚看来，自以为拥有财富的人，实被财富所拥有。他总把自己的生活水平降低，喜欢简朴、简单，这是一种美好品质。他多次告诫李泽钜、李泽楷不要当“土豪”，以简朴生活为美德，让他们懂得生活中当有许多好东西可以追求，但把心思花在贪图奢华上面，就变得没有什么意思了，攀比来攀比去，最后剩下一片浮云，而且比奢华是一件最没劲的事，这“家伙”一定会把人害残废。

※ 教子故事解析

人的一生都在追求目标，关键看你追求的目标是什么？现在的大批孩子喜欢比比你我谁新潮，谁更“高富帅”，今儿你追明天我赶，个个不肯服输，只有别人都追不近、赶不上，心里才觉得倍儿爽。特别是近年来“富二代”爱耍酷、爱斗富、爱奢华成了社会的一大显著问题，很多父母亲戚、教育人士都在发愁这“三爱”，天天想对策、找办法，因为这样子的“土豪”总爱带假模假样的劲儿，纨绔子弟动不动就惹下很多引起社会重视的事件。古人说：“成由勤俭破由奢！”啥意思？就是追奢华会把人害残废！

2013 年 6 月的一天，安徽马鞍山有一名杨姓父亲，开着一辆奔驰 S350，与开着宝马 Z4 的儿子在雨山路与军民路交叉口，不顾街人和其他车辆的安危，像发了狂一样相互追逐，猛追猛碰，发出巨大的撞击声，整个缠斗过程持续了三四分钟，一度出现奔驰别住宝马原地打转一圈多的情况，被困的宝马“脱身”后，突然加速倒车撞向奔驰进行报复，上演了一出“对对碰”的惊悚影视剧，弄得周围的人目瞪口呆，过往的车辆四处躲闪。结果，两车均严重损坏，变得破烂兮兮。儿子先拼命打开车门弃车撒腿就跑，老爹没能追上，随后也气愤地离开了现场。

当民警把父亲带到派出所了解情况，才知道肇事的杨姓父亲曾给儿子一笔六位数的钱去创业。事发前，老杨得知创业款被儿子花掉，便怒不可遏。街头偶遇，他想把宝马撞停后好好地教训这个败家子。这位父亲既愤怒儿子不争气，又惭愧对不起大家……

针对这场“富一代”对决“富二代”的“豪门惊悚碰碰车”，网友调侃说：“牛，太牛了！有钱人就是牛啊！过几天，叫他们父子开两架飞机在天上追逐碰撞，那才叫真牛！”

前几年，一位父亲在省市身居领导职位的儿子，开着豪车撞了人，被路人拦住后，他走出车门，竟然不把事情当回事，嚣张地嚷道：“你们算啥，我爸是李刚！”一下惹得群情激奋，网友呼吁查一查这个“李刚”到底是谁？怎么有这么个儿子如此牛气冲天，不把交规和法制放在眼里？！

我国一位著名歌唱家的儿子，五岁多接受钢琴、书法等方面的专业训练，水平也不错，还参加了“2008 年北京奥运会”的宣传片拍摄。可是，这小子越长大越管不住自己，平时穿个什么名牌也就罢了，一个中学生居然开着宝马四处抖威风，被大家叫作“银枪小霸王”。有一次，这小子开车撞了人，也是满不在乎，以为有个好爸爸顶着，可以想办法解决掉。父母亲赶紧跟在后面平息事态，赔钱道歉，大事化小。结果没有多长时间，这小子又与其他几个“朋友”在歌厅娱乐完后一起强奸女青年，被判刑入狱……

网友评价说：“瞧！这破德行，‘银枪小霸王’小时候的素质教育全泡汤了，牛到监狱里去了！”

这样的例子太多了，大家不妨上网查《被“炫富”打败的人生》一文，很值得父母好好深思一下自己的教子错在哪儿？西方有一句警语：“上帝让他亡，必先让他狂！”原因何在？很简单，就是溺爱坏了，宠坏了。很多父母喜欢这样说：“孩子喜欢什么就让他（她）做什么”，这句话至少有一半不对，问题就在孩子喜欢上了不对的事，还听之任之。

2015年流行一句话：“有钱就任性”。社会上总有些看来财大气粗的人包括一批“富二代”，平时喜欢到处摆阔气、耍排场、炫富有，极尽奢华，生怕自己在别人面前掉价。有些父母还觉得自己的孩子很酷，心满意得，但更多的父母对这样的子女想尽办法却怎么样都管不住，真是恨铁不成钢，急得浑身发抖。其实，这就是财大气粗惹的祸，人生享乐观、骄横气占据了第一位，不懂简朴生活是美德。在这方面，有的父母亲自己没做好，也没把孩子教好。犹太人罗斯柴尔德家族教子十训中有这样两条：“教育子女拥有正确的金钱观”“警惕过于追求物质利益的思想倾向”，西雅图银行名门世家盖茨家族教子十训之一：“富家子弟也不可娇生惯养”。这些名言很值得父母们深思。

俗话说：“勤劳是穷人的财富，节俭是富人的智慧。”这样的话说起来很容易，谁不会说呢？关键是做起来难，怎么长期做到？李嘉诚不光嘴上说说而已，还在言行上始终一致——为了给孩子树立好榜样，把简简单单当作好习惯，他要求从自我做起，好日子当苦日子过。

李嘉诚住的房子，仍是1962年结婚前购置的深水湾独立洋房。这在当时以他的身份，确实“高档”了些。但现在李嘉诚作为香港首席财阀，住这样的房子就显得有点寒碜。从20世纪80年代中期起，住在山顶区的部分英国人陆续撤离，腾出的花园洋房，大都被华人富豪买去。人们都说香港顶尖级富豪，该住进顶尖豪宅区，李嘉诚却对老房子情有独钟。深水湾的李宅外观不气派，内部亦不算豪华，看不到海景。不过现在价格不菲，估值在 1 亿港元以上。

李嘉诚在家中的生活外界不详，他从不在家中接待记者，只在周日，一家人常会坐游艇出海游玩。他有两艘游艇，已用了多年，早算不得豪华。

李嘉诚的衣着朴素有目共睹，他常穿黑色西服，不算名牌，也比较陈旧。还有，手表成为李嘉诚悭俭的象征，凡是涉及他个人生活的文章，没有不谈手表的。据介绍，李嘉诚早年戴的是极一般的日本精工表，后来电子表流行，他改为西铁城电子表。且不论是哪一级富豪，就是白领阶层，戴一两百万元的瑞士名表，比比皆是。李嘉诚的戴表水平，只属于低收入的打工一族水平。

一位外国记者曾评论说："李嘉诚看上去不像一位难对付的商人，而像一位和蔼可亲的中学校长。他经常身穿一套黑色西服、白色衬衣、素色领带。李嘉诚决不认为手上的表有损其高贵身份，他反而引为自豪，常常把手表展示给外国记者看。有一次，他指着手上戴的西铁城电子表，对来访的客人说：'你戴的表要贵重得多，我这个是便宜货，不到 50 美元。它是我工作上用的表，并非因为我买不起一块更值钱的表。'他从不炫耀自己的财富，在私邸中一住就是 20 多年。他使用的豪华汽车、游艇都是私人的，甚至工作午餐也不列入公司账目。长江集团在站稳脚跟之前，为了表示对公司的信心并节约开支，多年来，他自己掏腰包，支付各位董事的薪金。没有人确切知道李嘉诚在私邸里的消费，但都认为他出身苦寒，不会奢侈到哪里去。李嘉诚在公司，与职员一样吃工作餐。他去巡察工地，地盘工（建筑工）吃的大众泡沫盒饭，他照样吃得津津有味。公司来了客人，他不带去高级酒楼，就在公司食堂吃，比平时多几样冷盘炒菜，分量不多，但能吃饱，又不至于浪费。"

在最近一次接受记者采访时，李嘉诚这样说："如果我一个人吃饭，一般只煮一碟青菜、几条小猫鱼。最近去北京的这双鞋，其中一条饰带烂了，我就索性剪掉它，变成一只有饰带一只没饰带，但是照样穿。我穿的鞋多数穿到换底。我不抽烟、不喝酒，也极少跳舞，舞技也很一般。在香港西人眼里，我是个没有生活情趣的典型东方人。"

1995 年 8 月，香港《文汇报》刊出有关李嘉诚的访谈录。李嘉诚说："就我个人来讲，衣食住行都非常简朴、简单，跟三四十年前根本就是一样，没有什么分别。”2006年，央视“面对面”节目播出对李嘉诚的专访，开场即是父子三人围坐家里吃饭的镜头——“周一聚餐”是李家的规矩。在节目中，回忆起父亲的创业经历，李泽楷说：“那时候每星期都吃同样的饭，足足吃了四年。”而李嘉诚望着儿子，抿着嘴，有点尴尬地反驳：“不会吧？”大儿子李泽钜接过话：“是番薯饭。”在两个儿子眼中，“父亲有一种心灵的追求，这可能是其他人想不到的。我们的生活是那样简单，而简单原来就是非常幸福。”

再看一则报道：

1993年5月16日，刚坐上长江实业集团副董事总经理宝座不久的李泽钜新婚大喜。香港及外埠的华文报刊均报道了这场豪门婚宴，关键词不外乎“奢侈”二字，诸如“一席婚宴近4万元，一只鲍鱼2000元”“世界名车大博览”云云。

这些报道本无恶意，但引起李嘉诚的不安。一向低调的李嘉诚赶紧对参观李宅的众记者说：“有人说我点菜3.8万元一席，我真的不知道多少钱。厨师最初写给我的菜单是一万多元一桌，我看了觉得不太好，改了几个菜，最后多少钱一桌我真是不清楚。”据说，李嘉诚在事后对李泽钜提出了批评，让他以后一定要注意。

翻翻历史，从古到今没有几人不爱富，光世界上的“摇钱树”就已经很多了，最近有人统计，重庆出土近百座古代铜器雕刻的“摇钱树”，造型精美，一是象征保佑其子孙后代的生活平平安安，二是象征给子孙带来源源不断的财富。但古今都讲这个理——生活奢侈，是败亡的大根源。古人说得好：“奢侈者，危亡之本”，俗话也说得好：“坐吃山空，立吃地陷”“粮收万石，也要粗茶淡饭”。

李嘉诚深知这些道理，这就是他常希望所有父母记住的一段教子真经：

☆如果子孙是优秀的，他们必定有志气，选择实力去独闯天下。反言之，如果子孙没有出息，享乐，好逸恶劳，存在着依赖心理，动辄搬出家父是某某，子凭父贵。那么留给他们万贯家财只会助长他们贪图享受、骄奢淫逸的恶习，最后不但一无所成，反而成了名副其实的纨绔子弟，甚至还会变成危害社会的蛀虫。如果是这样的话，岂不是害了他们吗？

李嘉诚教子启示

很多人都买得到奢华，但很少有人能买得到高尚。千万别溺爱孩子，娇生惯养是毒药，最后撂倒了他，也撂倒了整个家庭！真正的能人都简简单单，不攀比来攀比去，平时生活和大街上的人差不多，偶尔会多几个好菜而已！

3. 越春风得意，越要憋得住

※ 李嘉诚贴心话

☆年轻时我表面谦虚，其实我内心很骄傲。为什么骄傲呢？因为同事们去玩的时候，我去求学问；他们每天保持原状，而自己的学问日渐提高。

☆我表面谦虚，其实很骄傲，别人天天保持现状，而自己老想着一直爬上去，所以当我做生意时，就警惕自己，若我继续有这个骄傲的心，迟早有一天是会碰壁的。

※ 教子真经解读

李嘉诚希望自己不要在生意场上与别人比骄傲，但要在追求知识方面为自己骄傲。越春风得意时，越要把身上的劲憋住，自己给自己加把油，把该做的事情做好，不在面子上费心思，不在奢华上动脑筋，对得起自己的人生追求，对得起自己打拼的事业！要时时刻刻保持谦虚的姿态，严格要求自己的一言一行，不要被盲目骄傲害了自己，否则自己的能力不够，早晚会碰壁。他这样开导李泽钜、李泽楷，真是肺腑之言！

※ 教子故事解析

我们把做人做事的很多问题翻个遍，一眼就会发现骄傲自大、追逐奢华是人性中的通病，这也是众多父母教子如何做人做事的重点之一，因为一个人过分沉湎奢华生活而显得骄傲自大、四处炫耀，迟早有一天会碰墙壁、栽跟头。

有这样一个寓言故事：

从前，有一头小驴，每天都比别人家的小驴吃得好，整天肚子鼓鼓，吃完就躺在软绵绵的麦草上休息晒太阳。但他还嫌不够，让主人隔三差五弄些稀罕的东西来吃，冬天还要为他做身厚厚的衣服穿，到冷飕飕的晚上要住在温暖如春的房子里。不仅这样，他还经常在其他动物朋友面前夸耀自己的生活，常常摸着肚皮，讥笑其他的动物朋友吃得差，不懂得营养，不懂得休息，不懂得享受，长期把自己弄得瘦不拉叽。而且这头小驴自认为自己很强壮，跑得很快。

有一天下了场大雪，冷风飕飕，小驴又犯毛病了，他吃饱后，跑到每天吃两三顿草料、住在破烂马厩的一匹小马跟前，吹嘘道："不要以为动物们说你跑得快就行了，说不定我跑得比你还快呢！"小马笑了笑，没有回答。小驴又说："让我们来比赛吧。我们各驮三袋谷物，从打谷场运到森林，谁先到，谁就赢。"小马点了点头，默认了。

比赛一开始，小驴就飞奔出去，小马却不紧不慢地往前走。当跑到一半时，小驴就气喘吁吁，开始慢了下来。此时，他看到小马正一步一步地赶上来，小驴很想接着往前冲，但他发现自己的腿开始发抖，而且感到身上的货物也越来越重，最后他终于坚持不住，瘫倒在地上，眼睁睁地看着小马往终点跑去……

整天在外面忙着干活的驴爸爸回来后，听小驴说了这件事，知道小驴心里很委屈，二话不说，第二天麻麻亮，就叫醒懒洋洋的小驴，带着他上路干活去了，寒风一阵一阵吹来，小驴冻得浑身发抖。不料在半路上，他就碰到了那匹与自己比赛的小马，小马正欢快地跟在马爸爸后面小跑着呢……

"春风得意马蹄轻"这句古诗，最能形容一个人在得意时的好心情。我们可以把这个寓言故事的主题改成：一头骄傲自大的小驴从"春风得意驴蹄轻"到"寒风凌厉驴蹄沉"，说明喜欢追求享乐生活，就往往不能正视自己的能力，爱在别人面前犯骄傲自大的毛病，最后招致失败！正如莎士比亚所说："一个骄傲的人，结果总是在骄傲里毁灭了自己。"老舍也说："骄傲自满是我们的一座可怕的陷阱，而且这个陷阱是我们自己亲手挖掘的。"

李嘉诚永志不忘父亲留下的"失意不灰心，得意莫忘形"的遗训，他见多识广，骄傲自大的"小驴"见的多了去了，所以教子很注意掌握这个问题，让孩子不要像那头“小驴”那样贪图奢华、喜欢炫耀自我。

在李嘉诚看来，做生意就像古代学子登科，高兴过后，就要冷静下来，想一想前面异常艰辛的路，做好打持久战的准备。说到这儿，唐代诗人孟郊有一首诗《登科后》颇能反映这种情况：

昔日龌龊不足夸，今朝放荡思无涯。
春风得意马蹄疾，一日看尽长安花。

孟郊好几次考试不中，终于在46岁时考上进士，他自以为从此可以大显身手、龙腾虎跃一番了，便按捺不住满心的得意欣喜之情，大笔一挥写成了这首小诗。他说如今金榜题名多美，以往自己在生活上的困顿就不值得一提了，那些积在胸中的闷气都已被风吹跑了，眼前大道一片开阔，似乎只待自己双脚生风。最后两句“春风得意马蹄疾，一日看尽长安花”，毫不掩饰他志得意满、心花怒放的样子。孟郊万万没想到，后来他又跌落到人生低谷，没有干成什么大事，成了个“苦吟诗人”，穷困潦倒一辈子。

从父母教子经看，这首诗很有教育作用，即不要让孩子被一时的得意乱了心，要明白这个颠扑不破的道理——越春风得意，越要憋住劲。从这个角度看，李嘉诚教子的谦虚与骄傲观是正确的，他很少让儿子在年少时享受奢华生活，证明他是一个懂教育的人，明白古训“满招损，谦受益”。例如，李家俩儿子在香港顶级名校圣保罗学校上学，许多孩子都是车接车送，满身名牌，可李嘉诚很少让自己的孩子坐私家车，而是常常带他们坐电车、挤巴士。在李嘉诚看来，这样可以让他们见到不同职业、不同阶层的人，感受真实的生活和社会，在日后真正做一个谦虚的人。20多年后，李嘉诚回忆往事时，每提及此事，他都深有感触地说：“我孩子当年读书寄宿的学校的条件，比现在汕头大学学生的住宿和生活条件，可还差得多！”

2015年2月，有一则报道：

珠海有一位商人张达明，做房地产生意，以李嘉诚为心目中的榜样，想把自己的事业盘得更大，平时爱读李嘉诚传记、经商经验以及教子方法。他很欣赏李嘉诚说的“我表面谦虚，其实很骄傲，别人天天保持现状，而自己老想着一直爬上去，所以当我做生意时，就警惕自己，若我继续有这个骄傲的心，迟早有一天是会碰壁的”这句话。因为他曾经在事业辉煌的时候，与别人合作，轻信了别人，殊不知别人是“千年的狐狸”，把他算计到里面去了，结果自己倾家荡产，追债的人一堆一堆的，由于承受不了这么大压力，得了一场大病，住进了医院。

这时候，幸亏儿子挺身站了出来，把父亲的烂摊子接过来，重新开始起步，招兵买马，不到两年就有了大起色。张达明看着儿子的这份责任心，满心欢喜，有一天父子俩坐在一起唠嗑，“儿子，你的本事还行，是我们张家有出息的人。”儿子回答说：“老爸，你有能力，但有时候会在我们面前把自己的事情吹得太厉害，架子拉得很开。我小时候，你就教育我要学李嘉诚的两个公子，做事不能骄傲，不能乱得意，我看你就像看李嘉诚一样，但是后来觉得你越来越不像李嘉诚。李嘉诚有那么好学的吗？不能光学人家的表面，而要学人家的精神。老爸，你看我说的在理吗？”老爸笑笑，站起来拉住儿子的手，说：“走，到公司看一看去，看看你臭小子怎么学李嘉诚的。”

不到半个小时，俩人到了公司，张达明一眼就瞧见儿子摆在办公桌上的馒头和咸菜，心里变得酸楚起来，但是却又暗自高兴，心想：“这是我的儿子，比老子强！”再抬头一看，办公桌后面的墙上悬挂着一幅书法作品，走近一瞧，嗨！真是自己当年欣赏的李嘉诚说的那句话，马上笑出声来，“你小子敢抄我的？！”

《管子·禁藏》说：“骄傲侈泰，离度绝理，其唯无祸，福亦不至矣。”《新唐书·刘汇传》说：“又不能训子，皆骄慠不度，素业衰矣。”明代宰相张居正《女诫直解·敬慎》说：“人能宽裕此心，便崇尚谦下，不肯骄傲。”父母教子也应当记住这些话的深刻道理，与李嘉诚教子观比较一下，找找共同点，知道自己该怎么做，而且做得好。

李嘉诚教子启示

孩子一有骄傲自满的苗头冒出来，就毫不留情打住它。要知道，好马都是憋住劲一直朝着目标跑下去，而孬马总爱在大家面前嘚瑟来嘚瑟去！

4. 身段放低低的，别人看你高高的

※ 李嘉诚贴心话

☆以往我是百分之九十九是教孩子做事的道理，现在有时会与他们谈

生意……但约三分之一谈生意，三分之二教他们做人的道理。因为世情才是大学问。世界上每一个人都精明，要令大家信服并喜欢不容易。

☆做人最要紧的，是让人由衷地喜欢你，敬佩你本人，而不是你的财力，也不是表面上让人听你的。

☆我喜欢看书，现代的、古代的都看，时时看到深夜两三点钟，看完就去睡觉，不敢看钟。因为如果只剩下两三个钟头，心就会很怯。在看苏东坡的故事后，就知道什么叫无故受伤害。苏东坡没有野心，但就是给人陷害，他弟弟说得对：我哥哥错在出名，错在高调。这个真是很无奈的过失。

☆保持低调，才能避免树大招风，才能避免成为别人进攻的靶子。如果你不过分显示自己，就不会招惹别人的敌意，别人也就无法捕捉你的虚实。

※ 教子真经解读

这四段话含义深刻，过来人才会有切身体悟，知道自己曾经的是非得失和如何教子做人。李嘉诚把低调做人视为一种难得的好品质，是赢得别人尊重的前提，也是自己做成事情的根本之一，力戒高调而成别人眼中的靶子。他对大文豪苏轼屡次遭遇不幸的感悟，不无道理，这是他在商场拼搏几十年却始终稳如泰山之势、立于不败之地的人生宝贵体验。

※ 教子故事解析

很多人喜欢这几句话：

> 山不解释自己的高度，并不影响它耸入云端；
> 海不解释自己的深度，并不影响它容纳百川；
> 地不解释自己的厚度，但没有谁能取代她作为万物生长的地位。

古人总结得好："水唯能下方成海，山不矜高自及天"。做人要如山，行道要如水，不如山不能坚定，不如水不可奔远。

你把身段放低低的，就是低调。真正的低调是一种无欲则刚的力量，是一种阅过人生后的渐悟，是一种参透人生后的清醒，更是一种做人心智的包容、豁达、成熟。这样别人就会看你高高的，欣赏你！

我们常常想解释什么是"高大"，然而一旦解释起来，却发现越说越说不清，但谁能否认最高大的人生境界就是在复杂的人际关系中始终保持低调呢？例如，在当今社会教子与人处好交往关系、做成事业，李嘉诚认为关键要学会低调，不能自己把自己抬到天上去！

李嘉诚教子总是把做人与做事结合起来，而且更重视前者决定后者，后者是前者的自然结果——前者做好了，人家就会敬佩你，事情也就顺利展开了，但时时要保持低调。

2012年8月，有几位名声赫赫的企业家向李嘉诚先生请教成功的技巧，他则谦虚地摆摆手，回答说："谈不上什么请教，我只是有一点体会，愿意低调，低调，再低调，免得树大招风，不要成为别人进攻的靶子，那样会很不好啊！"正是因为这样始终如一的低调态度，李嘉诚总是放低身段而抬高别人，甘于平凡并资助贫困，赢得了周围人的一次次敬畏与尊重。一位加拿大记者曾记录过李嘉诚低调做人的小事和作风：

李嘉诚从不摆架子，容易相处而又无拘无束，可以从启德机场载一个陌生人到市区，没有顾虑到个人的安全问题。他甚至为客人打开车的后备箱并亲自将行李放进去，然后让司机安坐在驾驶座上。后来大家上了车，他对汽车的冷气、客人的住宿，都一一关心到，他坚持要打电话到希尔顿酒店问清楚房间订好了没有。当然，这家世界一流的酒店也是他名下的产业。

李嘉诚这个人不简单，你可以发现这种情况——如果有摄影师想为他造型摄像，他乐于听任摆布，会把手放在大地球模型上，侧身向前摆个姿势，还问摄影师行不行，完了以后会谦和地说声"谢谢，你辛苦了"之类的话。

类似上面的做法，在李嘉诚身上随时可以体现出来。作为"华人首富"，他为人如此低调，一点派头都没有，把身段放得很低，不会昂头对别人视而不见，体现出他对别人的尊重，他也因此一次次赢得了别人的尊重，被称为是"一位低调而有风度的绅士"！

我们想一想，做人的道理是不是这样的？承认自己的高大，就是认同自己的愚痴。拿得起是一种勇气，放得下是一种肚量。只有把自己的身段放低，别人才会高看你。不爱出风头是李嘉诚始终不渝的原则，他习惯保持低调的作风，即使受到谣言的困扰和无理的攻击，也尽量以静制动，结果很多谣言都不攻自破，很多对手都变成了朋友。这就叫：与其说是别人让你痛苦，不如说自己的修养不够；如果你不给自己烦恼，别人也不可能给你烦恼。

李嘉诚是一个宽厚、开明的父亲，当然希望自己的儿子将来能够有出息，干出一番大事业。一有机会，李嘉诚就和两个儿子坐在一起，教育他们处世做人要低调，严格要求他们知书达理、谦虚做人，并拥有一颗仁爱之心，且绝对不允许他们像那些嘴里含着金汤匙出世的“贵公子阶层”那样目空一切。李嘉诚挂在嘴边的，就是上面那句话——“保持低调，才能避免树大招风，才能避免成为别人进攻的靶子”。针对个性有些突出、不时登上娱乐头版的李泽楷自立门户去创办盈科时，李嘉诚提前给他打预防针，赠予他两句箴言：古人说“出头的椽子先烂”“树大招风，保持低调”。相比之下，李家庞大商业帝国的新掌门人李泽钜要低调得多，沉稳务实，且不乏才干，更多地继承了父亲持守的做人秉性。

根据李嘉诚教子做人低调的话，我们总结出这样 8 条原则，供所有父母参考：

①在生活上简朴些、低调些，如能降低一些标准，退一步想一想，就能知足常乐，这就是人生不贪图奢华而安安稳稳的最大财富。这不仅有助于自身的品德修炼，而且也能赢得上下的交口称誉。因而简朴是低调做人的根本。

②低调做人，就是用平和的心态来看待一切，修炼到此种境界，为人便能善始善终，既可以让人在卑微时安贫乐道，豁达大度，也可以让人在显赫时持盈若亏，不骄不狂。

③不要把自己太当回事，就不会产生自满心理，就能不断地充实、完善自己，开拓人生新局面。过分张扬自己，就会经受更多的坎坎坷坷，暴露在外的椽子自然先腐烂。一个人在社会上，如果不合时宜地过分张扬、卖弄，难免会遭到明枪暗箭。

④要想先做事，必须先做人。做好了人，才能做事。做人要低调谦虚，做事要高调有信心，事情做好了，低调做人水平就又上了一个台阶。

⑤在待人处世中要低调，当自己处于不利地位，或者危险之时，不妨先退让一步。这样做，不但能避其锋芒，脱离困境，而且还可以另辟蹊径，重新占据主动。

⑥面对别人的赞许恭贺，应谦和有礼、虚心，放低说话的姿态，这样才能显示出自己的君子风度，淡化别人对你的嫉妒心理，维持和谐良好的人际关系。

⑦低调做人，不要小聪明，让自己始终处于冷静的状态，兢兢业业，才能做成大事业。财大气粗、居功自傲只能是在做人上的无知表现。所以，财大而不气粗，居功而不自傲，才是真正的明白人。

⑧当你取得一定成绩的时候，你要感谢他人，与人分享，以后为人更要谦卑，更要低调。如果你从此恃才傲物，看不起别人，那么总有一天你会得到苦果！请记住：越是有所成就，越不能恃才傲物。

李嘉诚教子启示

父母亲要明白：一是孩子的高矮不在于一米几，而在于做人的心智健不健康、成不成熟，不能好坏不分、处处当“出头鸟”。否则，永远都是生瓜蛋子！二是活在别人的掌声和羡慕中，是最禁不起考验、最容易沮丧。接受表扬要低下头来，接受批评要抬起头来！

5. 勤能补拙法：早起的鸟儿有虫吃

※ 李嘉诚贴心话

☆我认为勤奋是个人成功的要素，所谓一分耕耘，一分收获，一个人所获得的报酬和成果，与他所付出的努力有极大的关系。运气只是一个小因素，个人的努力才是创造事业的最基本条件。

☆在20岁前，事业上的成功百分之百靠双手勤劳换来；20岁至30岁之前，10%靠运气好，90%仍是由勤劳得来；之后，机会的比例也渐渐提高；到现在，运气已差不多要占三至四成了。

☆我17岁就开始做批发的推销员，就更加体会到挣钱的不容易、生活的艰辛了。人家做8个小时，我就做16个小时。开初别无他法，只能以勤补拙。

※ 教子真经解读

李嘉诚说的话，很好地注解了这两句名言：“笨鸟先飞早入林，笨人勤学早成材”“勤能补拙是良训，一分辛苦一分才”。那些缺乏天赋、缺乏悟性的人，只要勤学苦练，就能弥补自身的缺陷与不足，才能够走向事业的成功。首先，一个勤奋的人必是一个勇于去做的人，在做中增长才干，在做中领悟道理。所以，勤奋可以让每个人都获得以前没有的才干，勤奋可以让每个人都发现一些做事的道理。其次，一个勤奋的人必是一个勇于战胜困难的人。无论有什么不足与缺陷，一个勤奋的人都会百折不挠地克服它，战胜它，最终取得事业的成功。

※ 教子故事解析

世上主要有两种人：勤奋者与懒惰者。对这两者俗话中有很多相关的描述，前者如“早起的鸟儿有虫吃”“春天的蜜蜂——闲不住”“蚂蚁的腿——勤快”，后者如“油瓶倒了不扶——懒到家了”“武大郎卖烧饼——晚出早归”。看看，这些表扬或讽刺多么生动形象：笨鸟起早飞到外面去，就能早点吃到东西；春天的蜜蜂辛勤采蜜，一刻也不休息；蚂蚁很勤劳，寻找、搬运食物争先恐后；油瓶倒了，都懒得伸手扶起来，真是人懒得不行了；武大郎很晚出去却很早回来，是个磨磨唧唧、不好好干事的人。

天下父母都希望自己的孩子勤奋而有所作为，成为一个人见人夸的好孩子；不希望自己的孩子懒懒散散、无所事事，成为一个不争气的坏孩子。

李嘉诚牢记父亲的遗训之一“吃得苦中苦，方为人上人”，作为自己不断进取的一大动力，而打工仔生涯则是他事业的开端和跳板：

1947 年，李嘉诚到塑胶裤带公司做一名推销员，公司已有 7 名推销员，数李嘉诚最年轻，资历最浅，而另几位是历次招聘中的佼佼者，经验丰富，已有固定的客户。显而易见，这是一种不在同一条起跑线上的竞争，是一种劣势条件下的不平等的竞争。

李嘉诚心高气傲，他不想输于他人，他给自己定下目标：3 个月内，干得和别的推销员一样出色；半年后，超过他们。李嘉诚给自己施加压力，有了压力，才会奋发拼搏。

坚尼地城在港岛的西北角，而客户多在港岛中区和隔海的九龙半岛。李嘉诚每天都要背一个装有样品的大包出发，乘巴士或坐渡轮，然后马不停蹄走街串巷。李嘉诚下定决心：“人家做 8 个小时，我就做 16 个小时，开初别无他法，只能以勤补拙。”

要做好一名优秀的推销员，一要勤勉，二要动脑。李嘉诚对此有深切的体会。正是这两点，使他后来居上，销售额不仅在所有推销员中遥遥领先，而且是第二名的 7 倍！李嘉诚因此于一年后被提升为部门经理，统管产品销售。这一年，李嘉诚年仅 18 岁。两年后，他又晋升为总经理，全盘负责日常事务。

李嘉诚对推销工作已是十分内行，但生产及管理对他来说却是非常陌生的领域。不怕不懂，就怕不学。李嘉诚深知自己的薄弱环节所在，他说："对自己的分内工作，我绝对全情投入。从不把它视为赚钱糊口，向老板交差了事，而是将之当作自己的事业。"因此，他很少坐在总经理办公室，大部分时间都蹲在工作现场，身着工装，和工人一道摸爬滚打，熟悉生产工艺流程。对于每道工序李嘉诚都要亲自尝试，他兴致很高，一点也不觉得苦和累。这或许是李嘉诚心怀远大抱负使然。此时的李嘉诚内心正在暗自酝酿着独立创业的计划，他当然要熟悉生产的每一个环节。

有一次，李嘉诚站在操作台上割塑胶，不小心把手指割破了，一时鲜血直流，疼痛钻心。但李嘉诚哼都没有哼一声，迅速缠上绷带，就像什么事都没发生一样，又继续操作。后来，伤口发炎肿胀，他才到诊所去看医生。

许多年后，一位记者向李嘉诚提及此事，说："你的经验，是以血的代价换得的。"李嘉诚微笑着说："大概不好这么说，那都是我愿意做的事，只要你愿做某件事情，就不会在乎其他的。"李嘉诚自小受儒家思想的熏陶和影响，谦逊持重。其实，就客观而言，记者的话并没有夸大其词。

李嘉诚以其勤奋和聪颖，很快熟悉了塑胶生产的各个环节。塑胶厂生产势头良好，销售网络日臻完善，许多大生意，他都是通过电话完成的，具体的事，再由手下的推销员跑腿。

李嘉诚逐渐成了塑胶公司的台柱，成为高收入的打工仔，是同龄人中的佼佼者。他二十岁刚出头的时候，就升到了打工族的最高位置，确实令人称羡。

人间万事凭双手！李嘉诚靠勤能补拙法，在勤奋中不断耕耘和收获，做到了自己信奉的人生格言："吃得苦中苦，方为人上人"！

现在家长要给孩子吃苦，真有点太难了，也舍不得，特别对不少90后出身的"富二代"来说，"吃苦"两字完全不会在他们的人生字典里出现，原因很简单，他们的世界里占据主要生活目的的往往是享乐、爆玩，工作对他们来说在很多情况下是一件可有可无、不大点的事，至于激励自己成就一番事业的理想，那就不用提了。李嘉诚的教子观念告诉天下父母应当这样劝导孩子：人要勤奋，要勤快，不要闲着，不要偷懒。勤奋可以弥补不足，这是前人留下的有益的告诫；只要付出一分辛苦，就能学到一分能力。

只有艰苦奋斗，付出辛勤劳动，才能取得成功。正如东汉科学家张衡所说："人生在勤，不索何获"，唐代诗人白居易所说："救烦无若静，补拙莫如勤"，意大利伟大的画家达芬奇所说："勤劳一日，可得一夜安眠；勤劳一生，可得幸福长眠。"

李嘉诚教子启示

好逸恶劳、伸手就来、张嘴就到的孩子没有用，除了会玩乐，剩下的还是会玩乐。用自己辛苦的双手挣来的东西最珍贵、最闪光！

6. 牢记老祖宗的话："勤俭持家"

※ 李嘉诚贴心话

☆在逆境时，你要问自己是否有足够的条件。当我在自己逆境时，我认为我够！因为我勤奋、节俭、有毅力，我肯求知，肯建立一个信誉。在勤劳中坚忍不拔的人最能成大器，能走出自己的光明路！

☆富家子弟等于温室养大的植物，无论是大树或其他植物，根部一定不壮。若再放纵他们多一点，他们会一生辛苦，遇有什么打击、逆境便很难面对。我虽然不是很有本事，但可以说我这棵小树是在风雨中长大的，经得起考验。

☆我这两棵小树是从沙石风雨中长出来的，你可以去山上试试，由沙石长出来的小树，要拔去是多么的费力啊！

※ 教子真经解读

李嘉诚对两个儿子的教育，不像别的富家子弟，虽然自己手上有钱，但绝不会让他们娇生惯养，追求奢华，一定要勤俭，否则不可能担当未来重任，所以让他们由年幼至成人都饱经各种锻炼，在逆境中成长，像两棵扎在沙石中的树一样坚实。

※ 教子故事解析

现在人们普遍一天比一天富起来，一天比一天日子好过了，一提到"勤俭"两字，很多人觉得土。其实不然，听一听朗朗上口的两句话："勤是摇钱树，俭是聚宝盆""黄金本无种，来自勤俭家"。

有个关于勤俭节约的民间故事广为流传，大家先仔细读一下：

从前，在中原的伏牛山下，住着一个叫吴成的农民，他一生勤俭持家，日子过得无忧无虑，十分美满。相传他临终前，曾把一块写有“勤俭”两字的横匾交给两个儿子，告诫他们说：“你们要想一辈子不受饥挨饿，就一定要照这两个字去做。”

后来，兄弟俩分家时，将匾一锯两半，老大分得了一个“勤”字，老二分得了一个“俭”字。老大把“勤”字恭恭敬敬高悬家中，每天“日出而作，日落而息”，年年五谷丰登。然而他的妻子过日子却大手大脚，孩子们常常将白白的馍馍吃了两口就扔掉，久而久之，家里就没有一点余粮。

老二自从分得半块匾后，也把“俭”字当成“神谕”供放中堂，却把“勤”字忘到九霄云外。他疏于农事，又不肯精耕细作，每年所收获的粮食就不多。尽管一家几口节衣缩食、省吃俭用，还是难以持久。这一年遇上大旱，老大、老二家中都早已是空空如也。他俩情急之下扯下字匾，将“勤”“俭”二字踩碎在地。这时候，突然有纸条从窗外飞进屋内，兄弟俩连忙拾起一看，上面写道：“只勤不俭，好比端个没底的碗，总也盛不满！”“只俭不勤，坐吃山空，一定要受穷挨饿！”兄弟俩恍然大悟，“勤”“俭”两字原来不能分家，相辅相成，缺一不可。

吸取教训以后，他俩将“勤俭持家”四个字贴在自家门上，提醒自己，告诫妻室儿女，身体力行，此后日子过得一天比一天好。

这个故事表明节俭与勤劳缺一不可，所谓“光勤不俭水断流，光俭不勤无源水”，即光勤劳不节俭，就像河水枯竭，水流不再接续；光节俭不勤劳，就像没有源头的水。

能不能正确对待勤勉与懒惰、节俭与奢侈，往往是决定一生成败的重要因素。《左传》说：“俭，德之共也；侈，恶之大也”，意思是：节俭，是善行中的大德；奢侈，是邪恶中的大恶。《管子》说：“人惰而侈则贫，力而俭则富”，意思是：人懒惰又奢侈，生活就会贫困；勤劳而节俭，生活就会富足。《魏书·李彪传》说：“俭开福源，奢起贫兆”，意思是：节俭是幸福的源泉，奢侈是贫困的预兆。《晋书·傅玄传》说：“奢侈之费，甚于天灾”，意思是：奢侈的耗费比天灾还严重；清人魏禧《日录里言》说：

“凡不能俭于己者，必妄取于人”，意思是：凡是自己不能勤俭节约的人，一定会随便拿别人的东西。所以我们一定要做一个勤俭朴素的人，而且勤俭的精神一定要保持，一旦奢华起来就难以再次变得勤俭，因为“由俭入奢易，由奢入俭难”。

人人都想过好日子，这本无可厚非。但是过于奢华是不可取的，商纣用了双象牙筷子，他的臣子就要逃走，原因是看到纣王的贪欲一发而不可遏制。所以坚持节俭要有自律能力。

李嘉诚非常懂得“勤俭持家”的道理，因为他自己的基业，就是靠自己的勤俭慢慢做起来的。

李嘉诚打工的薪水不高，都是辛苦钱。他每每赚一笔钱，除了日常必用的部分外，剩下的全部交给母亲，以维持全家人的生活，自己并没有太多的积蓄。

据他的同事、朋友回忆，李嘉诚从未奢侈过一回，他外出从来都是吃大众餐，他的衣着，没有一件称得上是高档的，始终厉行勤俭之风。

不过，李嘉诚从不认为他的积蓄，是自己省出来的，他总是对别人说：“我之所以能拿出一笔钱创业，是母亲勤俭节省的结果。我每赚一笔钱，除日常必用的那部分，全部交给母亲，是母亲精打细算才维持了全家的生活。我能够顺利创业，首先得感谢母亲，其次要感谢那些帮助过我的人。”

后来，他靠自己的辛勤打拼、省吃俭用，好不容易凑了5万港元创业资金，其中较大的一笔，是他几年来推销产品的提成，另外还有一部分是向亲友借来的。为什么亲友愿意借给他钱呢？因为李嘉诚无论在工作中，还是在日常交往中，都给别人留下了良好的印象，大家都感觉到他勤劳节俭、诚实稳重，不是公子哥式的人，将来定会大有前途，所以都乐意资助他创业。所以，在借钱时，李嘉诚并没费太多的周折。

这样，李嘉诚才有了启动事业的资本，就是说你想成大业一要靠自己的长年勤俭，二要让别人欣赏你确确实实是一个有好品质的人。

后来事业有成，李嘉诚有一部劳斯莱斯，买下已近30年。他说，自己决不会用，只有陪客才劳驾它代步。他的意思是，坐太名贵豪华的车，恐会使自己贪念奢侈，忘记勤俭。

李嘉诚年轻时多苦多难，正因为此，才让他一辈子养成了别人少有的“勤俭持家”的操守。关于“一枚硬币的故事”，想必大家都听说过。

一次，李嘉诚从家中出来，正当秘书为其开车门弯腰欲上车的刹那，不小心从上衣口袋掉出一个硬币，不巧的是它滚落到路边的井盖下面。于是李嘉诚让秘书通知专人前来揭开井盖，小心翼翼在井下寻找该硬币。大约十分钟后，终于找到了硬币，于是李嘉诚奖励这位服务人员 100 元港币，认为这是他应当得到的报酬。

有人不解，认为落井的这枚硬币不是普通的硬币，可能是什么纪念币。李嘉诚这样解释："一枚普通的硬币也是财富，如果你忽视它，它落井了，你不去救它，那么慢慢地财神就会离你而去。"

不过分一点说，正是李嘉诚这种珍惜财富的操守促成了他今天的大成就，让他在儿子们面前变得非常可敬可尊，而"克勤克俭，不求奢华"这八个字也成为他对儿子们最深切的感怀和忠告。

李嘉诚平时不放松对李泽钜、李泽楷的教育，很注重培养他们勤俭的生活态度。李泽楷至今仍对 6 岁时乘坐泛美航班的一段经历记忆犹新：父亲先牵着他走进了头等舱，随后，不顾母亲反对，又将小泽锴送回了经济舱。父亲当时所说的一番话至今仍让李泽楷铭记在心："孩子，当你再回到这里时，你看到的一切都应是你通过艰苦工作赚来的。"

在美国留学时，李泽楷的零用钱，都是他在课余兼职，通过做杂工、侍应生挣来的。每逢星期日，他都到高尔夫球场去做球童打工，背着大皮袋跑来跑去，通过自己的劳动，领取一份收入。李泽楷打工所得，除了日常零花外，还资助生活困难的同学。李嘉诚知道后十分高兴，他对妻子说："孩子这样发展下去，将来准有出息。"

在美国，有钱人的孩子上大学，购置一辆小汽车很平常，可是李嘉诚却不让孩子买汽车。他们兄弟俩在校内就骑自行车，上街时就坐巴士、坐电车。后来，李嘉诚的一些朋友去美国办事，亲眼见到泽钜、泽锴兄弟俩不时身负背囊穿行在马路的车流中，便从安全的角度给李嘉诚提出了意见，他才答允给孩子们买小汽车。

所以，说到底，平民教育也好，贵族教育也罢，对孩子的教育是一个方法问题，教育上的花费多少不是本质，父母的言传身教才是重点。家庭条件好对培养孩子自然有优势，但关键是如何利用这种优势。特别是社会精英阶层大多在企业或某些部门担任要职，如果恰当地利用好这种优势，结合自己孩子的特点进行教育培养，注意把"勤俭持家"的老祖宗观念根植到他们的言行中，就有机会把孩子真正培养成功。

古人说：“克勤克俭，无怠无荒”，意思是：要勤劳节俭，不要懒惰荒疏；白居易说：“奢者狼藉俭者安，一凶一吉在眼前”，意思是：奢侈使人行为不检、名声不好，勤俭便可长久安乐。奢则错俭便吉，这是很快就显现出来的。的确，追求富贵、赢得富贵有时候并不难，难就难在不能守住富贵。有些人一旦富贵就沾沾自喜，不知天南地北，过着奢侈糜烂的生活。日子一久，甜尽苦来，弄不好倾家荡产。富贵不能生根发芽，只有通过辛勤劳动才能获得，但是只知勤劳，不知节俭，富贵也不会长久。李嘉诚教子箴言“克勤克俭，不求奢华”，一语道破了“富家孩子当穷人养”的道理，所有父母应当牢牢记住这8个字，提醒自己的孩子照着去做，孩子就会大有希望！

李嘉诚教子启示

如果孩子不懂“勤俭是美德”的道理，由着性子耍钱玩、逞豪爽，十有八九成败家子，早晚会摊上大事情。这一点毛病，从小就抓，到大也要抓，不怕天天唠叨，直到他完全领悟并身体力行为止！

第 2 句话　赚钱靠机遇，成功靠信誉

形形色色、大大小小的商人赚钱累不累？有的人会说：“真累，累得稀松散了架！”但要问：“成功的商道靠什么？”则各有各的说法，有的人说靠能力，有的人说找对人，有的人说凭手段……但是世上最成功的商道除了善抓机遇外，剩下的就靠这两个闪闪发光的字——信誉！

李嘉诚给儿子传授的一条好经验就是：“赚钱靠机遇，成功靠信誉”。初看来，这好像老生常谈，没啥了不起，但是你要像猎豹捕获猎物一样，猛扑上去逮住赚钱的机遇，就需要极快极高的灵敏度；像对待亲人一样，去面对打交道的生意伙伴、客户群体，就需要把真诚的心窝子掏出来。这两点是一般人都能做到的吗？

1. 机遇喜欢和你“躲猫猫”

※ 李嘉诚贴心话

☆精明的商家，可以将商业意识渗透到生活的每一件事中去，甚至是一举手一投足。充满商业细胞的商人，赚钱可以是无处不在、无时不在。

☆对于有可能争取的顾客，抓住机会要坚持到底，不达目的誓不罢休；相反，对那些根本没有可能做成生意的客户，则应当机立断，绝不磨蹭，重新寻找机会。

☆当机遇一现，你已整装待发，有本领和勇气踏上前路。纵使没有人能告诉你前路是什么风景，生命长河将流往何方，然而，你会在这过程中领悟到丘吉尔的名言：“只要克服困难就是赢得机会。一点点的态度，却能造成很大的改变。”

☆当你犹豫的时候，时机已经过了。很多时候，我们并没有机会和时间进行抉择，只是本能地做了一个决定而已。如果凡事再三权衡，犹犹豫豫，举棋不定，待到想好了去做的时候，早已时过境迁，机会已经没有了。所以，把握眼前的机会，这才是至关重要的。

※ 教子真经解读

李嘉诚主要表述三个观点：一是赚钱的机会藏在各个角落里，可以说是无处不在、无时不在；二是机不可失，时不再来，对没有价值的机会赶

紧放手，不必消耗脑力；三是机遇总是留给有准备、想做事的人，但实现它需要克服各种困难。他希望两个儿子李泽钜、李泽楷在机遇面前动作要快，不能犹犹豫豫，耽误了好时机。

※ 教子故事解析

赚钱是一门说简单就简单、说复杂就复杂的事情，关键一条看你能不能把机遇找出来，能不能逮住机遇不松手——对有眼力的人来说，满地都是金灿灿；对缺乏眼力的人来说，遍地都是白茫茫。赚钱的机遇总是藏在各个角落里，喜欢和你“躲猫猫”。“苹果”掌门人乔布斯生前说：“现实生活中处处都是赚钱的机会，只要你有一双慧眼你将拥有无限的财富。这是父亲告诉我的至理名言！”

现在最流行的说法是，80 年代摆个地摊就能赚钱，可是你没有抓住机会，90 年代搞房地产就能赚钱，你也没有把握住机遇，2003—2015 年上网赚钱就能发财，你可能也没有把握。李嘉诚说：“每一批富翁都是这样造成的：当别人不明白他在做什么的时候，他明白他在做什么；当别人不理解他在做什么的时候，他理解他在做什么；当别人明白了，他们富有了；当别人理解了，他们成功了。”一句话，不怕机遇与你“躲猫猫”，就看你是不是逮住机遇的“聪明机器猫”！

2002 年，李嘉诚不无风趣地说：“我每次出门，在机场都看到有关于我的书籍，不知道为什么其中最多人感兴趣的题目，总是离不开我如何赚钱，既然那么多人有兴趣，我今天便选定了这题目。”几十年历尽商海艰险，他看待机遇的经验就是六个字——“紧紧抓住机遇”。

李嘉诚把推销员这个行当，看作自己学习做生意的好机遇，可以开动脑筋，不断从中提高自己经商的能力。

他在五金厂时，推销对象都集中于卖日杂货的店铺。推销员众多而店铺有限，因此他一入行就感到竞争十分激烈。

最初，他去向杂货店推销铁桶，但收效甚微。他觉得按这种老套子走，难有突破，必须另寻他法。经过一番思考，最后他决定避实击虚，独辟路径，重新寻找机会——采取直接向用户销售的方法。

当时，推销员到酒楼旅店直接推销的不多。但直销方式却有着不可比拟的优势：一来直销价格是按厂价，比客户到市场去买来得便宜；二来送货上门，节省了客户的时间和精力。而且酒楼旅店是进购铁桶的大客户。

经过分析，李嘉诚便决定集中精力向酒楼旅店推销。结果，他这一招一出手，便大获成功。

李嘉诚曾经联系了一家旅店，一次就推销出100多只铁桶，这在当时可谓十分惊人的业绩。但是酒楼旅店毕竟也不多，铁桶又经久耐用，成交一次，要间隔很长时间才有再做一笔生意的机会。为扩大业务，李嘉诚又对家庭散户进行了一番细致研究。他发现，当时中下层住宅区的住户大多使用铝桶，而很少有人买铁桶。于是，他就把目标瞄准中下层居民区。但问题在于家庭散户对铁桶的需要量太少，一户家庭通常也只使用一两只铁桶，其购买量远远比不上酒楼旅店。

然而，李嘉诚认为家庭散户又有一个酒楼旅店不能比拟的优势，那就是积少成多的庞大数量。如何占领这一分散而又不可忽视的庞大市场？李嘉诚一筹莫展。

一天，李嘉诚又在居民区附近徘徊，思考对策。他偶然看见几个老太太正围坐在居民区的庭院中择菜聊天，顿觉茅塞顿开，随即心生一计。于是，他专找老太太卖桶。为什么？他认为，在老太太中只要卖掉了一只铁桶，就等于卖掉了一批。因为老太太都不上班，闲居在家，喜欢串门唠嗑，她们自然而然就成了他的义务推销员。他的这一招果然产生了奇效，销售业绩突飞猛进。

李嘉诚开辟了酒楼旅店的直销路线后，其他推销员也跟风而上。渐渐地，酒楼旅店的推销业务又不好做了。虽然如此，他的销售业绩仍远远超过同事们。有一件事，足以显示他与众不同的商业素质。

有一家刚落成的旅店正准备开张，大家都知道这是推销铁桶的大好时机。李嘉诚的几个同事兴冲冲地去找旅店老板洽谈，不料全都碰了一鼻子灰，无功而返。原来，旅馆老板早已看好了另一家五金厂的铁桶。

李嘉诚主动前去推销铁桶，也被老板毫不客气地拒绝了。问题何在呢？李嘉诚不是个轻易认输、容易放弃机会的人。离开旅店不远，他又转身重新回到旅店。再次见到老板后，不等对方开口，他就抢先说："我这一次不是来推销铁桶的。我只是想向您请教，在我进贵店推销时，我的动作、言辞、态度等行为有什么不妥当的地方，请您指点迷津。我是个新手，又是晚辈，您比我有更丰富的经验，在商界您已经是成功人士了。我恳求您的指点，好让我改进。"李嘉诚这种虚心坦诚的态度令老板大为感动，老板随之一改拒人千里的冷冰冰态度，向李嘉诚提出了一些批评建议，而且愿意接受他的产品。

李嘉诚这一招可谓是一箭双雕，既得到了成功人士的指导，又做成了生意。后来，他的这一招屡试不爽，并渐渐地在推销实践中总结出了许多发现机会、抓住机会、利用机会的好经验，为日后自己的发展打下良好基础。

李嘉诚对机遇的捕捉能力，很值得想要创业的年轻人借鉴。赚钱的机会很多，关键在于是否发现和把握得住。商机无处不在，只有大小之分。别大钱赚不到，小钱不想赚，不可能一开始就赚到大钱，一口吃不成胖子。

有一次，李嘉诚和李泽钜喝茶闲聊，说到赚钱发现机会靠敏锐眼力，要善于抓住看似不是机会的机会，这就需要做到三点——待机、寻机、识机。

①待机：根据市场的变化，从逻辑分析中认定某时赚钱机会定会到来，因此为了利用这一时机，要做好充分的准备，一旦时机到来，便可充分利用时机。许多成功的商人都有过待机的经历。新加坡超级亿万富豪郭芳枫在创业的起步阶段，就是成功地借助“待机”，从而使企业走上腾飞之路。在第二次世界大战结束时，郭民兄弟看准了时机，大量收购战后遗留下来的五金、建筑材料、船舶修配零件，而且当时多数人将这些当废品处理。时隔不久，和平环境带来的是百废待兴，建筑、航运事业迅速发展，郭氏所收购的“废品”，一下子变成了昂贵的宝物，他们等待的时机终于来了，自然通过机会赚到了大钱。

②寻机：经商要千方百计地去寻找赚钱机遇，可以说经营的机遇就是金钱，找到了机遇也就找到了金钱。在商界善于寻找机遇者大有人在，香港民生化学有限公司的老板“魔方”就是一个成功的例子。20世纪70年代，欧洲人创造了“魔方”这一智力玩具，香港许多厂家都想生产“魔方”以填补东方市场的空白。民生化学有限公司老板立即让人从西欧把生产“魔方”的技术资料传真到香港，大量复制，并迅速在香港各家电视台同时播放为生产“魔方”提供全套技术资料的广告，上百家塑料厂盈门争购，他抓住了这一赚钱的机遇，赚了不少钱。

③识机：赚钱切忌跟着感觉走，要对机会有自己的判断。古希腊有个寓言：一头驴听说乌鸦唱歌好听，便头脑发热，要向乌鸦学习唱歌。于是乌鸦就对驴说：“学唱歌可以，但你必须每天像我一样以露水充饥。”于是，驴听了乌鸦的话，每天以露水充饥，结果没有几天，驴就饿死了。这个故

事有点残忍，可现实生活中像驴这样的人很多。一个商人如果凭着一时兴趣，不懂判断选择的对象和机会，试想，结果会比驴好到哪里去呢？做生意如果单凭着感觉去考虑项目、开发产品是会走进盲区的。

李嘉诚教子启示

做事不都是赚钱，但赚钱就是做事。毕业后想成为商家的孩子，捕捉机遇的眼光要像波斯猫一样亮！比尔·盖茨、乔布斯、李嘉诚从小就具有这样的能力，总把眼睛瞪得大大的。

2. 看准了，就像猎豹扑过去

※ 李嘉诚贴心话

☆随时留意身边有没有生意可做，才会抓住时机、把握升浪起点，着手越快越好。遇到不寻常的事发生时，立即想到赚钱，这是生意人应该具备的素质。

☆生命抛来一颗柠檬，你是可以把它转榨为柠檬汁的人。要描绘自己独特的心灵地图，你才可发现热爱生命的你；有思维、有能力、有承担，建立自我的你；有原则、有理想，追求无我的你。

※ 教子真经解读

李嘉诚告诫李泽钜、李泽楷等年轻创业者说：你有了机会，不能等；否则，一迟疑，你就没有多少机会了。换句话说，要快速把到手的柠檬，榨成一杯杯可口的柠檬汁。

※ 教子故事解析

人穷烧香，志短算命。人们常问自己：“为什么他能赚钱，我就不能赚钱？”要赚钱，你一定要有目标，敢于行动，不让机会霎时间溜走。比尔·盖茨说过：“行动，行动，这是我们最终目的。要想富，看准时机，赶快行动，不要怕，先迈出一小步，然后再迈出一大步。记住：利润和风险是成正比的。”

机遇就是商机，有时候它比彗星还要消失得快，刚眨眼就没了。如果没有迅捷扑上去的功夫，你还真抓不住机遇的尾巴。大名鼎鼎的戴尔·卡耐基说：“逮住机遇就要像猎豹扑上去。”这话犀利而准确！

《犹太人的100条生意经》记载了葛朗台的发家智慧：

1789年，犹太富商欧也妮·葛朗台仅仅是一个相当有实力的箍桶匠，能读能写，善于算账。不久，他成了当地最举足轻重的商人。他经营的葡萄园总共有七十公顷，遇上好年景，可以生产七八百桶好酒。他还有十三处按年成交租的分种地和一座老修道院。他还有八九十公顷草场，1793年，他在那里种了3000株白杨。他住的房子也是他买下的产业。这些都是面上的财产，至于他手头的资金，只有两个人知道大致的数目：替葛朗台先生放债的公证人克吕旭先生和索缪城里最殷实的银行家格拉珊先生。

葛朗台先生非常精明，为了收成，每年制作1000只酒桶还是500只酒桶，他从来不曾打错算盘，每逢酒桶的市价比酒价还高的时候，他总有酒桶出售，并设法把自己的葡萄酒藏进地窖，等酒价涨到200法郎一桶他再抛出，而一般小地主早在五路易一桶时，就把酒售空了。1811年，葛朗台明智地紧收慢放，把货一点一点卖出去，一次收成就给他赚了24万法郎。

说到理财的本领，葛朗台先生像猛虎，像大蟒。他懂得躺着、蹲着，耐着性子打量猎物，然后猛扑上去，打开血盆大口的钱袋，把成堆的金币往里倒，接着又安静地躺下，像填饱肚子的蛇不动声色地、冷静地、按部就班地消化吞下的食物。他从谁跟前走过，谁不感到由衷的钦佩？市面上难得哪天没有人提到葛朗台先生的大名，连晚上街头的闲聊也少不了说起他。

当人们问他何以这么会赚钱时，他默不作声，只在烟盒上写了一句话："像猎豹扑上去一样扑向你的机遇！"

巧合的是，李嘉诚也认为做生意必须要留意身边时机，着手越快越好，看准目标就要像猎豹扑食一样扑过去。

1950年，李嘉诚把握时机，用平时省吃俭用积蓄的7000美元，加上借来的一些钱在筲箕湾创办了自己的塑胶厂，将它命名为"长江塑胶厂"。1958年，他在北角购入一块地皮，兴建一幢12层高的厂厦，正式介入地产市场。他独到的眼光和精明的开发策略，使长江集团很快成为香港的一大地产发展和投资实业公司。长期以来，"长江"的盈利大头多来自楼市这一块。有个营销案例足以说明这一点：

1967年，香港地价暴跌，李嘉诚以低价购入大批土地，作为储备。由于楼利滚滚，后来楼市的竞争异常激烈，楼市广告争奇斗艳。传统的屋村现场广告，均是大幅宣传画和霓虹灯。李嘉诚为了把更好的机会抓到手，则别出心裁，赶紧在天水围的嘉湖山庄放激光广告。两个大型激光发射器，安装在楼顶，入夜便发射出多组五颜六色、形态各异的激光，甚为壮观。就是这么一来，他就比别的楼商快了一步，也多赚了不少。

1996年春节，长江实业集团为开发的嘉湖山庄举行丰富多彩的贺岁活动，得知有些电视台要来报道新闻，李嘉诚也想抓住这个机会好好宣传一下山庄。想到之后，他就让公关部门赶紧行动起来，而且越快越好，最好连夜加班。

第二天，除了舞龙舞狮等传统项目，出人意料的是一副挂在嘉湖山庄大厦外墙的对联，十分瞩目。该对联宽25英尺、长175英尺，约18层楼高，颜色以红、金为主，象征鸿运当头、财源滚滚。对联上面写着“嘉湖千家贺新岁，山庄万户庆春风”14个大字，气势磅礴，令整个天水围区平添了不少的新春气息，意在为区内及春节期间前往天水围区的市民带来一番好运。这副对联因奇大而成为春节期间人人争谈的话题。

大年初七，香港公益金与长江实业集团举行“全港首次新界西北区公益金百万行”活动。李嘉诚带着李泽钜、洪小莲、李业广等出席。年初七是“人日”，李嘉诚特地向采访“百万行”活动的人都大派红包，每个红包封200元港币，出手阔绰。香港《信报》以《慨将全年袍金作利是》为题报道此事，幽默地说：“李超人每年只是象征性领取长实董事袍金（工资）5000元，但昨天收到‘超人’红包的保守估计有四五十人，‘超人’支出肯定不止5000元，今年‘超人’的董事袍金已一次耗尽了！”

春节是中国人的第一大节日，此时最容易沟通感情。平时给人们派利是（粤语，即红包）有不当之嫌，过年派利是自然大方。李嘉诚深谙人们心理，抓住这大好时机，利用贺岁活动拉近人们的距离，推介嘉湖山庄。取悦人们，实际上也是在通过人们制作广告。结果，自然很好地起到了宣传作用，一时间使得嘉湖山庄大卖，三个星期就挂出了“全部售罄”的牌子！

大家过一个喜庆的春节，李嘉诚还不忘抓住难得的好时机，赋予了表面并不刻意且实实在在的商业意识，不愧是“商界超人”。跟随在后的李泽钜看到父亲迅速抓住机会、利用机会的做法，不由得心生敬佩之情，知道自己以后该怎样对待时机、扑向时机，这就是李嘉诚教子善于注重的言传身教法。难怪有家商业刊物评价说：“李嘉诚不但自己是高手，他的两个公子也是一样，都是抓机遇的好手！”

人们赚钱的潜能是无限的，一般人真正发挥出的潜能尚不足40%。这就是说，每个人都有成为赚钱高手的条件，只是没有遇到能够激发潜能的机遇，才成了一个平庸的人。赚钱学上有个观点："每个穷人一生中都拥有一副好牌，可惜的是许多人都把它浪费了；每个穷人手上握有一副富人的牌，却把自己打成了一个无法摆脱贫穷的人。"

李嘉诚聪明过人，能够把手上的一副好牌打得更好，除了赚钱的潜意识外，就是他自己以及启发两个儿子的抓住机遇的好经验：

①当机立断：要赚钱必须果断，学会迅速地审时度势。快速决断能够使你占据领先优势，拖拖拉拉、畏首畏尾、不敢决断是赚钱之大忌，这会让你一次次贻误良机。

②动如脱兔：无论在任何时候都要有时间观念，决定做一件事情以后，行动要迅速，绝不能把今天的事留到明天去做。时间就是金钱，拖沓的作风是赚钱的天敌，行动不敏捷很难适应现代市场的竞争。

③创意制胜：努力开发你的创造力，围绕你的事业让思维不受拘束地展开联想。经营需要好的创意，一个好点子、好创意往往能使你的经营路子柳暗花明。任何时候，财富都属于那些具有创意而又能把新观念付诸行动的人！

李嘉诚教子启示

激励正在创业的孩子在机遇面前动起来：慢一步，步步跟不上，要跟上就要费把力。不要磨叽，看准机遇就出手，有了"第一桶金"就会有"第二桶金"，雪球就是这么滚大的！

3. 一旦失信，傻子也不跟你玩

※ 李嘉诚贴心话

☆当你做出决定后，便要一心一意地朝着目标走，常常记着名誉是你的最大资产，今天便要建立起来。

☆一个人一旦失信于人一次，别人下次再也不愿意和他交往或发生贸易往来了。别人宁愿去找信用可靠的人，也不愿意再找他，因为他的不守信用可能会生出许多麻烦来。

☆人生常怀"感恩、敬畏和诚信"的心情。讲信用，够朋友。这么多年来，差不多到今天为止，任何一个国家的人，任何一个省份的中国人，跟我做伙伴的，合作之后都成为好朋友，从来没有一件事闹过不开心，这一点是我引以为荣的事。

※ 教子真经解读

李嘉诚反反复复讲“诚信”的意思是：做人办事必须守住最大的资本——诚信；相反，你一旦失信，别人就会去找其他信用可靠的人。这是最质朴又最管用的商战经验，也是事业有成的一大法宝。

※ 教子故事解析

“诚信”是做人做事能够长久立得住的一张最好的名片，到哪里都好使，都管用，能够赢得大家的信任！明摆着的道理：你一旦不讲诚信，十个见了十个烦，包括傻子在内有谁还愿意跟你玩？还有下次再谈做事的可能吗？

李嘉诚生性内向腼腆，年轻时不喜欢主动与人交谈，但是诚实不仅写在他那张稚气未脱的脸上，更表现在他的每一个行为中。数十年后的今天，李嘉诚出席高贵场合，非常频繁，他仍不是一个滔滔不绝、谈锋犀利的人，但他显示出一个可贵的优点——还是一如既往地守住“诚信”两字。

为什么李嘉诚如此重视诚信呢？这是因为有一件他终生难忘的事情：他为刚去世的父亲选择墓地时，差点被两个奸商欺骗（两个奸商想把一块埋有他人尸骨的坟地卖给他，准备将他人尸骨弄走，然后卖给在他们眼中年少、可以蒙骗的李嘉诚），他极为震惊，心想世上居然有如此心黑挣钱的人，甚至连死去的人都不放过。这件天理不容的事，给他上了一堂关于人生、关于社会真实面目的教育课，他暗下决心：不管将来创业的道路如何险恶，不管将来生活的情形如何艰难，一定要做到在生意上不能坑害人，在生活上乐于助人，做正直诚信的人。

后来，李嘉诚做生意时也不忘诚信，并默默地把“诚信”的品牌打出去了。

1）不希望被别人牵着鼻子走

1957年岁尾，长江塑胶改名为长江工业有限公司。公司总部由新莆岗搬到北角，李嘉诚任董事长兼总经理。厂房分为两处，一处仍生产塑胶玩具，另一处生产塑胶花。李嘉诚把塑胶花作为重点产品，让事业上了一个新台阶，他仍不满足，开始考虑打开海外销路，以此带动生产，进一步扩大规模。

香港的对外贸易基本上为洋行垄断，而华人商行的优势，是在中国内地与东南亚的华人社会。20世纪50年代，西方国家对华实行禁运，香港华人商行的出口途径，基本限于东南亚。

世界最大的消费市场在欧美，欧洲北美占世界消费量的一半以上。李嘉诚无时不渴望将产品打入欧美市场，他通过《塑胶》杂志，得知香港塑胶花正风靡欧美市场。

当时，要进入欧美市场，只有通过香港的洋行，他们在欧美设有分支机构，拥有稳定的客户，双方建有多年的信用。香港的塑胶花正是这样进入欧美市场的，李嘉诚也接受过不少本地洋行的订单。他不甚满意这种交易方式，因为一切都缺乏透明度——塑胶花具体销往何国何地？代理商是谁？到岸价、批发价、零售价是多少？销路如何？消费者有何反馈？都不清楚。

一家洋行提出包销长江公司的塑胶花，若是别的厂家，或许会认为这是福音，从此产品不愁销路。李嘉诚却谢绝了对方的“好意”，他清楚地意识到，如果接受了对方的包销条件，就得被对方牵着鼻子走，价格、产量得由对方说了算。他决心甩掉中间环节，改变销售途径，直接向境外批发商销售塑胶花。

其实，境外的批发商也希望绕过香港洋行这个中间环节，直接与香港的厂家做生意，这对双方都大有好处。于是，在为开拓海外市场伤透脑筋之时，李嘉诚终于赢得了一个与境外批发商见面的机会。

2）问题来了，该怎么办

有位欧洲的批发商来到香港，李嘉诚把他带到北角的长江公司。看过样品后，批发商对长江公司的塑胶花赞不绝口：“比意大利产的还好。我在香港跑了几家，就数你们的款式齐全、质优美观！”

批发商要求参观长江公司的工厂，他对能在这样简陋的工厂生产出这么漂亮的塑胶花，甚感惊奇。这位批发商快人快语：“我们早就看好香港的塑胶花，品质品种，处于世界先进水平，而价格不到欧洲产品的一半。我是打定主意订购香港的塑胶花，并且是大量订购。你们现在的规模，满足不了我的数量。李先生，我知道你的资金发生问题，我可以先做生意，条件是你必须有实力雄厚的公司或个人担保。”

找谁担保呢？担保人不必借钱给被担保人，但必须承担一切风险。被担保人一旦无法履行合同，或者丧失偿还债务能力，风险就落到了担保人头上。不过，根据塑胶花的市场前景，以及李嘉诚的信用和能力，风险微乎其微。

某篇文章曾这样记述李嘉诚寻找担保人："在香港这个认钱不认人的社会，金钱关系更胜于至亲挚友关系。'求人如吞三尺剑'，位卑财薄的李嘉诚，只有硬着头皮，去恳求一位身居某大公司董事长的亲戚，这位大亨亲戚岔开话题，令李嘉诚碰了一鼻子灰，陷入山穷水尽。"

这篇文章所说的"身居某大公司董事长的亲戚"，自然指的是李嘉诚的舅父和未来的岳丈庄静庵先生。从1950年起，中南公司设厂从事手表装嵌，机芯来自瑞士，装嵌成成品后供香港的分店零售及运往东南亚。中南公司后又在德辅道设立总装大楼，并在湾仔拥有中南大厦。1955年，中南取得瑞士乐都表和得其利是表的经销权，经销网遍及香港、东南亚、韩国等地，营业额在香港首屈一指。

当然，大有大的难处，业务增长快，资金也投入大，即使是超级巨富，也会遇到许多意想不到的困难。有人这样说："为嘉诚担保，其实并无风险，作为亲舅，本该鼎力相助与提携，但他没这样做。"

李嘉诚一贯抱着善意待人待事，恪守诚信，在往后的岁月，他总是回避求殷富担保之事。也许，他觉得事情已过去，不必再纠缠不清；也许，他认为经受磨难，对一个人成就大事业有好处。

3）怎样打动别人的心

翌日，李嘉诚来到批发商下榻的酒店。俩人坐在酒店的咖啡室，咖啡室十分幽静。李嘉诚拿出9款样品，默默放在批发商面前。李嘉诚没说什么，认真观察批发商的表情。

李嘉诚的内心，太想做成这笔交易了。该批发商的销售网遍及西欧、北欧，那是欧洲最主要的市场。李嘉诚未能找到担保人，还能说什么呢？他和设计师通宵达旦，连夜赶出9款样品，期望能以样品和诚信打动批发商。若他产生浓厚的兴趣，看看能否宽容一点，双方寻找变通方法；若不成，就送给他做留念，争取下一次合作。

机遇既然出现，他是无论如何不会轻易放弃。9款样品，每3款一组：一组花朵，一组水果，一组草木。批发商全神贯注，足足看了10多分钟，尤其对那串紫红色葡萄爱不释手。李嘉诚绷紧的神经稍稍放松，这证明他对样品颇为看好。

批发商的目光落在李嘉诚熬得通红的双眼上，猜想这个年轻人大概通宵未眠。他太满意这些样品了，同时更欣赏这位年轻人的办事作风及效率，不到一天时间，就拿出 9 款别具一格的极佳样品。他记得，他当时只表露出想订购 3 种产品的意向，结果，李嘉诚每一种产品都设计了 3 款样品。

“李先生，这 9 款样品，是我所见到过的最好的一组，我简直挑不出任何毛病。李先生，我们可以谈生意了。”

谈生意，就必须拿出担保人亲笔签字的信誉担保书。李嘉诚只能直率地告诉批发商：“承蒙您对本公司样品的厚爱，我和我的设计师，花费的精力和时间总算没有白费。我想您一定知道我的内心想法，我是非常非常希望能与先生做生意。可我又不得不坦诚地告诉您，我实在找不到殷实的厂商为我担保，十分抱歉。”

批发商目光炯炯地看着李嘉诚，未表现出吃惊和失望。于是，李嘉诚用自信而执著的口气说：“请相信我的信誉和能力，我是一个白手起家的小业主，在同行和关系企业中有着较好的信誉，我是靠自己的拼搏和同人朋友的帮助，才发展到现在这规模的。先生您已考察过我的公司和工厂，大概不会怀疑本公司的生产管理及产品质量。因此，我真诚地希望我们能够建立合伙关系，并且是长期合作。尽管目前本公司的生产规模还满足不了您的要求，但我会尽最大的努力扩大生产规模。至于价格，我保证会是香港最优惠的，我的原则是做长期生意，做大生意，薄利多销，互利互惠。”

李嘉诚的诚恳执著，讲究信誉，深深打动了批发商，他说道：“李先生，你奉行的原则，也就是我奉行的原则，我这次来香港，就是要寻找诚实可靠的长期合作伙伴，互利互惠。只要生意做成，我绝不会利己损人，否则就是一锤子买卖。李先生，我知道你最担心的是担保人。我坦诚地告诉你，你不必为此事担心，我已经为你找好了一个担保人。”

李嘉诚马上愣住了，哪里有由对方找担保人的道理？批发商微笑道：“这个担保人就是你。你的真诚和信用，就是最好的担保。”

他俩都为这种幽默感笑出声来。谈判在轻松的气氛中进行，很快签了第一单购销合同。按协议，批发商提前交付货款，基本解决了李嘉诚扩大再生产的资金问题。这位批发商主动提出一次付清，可见他对李嘉诚信誉及产品质量的充分信任。

批发商叫侍者拿来两杯香槟酒，举杯说道：“我们的合作，一定会很愉快！”

从此李嘉诚甩开中间商，产品直销欧洲市场，生意一下红火起来。

还有一件事情足以体现李嘉诚的诚信为人。

20世纪60年代，李嘉诚有一次与美国一名客商谈成了生意，正要准备提货时，这名客商不知道什么原因不要了，表示愿意赔偿损失。李嘉诚先是吃惊一下，但马上平静下来，说：“我不要你的赔偿，就算交个朋友吧，以后看有没有机会再合作。”这位朋友表示感谢，就走了。

过了十几年，突然有一名美洲客商找到李嘉诚，说要订购他的产品，数量较大，李嘉诚非常纳闷，心想这人是怎么找过来的呢？一问，才知道这位客商公司的高级主管与十几年前那位不要李嘉诚产品的美国人是好朋友，是这位美国人在高级主管面前把李嘉诚的好话说尽了，打包票说，李嘉诚是一个绝对可信的人，与他合作没问题。

通过这件事，李嘉诚一下就打开了美洲市场，并体会到：“一件看似吃亏的事，往往变成了有利的事情。”这成了他一条成功的要诀！

古人说“精诚所至，金石为开”，此言不是说着玩的。李嘉诚这些诚实做人、竭力合作的故事给两个儿子留下很深的印象，也是他们往后成长发展的基础。李泽钜曾表示：他自己的事业正在起步，从父亲身上一定要学习到那种“待人以诚”的哲理，与合作伙伴保持良好的合作关系。

李嘉诚曾谈到一件事：“当孩子还小的时候，在节假日，我常常带他们乘游艇出海度假。我对他们的教育是，对生活对事业要认真，对人生对事业要诚实，对人要亲切。生意上成功的关键就是信心！”他教导儿子“成功靠信誉”，也是大实话，这对于那些见钱眼红、热血沸腾而动不动就背信弃义、玩些花招的商人来说，尤其值得深思。不管孩子将来经不经商，有责任心的父母都要教育他们把“诚信”两字刻在心头，拿稳这张人生名片！

李嘉诚教子启示

提醒将要面对社会的孩子记住天下一条硬道理——做事先做人！诚实守信永远招人爱，日子越过越踏实；偷奸耍滑只能混饭吃，日子越过越闹心。一门心思想着歪点子赚钱的人往往赚不着，把人做诚实了，钱就会来找你！

4. 诚信的人到哪都是最牛的

※ 李嘉诚贴心话

☆缺乏诚信的人永远只是个小角色。

☆注重自己的名声，努力工作，与人为善，遵守诺言，这样对你们的事业非常有帮助。

☆有人问我做人成功的要诀是什么？我认为做人成功的重要条件是：让你的敌人都相信你。而要做到这样的境界，第一是诚信。我答应的事，明明知道吃亏了都会做，这样一来，很多商业上的事，人家会说李嘉诚答应的事，比签合约还管用。

☆我们长江要生存，就得要竞争；要竞争，就必须有好的质量。只有保证质量，才能保证信誉，才能保证长江的发展壮大。

※ 教子真经解读

简单地说，李嘉诚的意思如同古人所说“无信不立”“诚信为人之本”，别不把诚信当回事！做人要讲诚信，做企业也要讲诚信。做到这点，你就是成功壮大自我的资本、拔地而起的企业家，而不是玩点鬼主意、耍些小把戏的“小角色”。这是李嘉诚一直教导两个儿子必须明白的事理。

※ 教子故事解析

每个人都愿与诚实守信者打交道，为什么？让人放心！我们的古人说：“惟诚可以破天下之伪，惟实可以破天下之虚”，德国民间谚语说：“信用重于黄金”，都不容置疑。世界上最贵的东西都是无价的，有价的都不是最贵的，而诚信就是无价之宝，诚信者是天下最牛的！

大家都知道，“商品”往往是指产品。其实，成功商人要多在这个“品”字上下大功夫——一是提高自己的人品，讲诚实守信，二是完善产品的质量，让顾客满意，两者合起来就是成功的经商品质，任何时候都会战无不胜，不惧怕商业对手。日本大企业家小池本道曾说过：“做人就像做生意一样，第一要诀就是诚实。诚实就像树木的根，如果没有根，树木就别想有生命了。”这段话也可以说是小池成功的经验。

小池出身贫寒，20 岁时就替一家机器公司当推销员。有一个时期，他推销机器非常顺利，半个月内就跟33位顾客做成了生意。之后，他发现他们卖的机器比别的公司生产的同样性能的机器昂贵。他想，如果同他订约的客户知道了，一定会对他的信用产生怀疑。

于是，深感不安的小池立即带着订约书和订金，整整花了三天的时间，逐户逐户去找客户。然后老老实实向客户说明，他所卖的机器比别家的机器昂贵，为此请他们废弃契约。

这种诚实的做法使每个订户都深受感动。结果，33人中没有一个与小池废约，反而加深了对小池的信赖和敬佩。

其后，人们就像小铁片被磁石吸引似的，纷纷前来他的店购买东西或向他订购机器，这样没多久，小池就成为“钞票满天飞”的人了。

小池用实际行动证明了自己的诚信。同样，李嘉诚很认同小池的这种主张，他在各种场合的谈话和演讲，“诚信”这两个字的出现频率很高，因为他明白，人与人的交往是建立在诚实守信的基础上的。诚信真是像磁石一般具有强大的吸引力，是最好的经商品质，适时地把“诚信”亮出来，就会成为打遍天下无敌手。

嘴上说“诚信”容易，真正做起来就难了。李嘉诚初出茅庐时，由于想要成功，着急上火，企业还没有稳定发展时就想向数量和规模要效益，希望在同行业中独占鳌头。不料，这一心理给他的塑胶厂带来了极大的风险，甚至使其面临生死存亡的关口，但是他最后靠诚信挽救了自己的名声，也挽救了企业。

1957年，李嘉诚初创长江塑胶厂时，运用了意大利偷学过来的技术，一时间订单纷纷飞来，出现了产品供不应求的局面，由于一时糊涂，长江塑胶厂采用了降低产品质量来完成订单的错误举措。结果，客户对质量的反馈很差，要求退货者居多，银行追债，客户退款，长江塑胶厂陷入了困顿，面临破产的危险。

一天，李嘉诚的母亲庄碧云找他谈话，问：“你认识老家开元寺的元寂主持吗？”

李嘉诚还没有回答，母亲便接着讲了下去：

“元寂法师老年时想在自己的徒弟中选个接班人，这两个徒弟的法号分别是一寂和二寂。元寂把一寂和二寂叫到身边，说出了自己选接班人的事，并交给他们一人一袋稻谷，到第二年秋天，谁收的谷子多，谁就是接班人。第二年秋天，秋收过后，一寂和二寂前来接受法师的考核，一寂收获一大担子谷子，二寂却两手空空。元寂见到两个徒弟，微微一笑，当即宣布二寂为接班人。一寂很不服气，询问师傅：‘不是谁收获的谷子多谁就是接班人吗？师父怎么可以言而无信？’元寂老法师看了看一寂，又看了看二寂，说：‘可是，我给你们的是煮过的谷子，你们怎么能种出稻谷呢？可见，二寂是诚实的人。’一寂听后，恍然大悟。开元寺的众人也都心服口服。”

这时，庄碧云语重心长地对儿子说：“经商如同做人，诚信当头，则无危不克。就是说，做生意如同做人，诚信不可少，有了诚信才能为人信任，有了诚信生意才能长久。”

听罢母亲的话，李嘉诚感到愧疚，下决心改掉自己慕功求利、火急火燎的心态，主动找客户和银行道歉。他的诚意着实打动了银行和客户，救了长江塑胶厂。

从此之后，李嘉诚再没有发生过失信于人的事，相反，由于时刻提醒自己要诚信经营，才成了商业圈里皆知的诚信商人。后来，很多生意人便主动找上他的门来，他自己则打遍天下无敌手！

是人都会犯错，但只要诚心改过并不再犯，就能得到人们的原谅；不然的话，到头来只能自讨苦吃。美国前总统华盛顿小时候不慎砍倒了一棵父亲很喜爱的樱桃树，面对父亲的询问，他勇敢承认并得到了父亲的谅解，就是一个小中见大的例子。长江塑胶厂之所以在犯错后能转危为安，毫无疑问，离不开李嘉诚的真心道歉、诚心悔改，郑重向客户和银行保证：“我们长江要严把质量关，长江不会有次品。”结果，他与小池本道一样赢得了商场上的大局面，成就了一番稳如泰山的商界霸业。在这里，我们同样要给李嘉诚点个赞，当然也要给他的母亲点个赞！

换句话说，这次事件对李嘉诚来说是一个深刻的教训，给他上了重要的一堂讲与不讲诚信有天壤之别的考验课，母亲的教诲起了很大的作用，让他茅塞顿开，让他在生意场上变得更成熟，也让长江塑胶厂在蜕变后稳健发展。

李嘉诚经常鼓励员工：“我们长江要生产，参与各种各样的激烈竞争，首先要用一颗实诚心保证自家商品的质量，以优良质量作为每一天赢取信誉的保证，绝不能有半点闪失。”这就是把做人与做事结合起来，落实在

“诚信”两字上的好典范。李嘉诚一生渡过了多次危机，当他的企业处在低谷的时候，员工们都不舍得离他而去，为什么？因为他们佩服李嘉诚的诚信品格。李嘉诚后来回首这段艰辛的岁月时说：“信誉，诚实，也是生命，有时比自己的生命还重要！”

诚信君子，失信小人。李嘉诚一方面深深记得父亲生前说的“不义富且贵，于我如浮云”，一方面总像母亲早年教育他一样，在教子的过程中，好好把握住做人要讲诚信、做事也要守诚信的硬道理，不让他们成为见利忘义、背信弃义的人，要说老实话、办老实事、做老实人，这样才能让自己在大家面前站得住，大家都愿意和你做生意，也能够长久赢得顾客的心，自己赚钱赚得心安理得。这就叫：对人以诚信，人不欺我；对事以诚信，事无不成！

在李嘉诚看来，金钱对某些人来说是非常重要的，但人和人之间还有比金钱更重要的东西——诚信。早年的山西“票号”就是打出“诚信”牌，以诚信为本，从而成就了以乔家大院为代表的近300年的辉煌。李嘉诚认识一位富商朋友，他是在几年时间内迅速富起来的，有人问他：“您在短时间内成为富商的秘诀是什么？”他说：“诚信，我是从一毛钱的诚信起家的。”这位富商原来是一个做小规模批发生意的普通商人，干了几年以后，他看到周围的很多商人都因为不讲诚信、坑瞒顾客而最终倒闭关门，卷铺盖走人，渐渐体会到诚信在商业交往中的作用，于是就想出了一个赢得信誉的好方法——赚多赚少如实给顾客说明白，反而大家觉得这是个实在人，一传十十传百，都愿意来买他的产品。

2005年，李嘉诚给长江商学院的总裁学员讲过一个故事，大家很有必要读读，悟悟诚信的人有多牛：

> 晚清，重庆有个苦读十几年的书生刘继陶，因为学的东西没派上用场，只好跟着年迈的父亲学做生意。这年春夏之交，四川地区阴雨连绵，川江、岷江大河溪流水急浪高，过往船只损坏严重。眼看船舶大修时节来临，而重庆市面上桐油告缺。父亲就派儿子到川北大山深处收购桐油。
>
> 刘继陶带着三两个伙计，一路赶到川北南充，一看各处桐油榨户院子里桐籽堆得像小山包，桐油还没有开榨，离收购还早着呢。

于是，刘继陶把几个伙计安顿好，自己就游山玩水、探幽访古去了。

不几天，刘继陶玩够了，回到客栈，发现收购商已经密密匝匝。刘继陶连忙带着伙计，拿着银票，急急忙忙地去收购桐油。可情况大变，那些榨户没一个人理他，因为桐油早已被人订走了。

刘继陶没辙了，就叫伙计把南充大街小巷的油篓都收购过来，伙计们不理解，嘴里嘟嘟囔囔，说这人有病。不到几天时间，收购来的油篓就堆满了客栈的前院后院。

几天后，客栈里突然挤满了榨户和客商。为啥？原来等到桐油榨出，他们才发现满大街没有一只油篓卖，就都慌了起来，因为桐油一榨出来，如果不及时装篓封存，很快就会胶化长菇子。一打听，是一个叫刘继陶的人全部买走了，才有了他们纷纷找上门来的这出好戏。这时，刘继陶的伙计们才转过神来，不由地佩服起来：这真是龙生龙，凤生凤，老板的儿子天生就是会赚钱的料。这次，刘掌柜可得狠宰一把。但是当这些榨户和客商抬高价要买时，刘掌柜竟然不卖，任凭他们怎么求情！

这还没完，接下来刘掌柜把这些人招到酒馆好好吃了起来，酒酣之际，他端起酒杯，对着满堂客商说："各位都是生意场上的前辈，晚辈是初来乍到，日后还要各位提携。我刚才说不卖，是指高价不卖，而是要原价卖给你们。晚辈有一个不情之请，各位能否把订购的桐油匀三成给在下。"听刘掌柜这么一说，全场都静了下来，接着马上就议论开来，原来他是这么想的啊，不是趁火打劫！他们一致认为，今年桐油本来就多，让他三成又何妨，都纷纷表示同意。这样，双方的难题都解决了！分别时，都请刘掌柜留下商号的名称和地址，说日后生意上多来往，与他打交道信得过！

刘继陶带着伙计，赶着十几驾马车，满载而归。一回到重庆，伙计们就把一路的经历告诉了他的父亲，父亲有点不解，这不是傻儿子吗？刘继陶看着父亲，笑着说："我这是第一次出门做生意，不懂生意经。但书中古语说得好：'得道多助，失道寡助'。我想，做生意也是一样，也要广结朋友，细水长流，多讲诚信、厚道。这次，我完全可以狠狠地赚一把，但这样做会成为同行的众矢之的，将来还有谁敢与我们做生意。这次虽然少赚了一点，但从长远上看，我们还是赚大了。”

父亲听了，哈哈大笑起来，顿时起身将生意全部交给了儿子。刘掌柜以后果然不仅生意越做越大，成为重庆首屈一指的大商家，而且他还广结善缘，扶危济困，兴学助教。至今，他的美名还被人们传诵呢！

李嘉诚爱拿上面的例子开导李泽钜、李泽楷，意图很明显——别以自己的小技巧到处尔虞我诈，要知道诚信的风范能够摆平天下事，诚信的人是天下最牛的！

李嘉诚教子启示

啥叫诚信？就是本本分分，做事一下是一下；啥叫不诚信？就是胡思乱来，做事有一下没一下。失信一次要靠十次努力，能不能挽回还另说。你想，谁都不愿再犯傻，成了上钩的笨鱼！一辈子都要勿欺人、勿欺心，至诚至信，根深叶茂。

5. 守信法：要么不说，说了算数

※ 李嘉诚贴心话

☆如果取得别人的信任，你就必须做出承诺，一经承诺之后，便要负责到底，即使中途有困难，也要坚守诺言。

☆我生平最高兴的，就是我答应帮助人家去做的事，自己不仅是完成了，而且比他们要求的做得更好，当完成这些信诺时，那种兴奋的感觉是难以形容的……

☆与新老朋友相交时，都要诚实可靠，避免说大话。要说到做到，不放空炮，做不到的宁可不说。

※ 教子真经解读

李嘉诚这些质朴的话语，自然亲切。他既要求自己，也希望儿子做到：一方面对别人一经承诺之后，便要负责到底，不闪失，另一方面答应帮助人家去做的事，要做得更好，不含糊。这就是说：切忌对别人随便张口，说些无法兑现的承诺，要知道在别人面前说话，“假大空”是万万要不得的，因为失掉信誉等于自我摧毁、自我完蛋，不值得。的确如此，李嘉诚的这几句话对所有父母教育孩子都起警示作用。

※ 教子故事解析

人们常说："诚重如山，一诺千金""一言既出，驷马难追"，意思就是说话要算数，要么就别说；至于信口雌黄、胡乱撒谎更是要不得，否则会把自己弄得狼狈不堪。海涅说："生命不可能从谎言中开出灿烂的鲜花"，巴尔扎克说："遵守诺言就像保卫你的荣誉一样"，真是至理名言！

秦代末年有个人叫季布，一向说话算数，信誉度非常高，许多人都同他建立起了深厚的友情。当时流传着谚语："得黄金百斤，不如得季布一诺"，这就是成语"一诺千金"的由来。

从古至今，人们公认"人之交，信为本。"交往必须讲信用，这是做人办事起码应当遵守的准则。嘴上没有把门的，互相失去信任，就会影响彼此之间的良好关系。三国时期的关羽那么受人崇拜，后人修了无数的关帝庙纪念他，就因为他与结拜兄弟同生死的忠诚勇敢、信守承诺。再看一个大家都应当听说过的教子例子：

曾子的妻子到市场上去，她的儿子要跟着一起去，一边走，一边哭。妈妈对他说："你回去，等我回来以后，杀猪给你吃。"

妻子从市场回来了，曾子要捉猪来杀，他的妻子拦住他说："那不过是跟小孩子说着玩的。"曾子说："决不可以跟小孩子说着玩。小孩本来不懂事，要照父母的样子学，听父母的教导。现在你骗他，就是教孩子骗人。做妈妈的骗孩子，孩子不相信妈妈的话，那是不可能把孩子教好的。"

于是，曾子果断地把猪给杀了。

尽管人们常说商场如战场，"一诺千金"却是最主要、最宝贵的经营资本。"一诺千金"是李嘉诚为人处世的格言，也是他的一大传家宝。他不但把自己的企业王国扩展到世界各地，更把中国人重视"一诺千金"的传统美德观念传授给孩子。

大家都听过"烽火戏诸侯"的故事，如果不是周幽王拿烽火台开玩笑，何至于亡国？"狼来了"的故事，如果不是放羊的孩子欺骗别人，何至于狼真的来了，却没有人出手相救？历史和寓言故事不是光看着好玩，而是要学会借鉴！现在有不少人就是不长记性，不见棺材不落泪，直到自己走上绝境，才知道信誉可贵。

这里，我们先不谈李嘉诚对客户切身利益、对社会慈善事业允诺和帮助，只要读一读有关他的传记，不难发现，他很重视朋友关系，朋友遍天下，上至最顶层，下到普通人，就是他始终坚守诚信。

有这样一件小事可以看出李嘉诚如何做到“一言既出，驷马难追”：

有一次，李嘉诚在街头看到一位年轻妇女带着孩子乞讨。看到母子俩穿得破烂不堪的样子，李嘉诚心里很难过，于是，停下了急急忙忙的脚步。他发现这位母亲看上去挺精明，她一定是因为某种迫不得已的难处才流落街头，便问她：“你很年轻，身体又不差，为什么不去找一个正当稳定的谋生工作呢？”见那位妇女一脸苦笑地叹了口气，李嘉诚又说：“比方说，你可以考虑去开一个报亭啊？”

那位妇女无奈地摇摇头，搭腔说：“我们娘儿俩现在吃了上顿保不了下顿，哪来的钱去开报亭啊！”

李嘉诚见状，便马上说：“如果你愿意，请你明天这个时候在这里等我，我把开报亭的钱给你送来。”这位妇女不敢相信，瞪大眼睛直愣愣地望着他。

第二天，李嘉诚准备好了给这位妇女的钱，但碰巧有几名商界人士来商谈合作项目，使他难以抽身。但他还是乘着会议休息的工夫，连跑带赶地把钱给那位妇女送去了，然后汗流满面、气喘吁吁地跑回来开会。

那几位商业人士在听李嘉诚说明了原因后，禁不住对李嘉诚竖起了大拇指，并马上表示愿意与李嘉诚合作。

2013年12月，香港有家杂志转载了国内某著名企业家写的《近察看李嘉诚为人讲承诺》的文章，大意是这样的：

> 有一次，我应邀与其他20多位企业家去香港，与李嘉诚先生一起参加一个民间组织的茶话会。起初，我想：李先生是华人世界的财富领袖，又是众人的心中偶像，与新老朋友交往很讲周到、责任，答应的事说一不二。那么，这样令人仰视的人和我们在一起究竟会怎么样呢？
>
> 照常理，开个什么会，一般重要人物都会等大家到来坐好，然后才缓缓走过来讲几句话；如果吃饭，他一定坐在主桌，其他相对

重要的人物坐在他边上，其余人坐在其他桌。饭还没有吃完，李先生就应该走了。如果他是这样，我们也不会怪他，因为他是有许多要事的人。

但我意想不到的是，李先生准时站在电梯门口等候大家，给每个人发一张名片，随后每个人抽一个签，这个签就是一个号，就是我们照相站的位置，随便抽的。我当时想为什么照相还要抽签，后来才知道李先生用心良苦，为了大家都舒服，不分尊卑，否则肯定有人心里不舒服！抽号照相后又抽个号，说是吃饭的位置，原因和照相一样。

最后，大家让李先生说几句，他说主要和大家见面，没有太多要讲的；后来大家让他讲，他便讲：希望大家不要太关注他，不要迎接他，他自己愿意把生活中的一些体会与大家分享——要让自己强大起来的话，必须建立自我，追求无我，把自己融入到生活和社会当中，说到的事就要做到，不要说了不算数，那样人家瞧不起你。然后，他看着几个外国人，用英语讲了几句，又用粤语讲了几句，把全场的人都照顾到了。

我抽到的位置正好是挨着他隔一个人，我以为可以就近聊天，但吃了一会儿，李先生起来说："抱歉，我要到那个桌子坐一会儿。"后来，我发现他们安排李先生在每张桌子坐15分钟，共4桌，每桌15分钟，正好一小时。临走的时候，他说一定要与大家告别握手，每个人都要握到，包括边上的服务人员，然后送大家到电梯口，直到电梯关上才走。看得出他注重追求无我，非常尊重在场的每个人。

我在场仔细听了李先生的演讲，他们没有准备文字稿，我因为和李先生打过几次交道，提出能不能给我一份文字稿，结果他马上交代助理，等我要离开的时候，那个文字稿已经拿给我了。后来，我和李先生的一位朋友聊天提到这件事，他说李先生就是因为一生做人周到真诚，对所有出现在他视线范围内的人都非常尊重，答应什么就做到什么，从来不含糊，只会更好，不会闪失，所以很多人都愿意和他做生意，把最好的机会给他，于是他越来越成功，这就是钱以外的软实力。

在生活中，我们经常看到一些人做事情偶有所得，有点成功，他的自我就会让别人不舒服，他的存在让你感到压力，他的行为让你感到自卑，他的言论让你感到渺小，他的财富让你感到恶心。别人都会避之不及！

李先生不一样，他一直在追求无我，修炼自我，兑现诺言。这是一种对人生、对生活、对周围怎么相处的好态度，他真是难得的诚信家！

这篇文章用“一生做人周到真诚”“答应什么就做到什么，从来不含糊，只会更好，不会闪失”概括李嘉诚先生，非常贴切！我们可以发现：李嘉诚先生把对别人负责的态度坚持到底，热情周到，信守承诺，贯彻到每个生活细节中，生怕有什么言行对不住别人。你说说，这样的人能不成功吗？正是这一点，可惜有些人一辈子学不到手。无怪乎，时下有人这样感叹：“生活中，人们常用真名说假话；网络中，人们用假名说真话。”

不守信的人，除了狐朋狗友，剩下的就是孤家寡人。孔子说：“人而无信，不知其可也”，墨子说：“言不信者，行不果”。“信义”一直是历来正直者的座右铭，也是许多父母对孩子的期望。李嘉诚能发展到今天，正如他自己所言，靠努力，重承诺，守信义，负责任。在生意场上，李嘉诚笃信这几点是宝贵的经营资本，他经常把这种经营思想传给两个儿子。有时候，他对“信义”两字几乎到了痴迷的程度，而这种痴迷也正影响了他的两个儿子，可以说，“赚钱靠机遇，成功靠信誉”这10个字是李嘉诚对经商者的最好忠告。人们共事时，更多的情况是凭信用，凭对对方人格的信任，相信所托之事会如期实现，所谓“可信任”“可信赖”“信得过”，正是对讲信用的人的高度赞扬。成功者信守承诺，说话算数，毫不含糊，珍视良好合作的基础，事业就会“芝麻开花节节高”！做到这一点，父母们就不用发愁自己的孩子做任何事情没有建树。

李嘉诚教子启示

做事不做人，永远做不成大事；做人不守信，永远做不成能人！不妨提前告诉孩子：讲信誉是朋友，不讲信誉是狐狸。没有友谊，人生会留下空白一片；没有信誉，人生会在心计中纠缠不已。

第3句话 耐心等待成功的到来

有些商人做事总是急急忙忙、风风火火，恨不得一锹挖出个金矿，一跟头翻到万米外，因而动不动脑子发热，喜欢冒险行事，且美其名曰：“敢冒险才能捞大鱼”。其实，这些人往往把自己变成了“大炮仗”，遇到事情一点就炸，一点就飞。这是很不冷静的心理在作怪，到头来只会把老本都折进去，叫天天不应，喊地地不灵。

李嘉诚反复告诫儿子经商是件大事，要学会“耐心等待成功的到来”。意思就是做事要耐住性子，静静观察四周情势，把要摸透的事情摸清楚，只有沉住气、定住心，才能真正做到万无一失——该出手就出手，该收手就收手，这是李嘉诚数十年经商的看家宝——稳扎稳打术。

1. 俗话说：心急吃不了热豆腐

※ 李嘉诚贴心话

☆未攻之前一定先要守，每一个政策实施之前都必须做到这一点。当我着手进攻的时候，我要确信，有超过百分之一百的能力。换句话说，即使本来有一百的力量足以成事，但我要储足二百的力量才去攻，而不是随便去赌一赌。

☆与其到头来收拾残局，甚至做成蚀本生意，倒不如当时理智克制一些。

※ 教子真经解读

李嘉诚对李泽钜、李泽楷两个儿子说的意思是：做事情不能头脑发热，要用理智管得住自己，一方面要善于耐心积蓄力量，即把握做事的节奏感很重要，快一点而领先就是冒险，慢一点而落后就是保守，关键要看你做事的力量够不够，把握足不足，足够有把握还不行，还要有更足够的把握。这叫不紧不慢、张弛有度，做事必靠耐心控制。否则，脚跟不稳就会摔趴下，“欲速则不达”不是开玩笑的话。另一方面要善于用耐心控制冲动，即不能光凭着感觉去做事，做到哪儿算哪儿，火急火燎上阵，必然“兵败如山倒”。因而做事要学会“瞻前顾后”，靠理智想想前面，想想后面，不能在冲动情绪的支使下贸然出手，不然，就会败得体无完肤。我们可以用两句话概括这两方面：必须在耐心、理智的控制之下，去做最有把握的事，会必胜，这叫谨慎法；如果在急躁、冲动的驱使之下，去做看似有准头的事，会必败，这叫随便法。

※ **教子故事解析**

任何事情都有急有慢，急一点冒险了，慢一点保守了。俗话说“心急吃不了热豆腐”，又演绎出“心急吃不了热包子”“心急吃不了热馒头”“心急吃不了热稀饭”“心急吃不了热汤圆”，都是用来形容那些想一下子干成大事情的急性子，因时机不对而得不偿失，甚至倒亏进去了。

日本有一位非常有名的推销大师，他每年推销的产品总额都在10亿日元以上，大家都希望知道这位成功者推销的秘诀。于是应社会各界的邀请，他在东京举行了一场规模宏大的演说。

舞台的中央垂吊着一个巨大的铁球，那个铁球占去了舞台的一大半空间。随后一位身材瘦小的老者走上台，主持人告诉观众，他就是著名的推销大师。

在人们热烈的掌声中，有两位身强力壮的大汉走上舞台，用一个大铁锤去敲打那个吊着的铁球。台下观众静了下来，他们觉得这样做是没有用的，因为铁球的体积太大了，果然两个大汉用力砸了几下，铁球纹丝不动。

老者仍然不说一句话，从上衣口袋里掏出一个小锤，然后用小锤敲击大铁球，一下两下，三下四下，就这样不停地敲击。

十分钟过去了，二十分钟过去了。老者还在一下一下地敲打着铁球，台下出现了骚动，有人叫骂起来，有人离开了会场。老者好像并没有注意到这些，仍然认真敲击着。时间一分钟一分钟过去了，观众走了一大半，只有一少部分人还在坚持着。

突然，有人叫起来：“球动了！”会场立即静了下来，人们都把目光投向了那个铁球。铁球出现了晃动，幅度很小，不细看还真不容易看到。老人仍在一下一下地敲打着。吊球在老者一锤一锤的敲击中幅度摆动越来越大，它摆动起来制造的巨大威力震撼着每一位观众。

这时老者才把小锤放回口袋里，然后转过身来，他只说了一句话：“在成功的道路上，如果你没有耐心去等待成功的到来，那么，你只好用一生的耐心去面对失败了。”

这个故事告诉我们：成功需要耐心等待，不可能一蹴而就！显而易见，人生遇到矛盾、煎熬、磨炼、挫折，都是成长必经的过程。很多人都以为成功非常困难，要付出太多的东西，白天黑夜泡在痛苦的泥潭中。但事实上，不成功才真的要付出更多东西，更加痛苦缠身。那些不肯付出耐心就想博取巨大成功的人，如同“癞蛤蟆想吃天鹅肉”，怎么可能呢？这样的人如果总是存在一份成功的希冀，就需要一生忍受失败的痛苦。在这里，想对那些匆匆忙忙、急切成功的人说句话，别忘了日本德川家康的一句名言：“人生必须背负重担，一步一步慢慢地走，总会有一天，你会发现自己是那走得最远的人。”

像上面那位非常冷静的日本著名推销员一样，李嘉诚也非常重视耐心等待、仔细准备，并把这两点当作自己做事成功的两大要诀。很多人疑惑李嘉诚做事业拼拼打打，为什么少有失手的时候？其实答案就在于此。

李嘉诚早年准备充分，耐心谋划，不做糊里糊涂的事，最典型的成功收购战例有两件：一是收购港灯之战，他从萌发念头到最后控其到手，先后历经几年时间，反倒是掌门人西门·凯瑟克最终沉不住气，主动入套，以相当优惠的折让价出售港灯股权；二是收购和黄时，他的耐心运作更是让人叹为观止，借汇丰银行之力，兵不血刃，就收服了资产大其 10 多倍的庞然大物。所以他赢得了“耐心投资的大鳄”的称号。

李嘉诚这样做的关键就在于：他始终相信“心急吃不了热豆腐”，很多事情不是被别人打败的，而是被自己急坏的。因此，他收购从不情绪化，没有非买不可、不买就完蛋的失控心理。他知道自己如果持非要到手的心理，往往会付出过于高昂的代价。所以，收购遇到阻力时，他冷静权衡利弊后，会淡然放弃，耐心等待，如收购九龙仓、置地，他都持这种态度。

还有，李嘉诚收购无论成与不成，通常都能使对方心服口服。如果收购成功，他会把很多细节思考清楚，安排好步骤，比如，不会像许多来势汹汹的老板收购得手一样，急急忙忙进行“一锅端式”的人事改组和“拆骨式”的资产调整，他则是静下心来从最合理的角度去打算；如果收购未遂，他也不会火急火燎地以所持股权作为要挟，逼迫对方以高价赎购，以作为退出收购的条件。如在与一批华商合战置地时，以他为首的财团退出收购，将所持的置地股权售出，售价只有8.95港元，仅比当日收盘价高出5分。新财团出售股票的税后利润，估计约在1亿港元。这是四家大财团先后耗费一年多的精力所得，算来实在是微不足道。

李嘉诚在业界有口皆碑，人们从来不用担心他会拼了命来恶意收购，甚至有人称他在收购战中，对方只要说一声“我不愿意”，他就会立即放弃收购行动，再耐心等待新机遇的出现，进行有步骤的战略运作，因此他保住了不做“冒险狙击手”的清誉。

可以看出来，李嘉诚为避免犯下“心急吃不了热豆腐”的错误，做事的确极有耐心，擅长以柔克刚，以静制动，快快慢慢都很讲究，绝不打无把握之仗，要打就打有胜算之仗。所以，他被新加坡《联合早报》誉为“商界中了不起的冷静操盘手”！

大家都知道有个词“失之东隅，收之桑榆”，意思是说：此时失利，彼时得到补偿。如果在某件事上未能达成心愿，并不等于全输了，如果赢得别人的尊重，等于种下善因，将来必结善果；反之，如果勉强而为，不顾一切地追逐心愿，并不等于全胜了，如果招致别人的怨恨，等于种下恶果。我们做事情应像李嘉诚那样，不要太重视表面的输赢，而把人心到底舒不舒服当成一件要事。

2007年，李嘉诚先生在汕头大学演讲，针对学子的素质能力培养问题，提出了16字的成事要诀，其中8字是“分段治事，不疾而速”。后来接受《商业周刊》采访时，他是这样解释的：

☆“分段治事”是洞悉事物的条理，按部就班进行；“不疾而速”，你老早已经知道很多困难，没做事之前，要老早想到：假如碰到这个问题的时候，你怎么办？由于心里已有充足的准备，故你能胸有成竹，当机会来临时自能迅速把握，你便能一击即中。如果你没有足够的耐心、绝好的主意，怎么可能“不疾而速”？

简单地说，李嘉诚先生对年轻人的忠告是：做事要稳稳当当地分步骤进行，要顺顺利利地在慢中有快。离开这两点，再大的本事都会彻底被盲目急躁毁掉。

乔布斯这样告诉员工：“耐心就是忍耐，忍耐就是耐心。”我们为人处世做事情，常常需要耐心和忍耐，因为在生活工作中，我们总有好多事情自己没能力解决而显得无可奈何，而暂时的耐心等待、忍辱负重，可能是解决问题的最好方法。

对李嘉诚来说，他的耐心和忍耐是一种智慧体现，也是一种行动策略，不让自己犯急进病。有一次，他在家庭聚会上对李泽钜、李泽楷说：

你们两个都在拼事业，要明白：耐心磨炼就是练忍耐。忍耐并不是懦弱地躲避，而是有意识地忍耐，为的是有朝一日能有所斩获。忍耐是能理智地区分什么重要，什么不重要；什么是原则问题，什么是非原则问题；什么必须现在解决，什么可以暂缓解决。忍耐能让人获得机会，争取更大的空间。

对商人来说，忍耐需要耐心，平时要练好打有准备之仗的基本功。你们要能随时掌握好自己做人做事的一种大度，懂得忍耐住性子有利于成就事业，意气用事会适得其反，会把自己打得松松垮垮，可以看看越王勾践“卧薪尝胆”的故事。不要学不懂得忍耐性子的楚霸王项羽，而要学后来打败他的“忍胯下之辱”的韩信，把他的耐心功夫学到手。这是你们做任何事情都不能忘记的！

美国肯尼迪家族教子十训之一是：“告诉孩子要树立远大的目标，但切勿急躁，必须循序渐进才能取得成功的道理。”我们要想抓好家庭教育，应当注重改正孩子毛毛躁躁、火急火燎的习惯，把耐心做事做稳摆在第一位，要不然，孩子很难成大器。前几年有部国产电影《心急吃不了热豆腐》，演的是河北某个小县城一名普通的三轮车师傅，为人时而大大咧咧时而相当抠门，虽然生活不富裕，却善良老实，他还是怀抱知足常乐心态去过好每一天的日子，想要找个好人过日子，终于通过自己来来回回的努力，慢慢地有了个最好的结局。一位母亲带着七岁的儿子看完电影，走出影院门口，母亲问：“有意思吗？”孩子摇摇头，母亲拉着孩子的手说：“片名不是对你学习、做事有意义吗，用个词概括一下？”孩子挠挠头，想了一会儿，兴奋地跳着说：“憋住……忍耐……耐心！”母亲拍拍孩子的小脑袋，笑了。

李嘉诚教子启示

蜗牛的一生不一定比雄鹰不精彩，因为蜗牛一辈子都是按照自己方法不紧不慢地耐心活在这个世界上，它们不需要急忙的理由，只相信做自己就好。

2. 像喝早茶一样慢饮细品

※ 李嘉诚贴心话

☆十年树木，百载成林。做大品牌，就要关注细节，要有耐心，即要做到精细商作，耐心为本，唯其如此，才能成就你所能想象的事业。

☆你一定要先想到失败，从前我们中国人有句做生意的老话："未买先想卖。"在你还没有买进来之前就要先想怎么卖出去。你应该先想失败会怎么样。我在做任何项目时，都会要用99%的时间去考虑失败，用1%的时间去考虑收益。

※ 教子真经解读

李嘉诚的意思是：好活出自细工，思考决定成败！做事情要想做得长久，做出招牌，那就要从细节入手，仔细考虑哪些地方可能出现漏洞，耐心处理流程的各个环节，把这些漏洞和环节收拾干净，就会远离失败，接近成功。不耐心长思考，不耐心抓细节，最后一定会导致自己崩盘。农民有句行话："精耕细作才能长出好庄稼"，巧的是李嘉诚把"精细商作，耐心为本"作为长江实业的口号，也把这八个字当作一条家规执行下去。

※ 教子故事解析

潮州人遍布海外，为什么会赚钱？有本书《潮州商人为啥老这么厉害》做了详细分析，其中一大要点是：他们能够忍受经商中的种种艰苦，遇到做事情的时候，能够像喝早茶一样耐得住，慢慢饮，细品味，而且这种好品行子子孙孙代代相传，从不断代。

李嘉诚初入股市，便尝到了甜头，但他清醒地意识到，股市变幻万端，难以捉摸，风险远远大过其他市场——股市"升水"神速，那么"缩水"也可能是瞬间之事，一下就没了。所以要拿出"精细商作，耐心为本"的本事来应对变化。结果，李嘉诚耐心稳健的作风帮助他的长江实业集团躲过了一次股市大危机。

1）"炒风刮得港人醉"

20世纪60年代末至70年代初，由于股市一片利好之势，香港各界产生了一股"要股票，不要钞票"的投资狂潮，掀起了一阵比一阵更高涨的上市热潮。

在这股劲风之中，人们像疯了一样。普通股民纷纷卖掉自己好不容易攒下的金银首饰，业主也卖掉了自己的工厂、土地、房屋，甚至有的商人还卖掉自己的地产公司，将楼宇建造所筹集而来的贷款，全都投入了股票市场，大炒而特炒，梦想着牟取暴利。

炒风愈刮愈烈，各行业公司纷纷介入股市，趁热上市，借风炒股；职业炒手更是兴风作浪，哄抬股价，造市抛股。香港股市处于空前的疯狂状态，1973年3月，恒生指数竟突升至1774.96点的历史高峰，一年间升幅竟达5.3倍。这更使许多人乐得眉开眼笑，得意忘形，完全忽视了巨大风险的存在。

然而，李嘉诚在这个“炒风刮得港人醉”的疯狂时期，丝毫不为炒股暴利所心动，依然稳健地走他早已认准了的正途——房地产业，要在这上面“精细商作，耐心为本”。

李嘉诚一向沉稳持重，在塑胶花、房地产经营方面相继显示出独创才能后，又在股票经营中表现出长远思考、远见卓识。由于对地产业前景的看好，李嘉诚把从股市上吸纳的资金，投放在大量物业的低价收购上。这样，就在人们用低价卖出物业所得的钱去购买股票时，李嘉诚却统率着长江实业一边发行着股票，一边将发行股票筹集到的资金成批地去收购那些低价出卖的物业。

2）成了大股灾的幸运儿

股市的好景并没有维持多久，熊市随之而来，变幻无穷的经济世界再次袒露了它变幻莫测的另一面。1973年中期，世界石油危机爆发，香港经济受到巨大影响，出口市场萎缩，股票市场因此大受冲击。另外，一些不法之徒趁股市混乱伪造股票，混入股市。结果东窗事发，造成股东恐慌，纷纷大幅抛售，使得股市一泻千里，恒生指数迅疾暴跌。

股市大灾突如其来，除极少数投资者抽身较快得以脱逃外，绝大部分投资者均铩羽而归，有的还倾家荡产。香港股市瞬间便呈现出一片愁云惨雾，哀声动地。整个香港经济，尤其是占主导地位的金融和地产业更是阴风惨惨，人心惶惶。

由于坚持“精细商作，耐心为本”的稳重策略，李嘉诚成了这次大股灾的幸运儿。长江实业集团的损失仅仅是市值随大市暴跌而已，实际资产并未受到什么损失。相反，李嘉诚利用股市，甚至取得了比预期更好的实绩。上市之时，李嘉诚预计第一个财政年度盈利1250万港元。结果，长江实业集团的年纯利竟达到了4370万港元，为预计的3倍以上。1973年3月，长江实业集团宣布首期中期派息，为每股1角6分，每5股送红股1股。公司与股东皆大欢喜。

李嘉诚注重精耕细作，就像广东人喝早茶一样练的是功夫，给商业人士、父母教子带来几点重要的启示：

①做事情不要瞎出手，要有避开高风险的意识

我们做事情不能一味地冒险，图个一时痛快而已，应该像李嘉诚一样，定准自己想要什么，开拓人生发展的原则方略，并坚决按自定原则执行，而不应只顾眼前利益，为某些看起来很有诱惑的东西干扰，冒着极大的风险去瞎出手，抱着捞一把再说的想法而偏离航向。与其因此造成不必要的麻烦和亏损，倒不如一开始就理智一些，克制一些。

诚然，也有极个别精明的投机家一时牟取了暴利，着实令人眼红，但是还有那么多人最后啥也没捞着，还“赔了夫人又折兵”。这就是说：我们在选择风险极大的事情时，应该冷静地想一想自己是否具备了那般高超的本事，在心理上是否做好了充分的准备，在准备迎接风险之前，首先要想到自己因失败而带来的惨痛后果是什么。李嘉诚绝不缺乏把握做事火候的能力，恰恰相反，事实证明很少有人能在这一点上与他相比。为什么他稳扎稳打，以致被人认为保守呢？因为他深知跟风搞投机的利害，处处想到可能发生的危险，以避开高风险，做事安全第一。

②做事情不要胡乱来，要弄清短期目标和长远目标

人生规划不是走到哪儿算哪儿，整天胡乱来，而是应有短期目标和长远目标的结合，这是一个随时都要弄清楚的大问题。

拿上面的例子说吧：李嘉诚与一般地产商不同的是，更注重长远利益而不是短期利益。事实上，长期利益与短期利益的关系，是任何人做事都需要重点研究的问题。从效率学角度看，前者投资时间长，回报慢，但可望在未来获得更大利益；后者正好相反，可谓得一把就满足。李嘉诚能够根据自己目前的实力和未来发展计划进行选择项目，一贯善于精耕细作，保证了先把眼前事做好打牢，又能思考将来做大而付出行动，所以他总能稳操胜券。

③做事情不要没准头，要先坚持将一件事情做到最好

坚持和专注是成功的力量，能够确保你的付出能够有所收获。如果做任何事情三心二意，也许会侥幸成功一两次。但长此以往，没有一定之规，

东一榔头西一棒槌，终不是成大器者之所为。要知道，没有专注和执着，不可能换来最后的胜局和快乐。

李嘉诚是照着准头做事的，善于分析眼前的问题，耐心把该坚持的一件事专注地做下去，中间不分散心思，不撂挑子，扎扎实实把自己做稳做大，谁能奈你如何？这叫一招定乾坤。

人的一生，究竟在追求什么？这是一个没有标准答案的问题，一千个人会有一千个不同的回答。我们知道可以从不同方面描述一个人的大有作为，凡是成功学、教育学中都离不开两个词："专心致志"和"精益求精"。我们在李嘉诚的做事方法中都能看得到，他借此取得了巨大的成就，完全值得父母深思和借鉴。

审慎思考是不会把宝押在可能性上的，而是始终在缜密的理智控制下，判断下一步怎么做才有更好的结局。李嘉诚说"要关注细节，要有耐心""一定要先想到失败"，就是一种做事不急不躁、稳稳当当的审慎方法。如果一个人在做某件事时预感到会失败，旁观者会很清楚地看到这一点；当旁观者是对手时，他会看得更清楚。当你的判断在感情冲动中动摇时，冷静下来后会发现愚蠢无比。当你在没有把握做事情而犹豫不决时，更安全的方法就是李嘉诚讲的耐心思考、精耕细作。

印度大诗人泰戈尔说得好："黎明是规划一天的关键，黄昏是一天检讨的时刻。"作为父母，要善于检讨自己教子的不足，把真正的关键抓住，要明白"人生是长跑，孩子要慢胜"。不难发现，现实生活中很多起点高的孩子，到后来并不一定跑在最前面，甚至跑在众多孩子的后面，令人惋惜。父母要向李嘉诚学习三思而后行，抓住细节，稳中求胜，这一步看似慢而实快，可以避免让孩子跌倒在毛毛躁躁、马马虎虎中。这样想，这样做，对那些看着别人家孩子整天"龙腾虎跃"而自己心里发急的父母是不是有所帮助呢？

李嘉诚教子启示

耐心思考、坚持细节是一种专注制胜法，作用在于：专心就能够专注，专注就能够投入。成功就是简单的事情重复地做，失败就是简单的错误重复地犯。

3. 越沉着冷静的人越厉害

※ 李嘉诚贴心话

☆做事情需要在紧急情况下，保持一种沉着冷静，想周全后动手，绝不可持买古董的心理。

※ 教子真经解读

什么叫“买古董的心理”？就是高级古董多是孤品，独一份儿，买家会有“过了这个村，就没有这个店”的心理，所以这一桩生意非做不可，于是容易冲动起来，不留回旋余地。而做生意不论购公司还是购土地，不必非买不可，不做这桩生意，以后还有其他生意，都可以赚钱，而一旦持有买古董的赌注心理，难免心浮气躁，意气用事，甚至盲目投资，造成重大的损失，这是不必要的做法。李嘉诚曾在多个场合包括对两个儿子都表示过做事力戒“买古董的心理”，对我们很有启发意义。

※ 教子故事解析

遇事需冷静，处世需沉着，平静方能有好结果。如电影《中国合伙人》中有句台词：“有些事情只有停下来才能看清楚，总有些更重要的事情赋予我们打败恐惧的勇气！”这句话讲的也是这个道理。

大事不说，先从一个小孩说起。最近，中央电视台报道了一件事情：

2015 年 2 月 5 日晚 9 点多，江苏扬州市联谊路一栋宿舍楼旁的电线起火，火花溅落到下方瓦斯管上，情况十分紧急。放寒假住在附近的 8 岁小女孩吴文旭无意中回头，突然发现了火焰，便冷静地走到电话机跟前，抓起话筒打电话报警，还告诉了自己身边的奶奶不要着急。消防队员火速赶到，避免了一场火灾事故的发生。

大家都夸小女孩沉着冷静，十分机警，消防队员还送给她消防安全小礼物。

央视主持人感慨道：都说危急关头要保持冷静，寻求出路，但真到了那个时候，能做到这样的人真是不多。但这个小女孩却在房屋失火的时候冷静报警，救了自己和大家，真是好样的！

意大利著名的小提琴演奏家帕格尼尼，他的演奏举世无双、神奇美妙，所以被人称为“魔鬼的儿子”。尤其他能在意想不到的困难面前冷静应对，完成两场成功演唱会：

有一次音乐会，帕格尼尼小提琴的A弦在演奏中突然崩断，他却不慌不忙用高超的技艺使音乐流畅美妙地进行下去，很多观众却一点没有感觉到一根琴弦崩断。当有个前排观众发现后，连声叫好，其他观众接着不依不饶让他继续演奏，帕格尼尼干脆把1弦、3弦全割断，用4弦来演奏，这“特殊”的演奏效果更好，赢得的掌声比上一次更响。

帕格尼尼另一次演奏时，无意中蜡烛把乐谱烧了，但他的心冷静依然，演奏仍十分熟练。他的熟练能坚持多久？会不会忘记后面的歌谱导致演奏失败？观众的心都悬着。但他出人意料的冷静带来了极大的成功，当他完美地演奏完时，观众报以热烈的掌声。

这两个故事揭示共同的做事道理：在遇到突然到来的困难时，都应静下心来想办法，急得团团转没有用。同一件事情，经过冷静考虑的办法才是最好的办法，尤其在根本没有退路的最关键的时刻。一句话，时时沉住气，才能做大事！所有父母都希望自己能有像吴文旭、帕格尼尼这样的两个好孩子。

李嘉诚在扩大经营规模过程中有一次被称作“擎天一指”的投标举动，被美国耶鲁大学作为案例向学生讲授，我们来看看他怎么沉住气做大事的：

1987年11月27日，在股灾大熊渐去、地产渐旺之时，多年未露面的李嘉诚，格外引人注目，他的一言一笑、一举一动都被摄入记者的镜头。

政府拍卖的一幅官地位于九龙湾，24.3万平方英尺，底价2亿港元，每口竞价500万港元。李嘉诚与对手连叫两口，底价连跳两次：2亿5百万、2亿1千万。

“2亿1千5百万！”拍卖场的一角响起熟悉的声音——是有“飞仔”之称的“合和”老板胡应湘。李、胡两人有过多次合作，胡应湘毕业于美国著名的普林斯顿大学土木工程系，李嘉诚初涉地产，还曾请教过他，两人交谊甚密。李嘉诚回眸一笑，胡应湘亦报微笑。

此时地价已竞抬到2亿6千万。“3亿！”李嘉诚“擎天一指”举起，连跳8口，一时掀起竞价高潮。

“3亿5千5百万！”胡应湘一口急跳11档，再掀高潮，四座皆惊。在商言商的商界朋友，在商业竞争中，往往会将朋友之谊暂且放一边。

一时，郑裕彤等地产大亨加入竞价。李嘉诚的副手周年茂悄悄坐到胡应湘副手何炳章旁边，与他低声耳语。胡应湘不再应价，退出竞投。

当叫价随飞到4亿元时，全场哑然，叫价高出底价一倍，是拍卖场敏感的临界线。一阵短暂的沉默，竞投各方都在心中打算盘。

“4亿9千5百万！”李嘉诚“擎天一指”再次举起，四座瞩目。无人竞价，一声槌响，尘埃落定，成为此幅官地的成交价。李嘉诚当时宣布：“此地是我与胡应湘先生联合所得，将用以发展大型国际性商业展览馆。”

一位地产分析家评论道：“竞价进入高潮，很容易出现投手情绪化，冲动之下，不管死活，非得做赢家不可。如是这样，李嘉诚必会退出，以成全对手风头。”

记者采访李嘉诚，问：“都说您是拍卖场上‘擎天一指’，志在必得，出师必胜，可您有时为何还是中途退出？”

李嘉诚幽默地说：“这已经超过我心定的价。你们没看到我想举右手，就用左手用劲捉住；想举左手，就用右手捉住。”

一般来说，当一个人具有相当经济实力时，容易做到心平气和，在投资时也容易保持乐观；而经济实力有限的人心情比较浮躁，容易急功近利。李嘉诚不犯大家容易盲目急躁的毛病，并未显示出横扫千军、力挫群雄的必胜气概，他在这次拍卖场上不仅擅长斗智，还有足够的克制力，在最关键的时刻显示出高超的判断和沉着的心态——及时与胡应湘沟通，使其从竞争对手变成合作伙伴，这种沉着冷静、灵活变化的手法值得借鉴。毕竟，经商原本是为了谋利，而不是赌气，能让则让，没有必要硬把对手压下去。这印证了一句话：越沉着冷静的人越厉害！

毫无疑问，面对困难，只有在沉着冷静中思考的办法，才能助成功一臂之力。古代兵书《孙子兵法》一再强调，将领的沉着冷静是制胜的一个关键因素。三国时期诸葛亮的空城计就是永久的传奇。魏晋时期的谢安，面对前秦八十万大军，还在家中不慌不乱地与友人下棋，而一切战局只在他的帷幄之中，这是何等的自信和自如。众多实例，举不胜举。《弟子规》中就告诫说：“事勿忙，忙多错”。很多成功的经验一再提醒我们：在紧急关头，做事情一定不能头脑发胀、着急上火，保持心中沉稳冷静，做事忙而不乱，这才是做事成功的一个重要方法。否则，就会出现很多不必要的失误，弄得人仰马翻。

瑞典首富瓦伦堡家族教子十训之一：“做事不能鲁莽，沉住脾气，避免锋芒毕露的行为。”沉着冷静是每个出众的人都具备的一种优秀品质。它可以是机智反应，也可以是勇敢表现。所谓急中生智，如果没有冷静的因素在其中，也不会生出一点解决问题的机智。所谓勇者无畏，如果没有沉着的心理素质，怎么可能面对一切压力？在众人慌乱无措的情况下，谁若能沉着冷静地面对事情，谁就会是事情的最终解决者、胜出者。如果一个人想从小做大就有必要修炼自己的心性，戒除犯急心理，才能冷静决策。逞一时之气，显一时之威，到头来只能打碎了牙往肚子里吞。

作为父母，最担心孩子遇事不能沉着冷静地去面对，而惹出许多不必要的麻烦和蠢事，一旦麻烦和蠢事发生，父母往往火气冲天，对着孩子大发脾气，一通叫骂，甚至暴揍一顿，事后自己又在一旁内疚不已。这样的父母表面上看着厉害，实际不厉害。正确的做法是：父母不妨多领悟领悟李嘉诚的话“我想举右手，就用左手用劲捉住；想举左手，就用右手捉住”，应该以一种沉着冷静的心态去面对孩子，用多一点的耐性去开导孩子，把事实摆出来，把道理讲清楚，告诉孩子：遇事越沉着冷静的人越能成事，越惊慌失措的人越坏事。

李嘉诚教子启示

电影《天降奇兵》中，老前辈教后辈射击说：“等一等，等一等，几秒钟的时间也是很充足的，用心去体会，目标就在你的面前。”几百码的距离，在沉着冷静的心理下，就在咫尺之间，射击会异常的精准。

4. 决策时，不能着急忙慌丢了魂

※ 李嘉诚贴心话

☆做任何决定之前，我们要先知道自己的条件，然后才知道自己有什么选择。在企业的层次上，身处国际竞争激烈的环境中，我们要和对手相比，知道什么是我们的优点，什么是弱点；另外，更要看对手的长处，人们经常花很长时间去观察对手的不足，其实看见对手的长处更是重要。我们掌握了准确、充足的这些资料，才可以做出正确的决定。

☆无论在言谈、许诺及设定、决策目标各方面，我都慎思和严守纪律，一定不能给人嚣惰脆弱和倚赖的印象。这个思维模式不但是对成就的投资，更可建立诚信、你的魅力，表现在你的自律、克己和谦逊中。

☆今天在逆境中奋斗的人，不要让内心的愤怒燃烧，而影响你决策问题、解决问题的能力。

※ 教子真经解读

在李嘉诚看来，决策是一门技术活，更是一门智慧活。显而易见，智慧的思路决定正确的出路，正确的出路带动智慧的思路。李嘉诚的决策智慧，表现在他善于弯腰看清前面的路往哪里拐，在耐心等待中捕捉机遇，在知己知彼中谋划韬略，在运作中表现智勇双全。可用一句话表述，即在耐心等待中一把抓住露头的事，胜券在握情况下赶紧出击。他希望两个儿子能够吃透其中的道理。

※ 教子故事解析

做事情怎么样把主意拍准？怎么样执行下去？简单地说，定住心，屏住气，弯腰观察清楚四周的行情怎么样，站起来反复思考怎么走，怎么才能始终稳稳地一把抓住“牛鼻子”或“刀把子”。“牛鼻子”“刀把子”就是决策。

管理学中关于决策的观点，主要有“稳进说”“转换说”“点面说”“螺旋说”“突破说”“冒险说”，等等。领导者想竭力做出一项不失手的决策，让大家都满意，很多情况下是比较困难的，需要决策者高度的观察力和判断力，在“准”“稳”两字上下功夫，否则就会“马失前蹄”。从前面几节可以看出，李嘉诚不是那种肆意冒险的决策者，而是沉稳推进的决策者。

人们不禁会问：李嘉诚为什么如此强调稳重呢？通观他的创业史，这都是被逼出来，是交了学费的惨痛教训。我们仔细看看他早年遭遇的尴尬和困境，可谓一片阴霾，如履薄冰。

1）一味贪大求功惹的祸

创业之初，正当李嘉诚在长江塑胶花生产中春风得意之时，突然遇到了意想不到的风浪。一家客户宣布他的塑胶制品质量粗劣，要求退货。李嘉诚不得不冷静下来，承认质量有问题。他知道他太急躁了，在经营决策上一味贪大求功，追求数量而忽视质量问题。

李嘉诚手中仍攥着一把订单，客户不断打电话催货。他骑虎难下，延误交货就要罚款，连老本都要贴进去。他亲自蹲在机器旁监督质量，然而，靠这些老掉牙的淘汰机器，要确保质量谈何容易？又加上大部分工人只经过短暂培训就当熟练工使用，他们能够操作机器将制品成型，已是很不错了。

推销员带回的客户反馈，令李嘉诚不寒而栗——客户拒收产品，还要长江厂赔偿损失。客户都是中间商，他们或将产品批发给零售商，或出口给海外的经销商。塑胶制品早已过了“皇帝女儿不愁嫁”的好年景，用户对制品的款式质量变得挑剔起来。塑胶工厂日益增多，竞争自然日益激烈。竞争的法则是优胜劣汰，粗劣的产品必然会被逐出市场。仓库里堆满因质量欠佳和延误交货退回的玩具成品，这些客户纷纷上门要求索赔，还有一些新客户上门考察生产规模和产品质量，见这情形扭头就走。

2）啥叫难？墙倒众人推

李嘉诚又一次陷于人生的大磨难中。这之前，他经历的磨难是不可抗拒的天灾人祸；这一次，却是他自己的失误造成的。对熬出头的人来说，磨难大有裨益，可磨难，又可能将一个人彻底摧毁。

客户是企业的衣食父母，李嘉诚急如热锅中的蚂蚁。行内人常说：“不怕没生意做，就怕做断生意。”长江厂正处于后一种情景。

产品积压，没有进账，原料商仍按契约上门催交原料货款。李嘉诚上哪去弄这笔钱？他被逼急了，就说：“我实在拿不出钱，你们把我人带走吧。”

原料商笑道：“你想得美？我们要你干什么？我们要的是钱！”

原料商扬言要停止供应原料，并要到同业中张扬李嘉诚“赖货款的丑闻”。这又是一道撒手锏。

墙倒众人推。银行得知长江厂陷入危机，便派职员来催贷款。给弄得焦头烂额、痛苦不堪的李嘉诚不得不赔笑接待，他恳求银行放宽限期。银行掌握企业的生杀大权，长江厂处于遭清盘的边缘。

长江厂只剩下半数产品品种尚未出现质量问题，开工不足，不得不裁减员工。部分被裁员工的家属上门哭闹，有的赖在办公室不走，车间和厂部没有片刻安宁。留下的员工人心惶惶，为长江厂的前途，更为自己的生计忧心忡忡。那些日子，李嘉诚的脾气不免暴躁，动辄训斥员工。全厂士气低落，人心浮动，一片阴霾。

这次令李嘉诚终生难忘的教训，使得他真正体会到危机之中当老板的难处，身为拍板重大决策的老板又必须去承担一切风险的责任。为此，他也经常把这种意识灌输给李泽钜，希望引起儿子的注意。

古人说：“人非生而知之，孰能无过？”“吃一堑，长一智”。企业家的决策能力也是在实践中不断培养起来的。经历过这次挫折和磨难，李嘉诚成熟了许多。在他看来：企业的主人就像一船之长，决策即是航向，任何失误都可能把航船引向灭顶之灾。好在他经过艰辛努力，终于化险为夷，坐下来后他深深明白：长江号航船只能说暂时避免了倾覆之危，只能说取得一次小小的胜利。今后的航程还会遇到急流险滩、暗礁风暴，作为船长切不可陶醉在小小的胜利中，须胸怀大志，头脑冷静，行为稳重。因此他给自己立下座右铭：“稳健中寻求发展，发展中不忘稳健。”以至于他在几十年后感慨地对李泽钜、李泽楷以及其他朋友说：

☆有一句话，我牢牢记住：“穷人易过，穷生意难过”。你再穷，你不能吃好的白米，你可以买最便宜的米，还是可以过，人家吃肉，你可以吃菜，最便宜的菜；但是穷生意很难，非常难。所以小心翼翼，可以讲如履薄冰。

不难发现，李嘉诚后来一次次把决策正确看得比命还重要，就是希望“稳健中寻求发展，发展中不忘稳健”。在2007年，李嘉诚先生在汕头大学演讲，针对学子的素质培养问题，提出了16字成事要诀——“好谋而成，分段治事，不疾而速，无为而治”。为了更好地理解这16个字，我们可以结合他后来接受专访时所说的话一起来看。

> 对我来说，一场最漂亮的仗，其实是一场事前清楚计算得失的仗。以上四句话是环环相扣、互为因果的。“好谋而成”是凡事深思熟虑，谋定而后动。“无为而治”则要有好的制度、好的管治系统来管理。我们现在大概有25万名员工，分布在55个国家，而员工大部分在西方国家，如果你没有良好制度，你没有足够时间去管理，那是不能很好地执行决定的。（分段治事、不疾而速两点，见前）兼具以上四句话，遇到机会，就能一击即中，成功蓝图自然展现出来。你若能拈出这四句话的精髓，生命是可以如此的好！

可以发现，李嘉诚把战略家擅长的“好谋而成”摆在首位，意思是对事情要谋划到位以后再拍板，再执行其他三个方面，这就是认真决策的力量起着“龙头作用”，关键点也在于“不疾而速”。

2002年12月19日，李嘉诚先生在汕头大学为长江商学院EMBA学生演讲，这样分析“知己知彼”对于决策的作用：

> 20世纪90年代初，和黄原来在英国投资的单向流动电话业务，面对新技术的冲击，我们觉得业务前途不大，决定结束。这亦不是很大的投资，我当时的考虑是结束更为有利。
>
> 与此同时，面对通信技术很快的变化、市场不明朗的关键时刻，我们要考虑另一项刚刚在英国开始的电讯投资，究竟要继续或是把它卖给对手？当然卖出的机会绝少，只是初步的探讨而已。
>
> 我们和买家刚开始洽谈，对方的管理人员就用傲慢的态度跟我们的同事商谈。我知道后很反感，将办公室的锁按上了，把自己关在办公室十五分钟，冷静地衡量着两个问题：再次小心检讨流动通信行业在当时的前途看法；和黄的财力、人力、物力是否可以支持发展这项目？
>
> 当我给这两个问题肯定的答案之后，我决定全力发展我们的网络，而且要比对手做得更快更全面。Orange（橙子公司）就在这环境下诞生。
>
> 当然，我得补充一句，每个企业的规模、实力各有不同，和黄的规模让我有比较多的选择。

李嘉诚力戒做决策率性而为，像着急忙慌丢了魂，必须做到“冷静衡量”问题，仔细分析市场信息和市场需求，考虑合作者的实力和意图，最后再“哐当”一下敲定下来，这是谨慎态度的一种表现。没有这种谨慎，就会遇到失败的可能。作为领导者，谁愿意自己的决策最后泡汤呢？

教育学与管理学有一个共同点，都关注做事情前大小决策的正确性和稳健性。在这点上，李嘉诚非常注意对两个儿子的启发，告诉他们学会抓关键，不怕磨砺，把“牛鼻子”牵住，把“刀把子”抓住，其他的事情都好解决。同样，这些看法对其他父母教子也很有启发：

①经验都是磨出来的：李嘉诚在决策能力上无疑是一位高手，但是再厉害的企业家，其决策能力也不是天生的。他早年遭遇的决策危机说明，成功者并没有天生把握机遇的能力，他们只不过是在平时多留心、多观察、

多思考，善于多积累知识、总结经验教训而已。

②遇到难事不要躲：做事情别把困难设想得太少，随着进程难免遇到不顺心的时候，这个时候不能自暴自弃，要像李嘉诚那样抱着“如履薄冰，小心翼翼”的心态，耐心拿出更好的一个决策，带着好方法去解决。

③认准的事做下去：做成一件大事尽管很困难，但是该执行下去就执行下去，不能使性子而成为“甩手掌柜”。在李嘉诚看来，决策在实施过程中遇到困难和挫折，对决策和实施决策者是一个考验。如果决策错误，另当别论；如果决策是正确的，就应当持之以恒，贯彻到底。换句话说，已经制定的决策在施行过程中，往往不是一帆风顺的，要想办法执行好，耐心等待成功到来。

李嘉诚教子启示

当决策遇到麻烦的时候，你应当怎么办？两种选择：对的，坚持住，咬牙一竿子到底；错的，快扔掉，调转船头换方向。

第 4 句话　学会培养独立的生活能力

老话说："牛犊子长大靠自己"，道出了独立生存的重要性！你看看，在虎、豹、狮成群的非洲大草原上，幼小的虎、豹、狮早早地就开始苦练自己独立生存的绝活——奔跑、突击、闪躲，功夫越到家的越厉害越生猛，功夫越不行的越脆弱越胆怯。

李嘉诚早年经历过茶楼→钟表公司→五金厂→塑胶公司→自创公司，也深知现代商业竞争的厉害和生猛，为了教导儿子克服脆弱和胆怯的心理，稳稳当当经历各种大场面，他告诫儿子一定要自强起来，"学会培养独立的生活能力"，而且把这种能力训练得越强越好，这样才能自己撑起一片天，拼出一块地。这叫"能力制胜法"！

1. 拍胸口，我要当行动英雄

※ 李嘉诚贴心话

☆人生有没有既定命运，我不知道，但每一天我们在那零和非零间的选择，我们其实正在不断选择自己一生的命运。

☆我们都知道空抱宏愿并无太大意义，漫无计划地急于求成徒然令自己身心疲累。人生必须立志，必须以热切的努力来追寻自己的梦想。如何追求个人快乐与满足不一定能在课本中找到答案，只有在你积极实践与心灵共鸣的行动时，富具意义的体验才可驱赶心灵的空虚，让你享受富足人生的滋味。

☆每一个人各有不同的独特天赋、经验，并按自己的选择踏上命途，虽然没有人应附人骥尾，盲目模仿他人，但从他人经验中悟出心得，也是不错的成长教材。

☆你问我当年订立的目标是什么？我的答案你们早就知道："建立自我，追求无我"，希望你们向命运也许下承诺，凭仗智慧和勇气，实现你的梦想。

※ 教子真经解读

李嘉诚的意思是：任何人的命运都掌握在自己手里，关键看你能不能立下大志向，能不能以高度的热情去追求，能不能靠实际行动实现它。既然选择在命运之途上行走，那就要把自己变成一个兼学别人优点的人，把自己一步步变成一个行动英雄，这就是“建立自我”的人生过程。一句话，“心动不如行动”！李嘉诚家训的一个重点是：他极为看重年少立大志、长大做大事，认为这是推动人生向高处发展的“杠杆”，他也是这样鼓励儿子和其他年轻学子的！

※ 教子故事解析

人们常说：“光说不练假把式”，即嘴上说的再好听，不如到外面出手比划比划。的确，能说不能做，不是真本领。戴尔·卡耐基曾经教导自己的6个子女：“这个世界，从不会给一个伤心的落伍者颁发奖牌。出人头地靠本事，喊十句不如一次行动。人生最悲催的莫过于：向往成功却力不从心而选错了方向，不能成为真正的行动英雄，命运之神就不会光顾你，而是跑到她青睐的人那里去了。”正是这几句话的广泛传播，激励当年美国的一批批孩子奋发成长，造就了叱咤在政界、商界、科学界等一批批行动英雄。

李嘉诚从14岁时被说成“眼眸无神，难成大器”，到后来成为“叱咤风云，影响全球”的华人企业财富领袖，他靠的正是自己独立拼搏的一股劲头，在人生转折变化的过程中一步步把自己打造成一位了不起的行动英雄。

在北京出席长江商学院十周年庆上，李嘉诚先生发表题为“行动英雄”的演讲，请看他回忆自己奋斗的几个片段：

> 我十四岁那年，一位会看相的同乡对我母亲说：你儿子眼眸无神，骨架瘦弱，未来恐难成大器。他安分守己，终日乾乾，勉强谋生是可以的，但飞黄腾达，怕没有他的福分！
>
> 我妈妈刚刚失去丈夫不久，这番话令她多心酸。妈妈把失望放在一旁，安慰和鼓励我，说：“阿诚！天命难算，上天一定会厚待善良、努力的人。再艰难，只要一家人相依一起就不错啦。”我当然相信母亲，但我更相信我自己！我请妈妈放心，我内心相信，只有自己双手创造的未来，才是唯一能信任的命运。
>
> 我成长的年代，香港社会艰苦，是残酷而悲凉的。那时候没有什么社会安全网，饥饿与疾病的恐惧是强烈迫人。求学的机会不是每一个人的权利，贫穷常常像一种无期徒刑。今天社会前行，新的富足为大部分人带来相对的缓冲保障，贫穷不一定是缺乏金钱，而

是对希望及机遇憧憬破灭的挫败感。很多人害怕可上升的空间越来越窄，一辈子也无法冲破匮乏与弱势的局限。我理解这些恐惧，因我曾经一一身受。没有人愿意贫穷，但出路在哪里？

七十年前这问题每一个晚上都在我心头，当年十四岁时已需要照顾一家人，没有接受教育的机会，没有可以依靠的人脉网络，我很怀疑，只凭刻苦耐劳和一股毅力，是否足以让我渡过难关？我们一家人的命运是否早已注定？纵使我能糊口存活，但我有否出人头地的一天？……

我要认清楚什么是贫穷的枷锁。我一定要有摆脱疾病、愚昧、依赖和惰性的方法。

我1928年在潮安出生，如果你认为今天的汕头还不算很先进，那么八十四年前潮安县的景象就更加可想而知。在家乡这十二年，我有太多甜酸苦辣的回忆。

还记得我六岁那年的夏天，晚饭后一家人陪伴祖母在家里的小院子纳凉聊天，叔叔告诉我们城中的老板如何富有，人们估计他有二十万枚龙银（以古董价计算，今天约值人民币三亿元）的总资产，祖母低沉地自说："不知我们哪一代的子孙，才可能像别人那样。"一个老百姓期求安逸的平常盼望。

我心爱的祖母早已离世，长埋在她最爱的那韩江岸旁，七十八年过去，我也曾在扫墓时倚在祖母的墓旁，低声地向她说："我们已经做到了！"

文中"出人头地"这个词，猛地一下出自年少经历太多磨难的李嘉诚口里，并没有什么好奇怪的，因为他不但要负责自己的命运，还要承担家庭的命运，这就使得他铆足劲相信"只有自己双手创造的未来，才是唯一能信任的命运"。

正是这种难以尽述的折磨，使他比同龄人更早地成熟起来，并吼出一声、猛拍胸膛、咬牙奋斗而成为一名真正的行动英雄。他开始从店小二做起，到独立开公司，心中始终藏着大目标，目的就是在社会上能够独立自我，像那些令人羡慕的行动英雄一样，凭本事打出一片天来。事实上，他用自己的行动很好地诠释了——世界上再苦再难的成功，都可以通过自己的努力拼出来！他曾经这样描述自己的“英雄情结”：

☆要活出有意义的非凡生命，需要有能超乎“匹夫”的英雄特质，一个英雄所具备的品德不单要有勇气、有胜不骄的度量和败不馁的懿行，更要知道生命并不仅仅是连连胜利的短暂欢欣或失败的挫折。希腊哲学家对“卓越”与“自负”有一个非常发人深省的观念，他们相信每一个人都有责任把自己潜能发挥得淋漓尽致，但同时，人的内心应有一戒条，不能自欺地认为自己具有超越实际的能力，产生自我膨胀幻象，如陷两难深渊，你会被动地、不自觉地步往失败之宿命。

☆在我眼中，未来跟明天是两回事，天命和命运是不同的。明天只是新的一天，而未来是自己在一生各种偶然性中不断选择的结果。追求自我，努力改善自己是一股正面的驱动力，当你把思维、想象和行动谱成乐章，就会在科技、人文、商业无限机会中实践自我；知识、责任感和目标融汇成智慧，天命不一定是命运的蓝图。

金庸先生在武侠小说中有句话：“江湖高手只留给有本事的人！”美国大片《钢铁侠》讲的是一位奋起自救的超级英雄托尼·斯塔克，他废寝忘食地投入钢铁侠升级版的研发、最后穿越来自地狱的熊熊烈火的故事。这是一种行动英雄！

“我是第一”是人们梦寐以求的，但这个世界不可能让所有的人都争得第一。理查·派克是运动史上赢得奖金最多的赛车选手之一，第一次比赛便得了第一，他兴奋地告诉了母亲。母亲却深情地说：“儿子，记住，你用不着跑在任何人的后面！”接下来的20年，理查·派克称霸赛车界无敌手，许多纪录到今无人打破。当人们问他何以成功的原因时，他说：“我从未忘记母亲的教诲，是母亲在我为第一名沾沾自喜之时，帮我发现了还可能永远是第一的希望。”这也是一种行动英雄！

在这里，我们同样可以把李嘉诚看作一位现实版的“钢铁侠”，他通过自己的双手和智慧战胜了自己的人生焦虑、获得了希望；同时，他也是人生路上奔跑的第一赛车手，在父母双亲的教育和期待中，一天天由一棵小树苗慢慢地长成了参天大树。

科学名门达尔文世家教子十训之一：“父母作为子女的人生导师，一定要起到领导作用”，英国名门拉塞尔家族教子十训之一：“一流父母培育出一流子女”。李嘉诚在培育子女方面也丝毫不敢松懈，不但自己做到“我是第一”，而且很早就想把两个儿子的独立生活能力培养出来。他一贯非常注重言传和身教，对两个儿子的“商教”开始得很早：当李泽钜和李泽楷八九岁时，他便专设小椅子摆在旁边，让他们列席公司的董事会，颇有点“参政”的味道。不仅如此，李嘉诚既细心又耐心，总是在会后鼓励两兄弟提出不懂的问题，然后认真地进行解答。为了培养他们独立生活的能力和掌握现代科技，他决定将两个儿子送到美国留学，想把他们塑造成具有独立能力的行动英雄。这种早期教育和投入，为今后李氏家族的长盛不衰打下了扎实的基础。

☆作为父母，让两个孩子在十五六岁就远离家乡，远离亲人，只身到外面去求学深造，当然是有些于心不忍，但是为了他们的将来，就是再不忍心也要忍心。不管你拥有多少家财，对于孩子，应该从小培养，他们独立自强的能力，特别不能让他们养成娇生惯养、任意挥霍的生活习惯。我希望他们能够成为从沙石长出来的小树，历尽风雨考验，把自己生命的根子扎得更深！

作为渴望自己孩子能够成为行动英雄的父母们，该怎么做呢？首先要明白：“成功”好比一张摆在眼前的梯子，“机会”是梯子两侧的长柱，“能力”是插在两个长柱之间的横木。只有长柱没有横木，梯子没有用处，关键还得靠孩子自己不断往上攀登。其次要注重培养孩子身上这 3 种别人永远无法窃取的东西，可以跟孩子通过面谈或书信的方式耐心交流：

①你的独特个性：

在这个世界上，你是无可复制的一个孤本，你拥有只属于自己的全部特质，包括个性。“传媒大亨”默多克教子说：“看轻自己并非谦逊，乃是自我摧残。欣赏自己的独一无二也非高傲自大，这是走向成功的首要前提。”是的，你的内心要永远阳光灿烂，把自己的激情释放出来。每一天你都在激情中变化，人生精彩就会来到身边，你的个性就会显得更加独特！

②你的独特态度：

你对于外界评论与行为的反应，什么时候都应当保有自己的态度，选择正确的事做下去。美国前总统里根教育子女说：“无论何时何地，你们都有选择自己的权利，坚持这种态度至关重要，关系到你们以后能不能成就自己。”可以说，无论面对何种情况，你绝不能盲从，自己的选择态度非常重要，可以带着微笑离开那些消极的东西，继续走向自己的追求。

③你的独特希望：

“希望”是激励人前行的动力，没有希望，前面一片黑暗。“篮球巨星”迈克尔·乔丹教育儿子说：“压垮你的并不是肩上的重担，而是你负载它的方式。现实与梦想之间最大的障碍就在于：你到底有没有尝试的意愿以及对可能成功的信仰是否坚定？‘希望’就是这样的——当很多人都向你说‘不可能’时，你内心里想的却是‘可能’两字，大家不信的话，就看我的行动吧！”

李嘉诚教子启示

你不是天才，可以是造就天才的父母。不要等下雨的时候，才想起忘带伞；也不要在下雨时，轻易去向别人借伞。孩子不是别人的拐杖，而是拿拐杖的主人！

2. 积极心态法：让困难一边凉快去

※ 李嘉诚贴心话

☆我12岁就开始做学徒，还不到15岁就挑起了一家人的生活担子，再没有受到过正规的教育。当时自己非常清楚，只有我努力工作和求取知识，才是我唯一的出路。

☆你对自己有多少信心？你有没有不屈不挠的精神，知道如何正视和克服成长过程中将不断出现的挫折和障碍？你是否愿意信赖自己？面临选择时无惧接受考验？逆境求存的你，能否在磨炼中孕育更强的生命力？

☆人们赞誉我是超人，其实我并非天生就是优秀的经营者。到现在我只敢说经营得还可以，我是经历了很多挫折和磨难之后，才领会一些经营的要诀的。

☆从历史的事实看，积极进取的精神，才是成功的决定性因素。美国立国的时间只有二百多年，比欧洲许多国家的历史短促，但整个国家的发展，却是后来居上。日本自明治维新以后，曾几何时，便超越了许多比它历史更悠久的国家，第二次世界大战失败后，不久又在经济的成就上大放异彩。而德国经历了两次大战的失败，都能迅速复原。可见在人为的努力下，可以加速达至目标。

※ **教子真经解读**

人们常说："在霸道的困难面前，谁笑在最后，谁就笑得最美。"从这四段话，可以看出李嘉诚如何认真面对困难、解决困难又乐观地对待困难，最后露出了舒心的笑。他常常把自己面对困难的韧劲教给李泽钜、李泽楷，希望他们处处能够战胜困难！

※ **教子故事解析**

困难总像影子与人伴随着行进，没有困难的地方不在人间。最难的时候往往成功会到来，前提是你得拼下去。网上有句话震撼人心："烂人生没什么，我跟你拼了！"是的，没野心只能一辈子当失败者，拼下去总有一天苦尽甘来。在困难面前萎缩的消极无为的人，只能一直苦下去，而瞧不起困难，让困难到一边凉快去的积极乐观的人，就能让日子慢慢甜起来。这叫什么呢？叫积极心态法。

李嘉诚平生面对各种纠结人心的困难，抱有的态度就属于这种积极心态法。他在任何场合、做任何事，提及过去，都会感谢过去的困难对他能力的坚实锤炼。

1）母子生活艰辛到冰点，找工作难

1943年冬天，香港出现了少有的寒冷，凛冽的北风掠过南岭和珠江平原，直扑香港。日治时期，街市萧条，再加上寒风彻骨，街头已是空荡荡的，一片萧瑟景象。

在这样一个缺衣少食、人人自危的日子里，没有人留心正奔走踯躅于大街上的李嘉诚母子。母亲庄氏正领着儿子嘉诚挨门挨铺地寻找工作，他们已出来整整一天了，但他们的脸上依然是一片茫然和沮丧的表情。

夜幕早已降临，看来今天是没什么希望了。母亲说："回去吧，孩子。等明天早点出来吧。"

母子二人步履蹒跚地回到家，李嘉诚再也没有力气了。他默默地躺在床上，一动不动。母亲则同样默默地把路上捡回来的烂菜叶用水洗净，打算生火煮粥。

舅父进来了，他为李家带来了一小袋粮米，顺便询问了一下一家人的起居生活，然后转身就走了。他早已看出了母子二人的疲惫和沮丧，但他什么也没有说。

第二天天刚亮，李嘉诚便起床了。他打算独自外出找工作，因为他实在不忍心让可怜的母亲再陪他受奔波之苦。

就这样，李嘉诚靠一双脚行遍了港岛的大街小巷，走过了一个又一个铺子，却毫无结果。他的双脚红肿不堪，一走动便钻心的痛。也难怪，他以前从未走过这么远的路。其实，脚痛还好忍受点，最难受的是心痛。白眼冷语，深深地挫伤了他的自尊心。

出门前，母亲曾嘱咐他："你去找潮州的亲戚和同乡，潮州人总是会帮衬潮州人的。"

母亲随之说了一串人名地址，他们都曾与李云经有交往。本来，他不愿意去求人帮忙。但在无奈之下，他还是决定去找一个同乡长辈帮忙。不料，他按图索骥寻到的却是一家倒闭的空店。原来日军当道，市景萧条，生意难做，生意人，倒闭的多于开张的。

于是，李嘉诚就冒出一个想法：到银行去求职，扫地、抹灰、倒茶、跑腿，干什么都行。他想，银行是存钱的地方，银行不会没钱，当然不可能倒闭。

然而，等待他的只有闭门羹。夜幕降临，李嘉诚拖着疲惫的双腿回到家，找工作的结果一览无余地写在他失意的脸上。

2）倔强少年不低头

看到李嘉诚的表情，不料，母亲却露出难得的笑颜，告诉他："舅舅叫你上他的公司做工。"李嘉诚愣住了，泪水在眼眶里打转。这两天，尽管他已备尝辛苦，但觉得好事来得太快了。

母亲帮他擦干泪水，自己的泪水却夺眶而出。母亲含着泪叮嘱道："进了舅舅的公司，天天跟钟表打交道，这是一门好技术，日后准能发达。阿诚，你可要好好做，听舅舅的话。"谆谆教诲间，她瞒住了一个事实。其实，庄静庵并不忍心让外甥小小年纪就独自闯荡谋生，他原本就有意让嘉诚进他的公司，但他担心嘉诚找工太容易，不思自强，所以想先让嘉诚尝尝找工的苦头，这样才会珍惜来之不易的职业。

"我不进舅舅的公司，我要自己找工作。"李嘉诚想起父亲的遗言及平日的要强行为，迅速作出了这样的决定。他不想受他人太多的荫庇和恩惠，哪怕是亲戚。

母亲大感意外，直愣愣地望着他，以为听错了。李嘉诚又果断地重复一遍。母亲不再吱声，她发现儿子在清高这点上，太像他的父亲了，并且比他父亲还要倔强。同时，她也觉得儿子长大了。

母亲深为儿子的懂事而高兴，但心底里实不忍心再让儿子饱受艰辛与磨难。

李嘉诚确实有几分倔强，两天来遭受的种种挫折，不但没把他击垮，反而使他产生了一个顽强的信念：我一定要自己找到工作！

庄氏终于被儿子的坚毅所打动，同意李嘉诚再去找一天工作，但她又说："事不过三，第三天还找不到的话，就一心一意进舅父的公司做工吧。"

3）人生第一份工作——"跑堂仔"

苍天不负有心人。次日正午，李嘉诚终于在西营盘的"春茗"茶楼找到一份工作，但这份工作却有一个条件，那就是老板要李嘉诚找一位有相当资产和信誉的人作担保。

李嘉诚一下子便把这几天的劳累与艰辛抛在脑后，兴冲冲地跑回家，跟母亲说起这事。母子二人知道最好的保人，就是在中南钟表公司做董事长的舅父。舅父不在家，嘉诚实在等不及了，他实在不愿意放弃这个机会，他央求母亲，跟他去看看。母亲无奈之下，只好随嘉诚去茶楼。

母亲见了老板，向他诉说家庭的不幸。老板深深地被这对母子的遭遇所打动，竟同意由母亲为儿子担保。

李嘉诚终于有了平生第一份工作，虽然只是一个茶楼的堂倌——"跑堂仔"，但这是经过一番挫折后才得来的，所以他备感珍惜，开始体会到一个简单的道理：只要想做的，通过努力就一定能做到！

"自古英雄出少年"！李嘉诚小时候个性倔强，不愿依赖他人的照顾和恩赐生活，即使身为富豪的亲舅舅也决不依赖，一定要凭自己的实力和努力闯出自己的路，这充分显示了他独立、自信、不服输的品格，而这恰恰是历来成大事者所必备的优秀品格。

人生中的碰撞和挫折，对每个人来说，都是一种更深刻的成长！曾国藩在《家书》中说："平生长进，全在挫折。"爱默生曾经说过："当我们真正感到困惑、受伤，甚至痛苦时，我们会从弱点里产生力量，唤起威力不可预知的自强之情。"竞争与挣扎鼓舞我们克服逆境，并将我们推上成功的高峰。把苦难中的挣扎当成个人成长的机会，以建立品格特质，因为它只是其中的奋斗，并非最终的结果。当你认为你所做的是正确的，就算全世界的人似乎都反对你，认识你的人都质疑你的判断，也无须改变心意。只要坚持，终有成功的一日，那时别人就会来告诉你，他们一直相信你办得到。

李嘉诚以亲身经历充分说明：困难并不是不可战胜的，完全可以攻陷它。困难既可以磨炼人、成就人，也可能压倒人、糟蹋人，但是其中起决定作用的往往是人，主要是人的精神因素，特别是独立人格。强者与弱者在才能上或许并无巨大差别，但两者最大的一大差别在于：强者具有独立的人格，争取的是自己应得的东西，不惧困难；弱者则反之。这种面对困难的态度不同，自然高下相距甚大。所以，如果你遭遇不幸，千万不要气馁，而要有李嘉诚那样的倔强和自强。

李嘉诚说过："大富在天，小富在人。"他对儿子李泽钜、李泽楷要求之严格，超出一般人的想象，目的就是让他们勇敢面对、承担困难。李嘉诚曾给身边的工作人员讲过一个小故事，大家看看他是怎样用积极心态法教两个儿子克服困难的：

有一天，在长江实业公司工作的李泽钜，还不怎么适应高节奏、高效率的工作习惯，竟然因为工作过于紧张而晕倒了，脸色变得灰白。事后，李嘉诚先生关心地对孩子说："多锻炼，习惯了，也就好了！"

又有一次，李泽楷不无抱怨地对父亲说："在公司里，我是职员中工资最低的一个！"李嘉诚先生却正色地开导孩子说："可不能这样说。我是四家大公司的董事局主席和总经理，我每年也只领取五千美元的董事袍金呀！"事实确实是这样，李嘉诚先生的薪金，都归公司。他外出旅行的费用，甚至为公司的业务所花费的国际长途电话费用、信件的邮资等，都自掏腰包。

很多父母也知道应该早一点让孩子受受苦，但是一旦真发狠那么去做，就会心疼不已，像针尖往心里扎，这一点不如李嘉诚果敢，因为他完全懂得"宝剑锋从磨砺出，梅花香自苦寒来"。这里建议父母们抓住下面两点，让孩子面对困难，让困难赶快到一边凉快去。

①困难是软柿子

世界上最硬的是困难，最软的也是困难。你不收拾它，它就在你的面前很火爆；相反，你去收拾它，它就变成了软柿子。

②困难是胆小鬼

世界上最胆大的是困难，最胆小的也是困难。你不去战胜它，它就在你面前贼胆大；相反，你去战胜它，它就变成了胆小鬼。

李嘉诚教子启示

人生的行进往往是：先尝苦头再品甜头。要相信：没有什么是一成不变的东西，哪怕是眼前的黑暗，而碰撞和挫折是一种更深刻的成长。

3. 跳槽是为了让自己跳得更高

※ 李嘉诚贴心话

☆创业的过程，实际上就是恒心和毅力，就是坚持不懈地发展的过程，其中并没有什么秘密，但要真正做到中国古老的格言所说的“勤”和“俭”也不太容易。而且从创业之初开始，还要不断学习，把握时机。

☆万一真的失败了，也不必怨恨，慢慢图谋东山再起的机会，只要一息尚存，仍有作最后决战的本钱。

☆人生自有其沉浮，每个人都应该学会忍受生活中属于自己的一份悲伤，只有这样，你才能体会到什么叫作成功，什么叫作真正的幸福。

☆如果世界上有任何成功秘方，其中最关键元素必定是对成功的欲望远远大于对失败的恐惧。这心态像刀锋，锐化你对什么是“可能”的触觉，激发你的梦想；像预警系统，令你对自满情绪和停滞时刻警惕，令你审慎律己、敢爱、敢说实话、敢当万绿丛中那点红。

※ 教子真经解读

在李嘉诚看来，任何创业都是艰辛的！“世界没有免费的午餐，也没有天上掉下来的馅饼”，这是大家脱口而出的一句老话，道理永远对！在生活工作中，你要真想学点东西，收获一点经验，就应该自己动手去争取，敢于直面逆境，不躲不闪，这样收获会更大。李嘉诚习惯把自己置于逆境中，老想着要做“万绿丛中那点红”，也希望两个儿子如此。

※ 教子故事解析

俗话说：“一口吃不了个大胖子”，嘴再大吃急了，都会被噎住。你要想完成自己想干的事，必须一步步来，一件件做。要想成大事，这个过程要把握好、把握准，特别是面对逆境时，必须通过自强不息来完成。什么叫自强不息，就是把自己的性格、能力在逆境中磨炼出来，像刀子越磨越锋利。美国作家梅尔维尔说："逆境犹如刀子，抓刀口会伤手，但抓刀把就有帮助了。"

生活、工作的环境永远不会十全十美，消极的人受环境控制，积极的人却控制环境。在环境中，每一次创伤，都是一种成熟。面对不如意的环境，当你知道迷惑时并不可怜，当你不知道迷惑时才最可怜。那么，李嘉诚面对艰难的环境，是一个怎样的人呢？总体说，他是一个在顺境中想到逆境、在逆境中创造顺境的追求者，有一股沉稳持重又无所畏惧的精神。

例如，李嘉诚开始思考自己由走到跑再跳的办法，想完成自己人生精彩的"三级跳"。这就是他年轻时在自创公司前，横下心决定的三次跳槽：茶楼→钟表公司→五金厂→塑胶公司。大家阅读时，一定要体会李嘉诚每次跳槽的心理变化和追求目标是什么，看一看他是怎么自强起来的？

第一跳：茶楼→钟表公司

李嘉诚有了茶楼的工作，但是心中的榜样一直是舅父庄静庵。他虽然在茶楼尽心尽力，却日夜梦想学得一门技术，作为将来安身立命之本，否则，很难在社会上立足，更难求得今后的发展。而美国早期的产业巨子，汽车大王福特、钢铁大王卡耐基、波音飞机之父波音等都是制造家或发明家，这些商业巨子已经成了他心中的高大榜样。

因此，在茶楼一年后，李嘉诚准备辞去茶楼的工作，去舅父的中南钟表公司。他已经熬过最艰辛的一年，老板给他加了工钱，他能够像其他堂倌一样，轮流午休或早归。茶楼工作出息不大，但他感谢茶楼老板，老板成全了李嘉诚养家糊口的基本愿望，给予他极好的人生锻炼。

为去舅父的公司，李嘉诚犹豫了好些天，因为他曾谢绝了舅父的一番好意，但现在他又觉得似乎不应顾虑太多，自己是在闯社会，进舅父的公司不是接受恩赐而是为舅父做事。

庄静庵回忆少年李嘉诚时说："阿诚的阿爷谢世太早，故阿诚少年老成，他的许多想法做法，就像大人。"

李嘉诚进了舅父的公司，舅父不因为嘉诚是外甥而特别照顾。李嘉诚从小学徒干起，初时还不能接触钟表活，做扫地、煲茶、倒水、跑腿的杂事。李嘉诚在茶楼受过极严格的训练，轻车熟路，做得又快又好。

开始，许多职员不知李嘉诚是老板的外甥，他们在庄静庵面前夸李嘉诚"伶俐勤快""甚至看别人的脸色，就知道别人想做什么，他就会主动帮忙”……

李嘉诚进中南公司的目的，是学会装配修理钟表。他利用打杂的空隙，跟师傅学艺。他心灵手巧，仅半年时间，就学会各种型号的钟表装配及修理。舅父对嘉诚的长进心喜不已，但他从不当面夸奖他。

1945 年 8 月，日本投降，香港面临经济复兴。庄静庵准备扩大公司规模，调整人事，李嘉诚被调往高升街钟表店当店员。

李嘉诚在茶楼，已学会与人打交道，进中南公司经过装配修理的学艺，对各类钟表了如指掌。他很快就掌握钟表销售，做得十分出色。

与李嘉诚同在高升钟表店共事的老店员，日后接受记者采访时介绍道："嘉诚来高升店，是年纪最小的店员。开始谁都不把他当一回事，但不久都对他刮目相看。他对钟表很熟悉，知识很全，像吃钟表饭多年的人，谁都不敢相信，他学师才几个月。当时我们都认为他会成为一个能工巧匠，也能做个标青（出色）的钟表商，还没想到他今后会那么威水（显赫）。"

第二跳：钟表公司→五金厂

但是，1946 年初，17 岁的李嘉诚却突然离开了发展势头极佳的中南公司，去了一间小小的、名不见经传的五金厂，而且是做一个"行街仔"（推销员）。

同事们大惑不解：阿诚是老板的亲外甥，又是一个不可小觑的青年，在公司里前途无量，他为什么一定要跳槽，去做一个"行街仔"？

李嘉诚曾经渴望从事跟复杂钟表打交道的行当。但是，17 岁的他已学会独立思考，并且有了超前的眼光。正如美国汽车业骄子艾柯卡指出：本世纪初叶产业是制造家的天下，社会商品相对匮乏，生产出来就会变成钱。到本世纪末叶社会商品日趋饱和，厂家竞争激烈，生产出的产品非得竭力推销出去才能产生效益，因此执产业牛耳者由制造大师转为推销大师。艾柯卡、松下幸之助、盛田昭夫等莫不以推销见长，并把推销与制造摆在同等重要的位置。

李嘉诚当时的想法与这些人的想法相当合拍。因此经过反复权衡，他决心到生意场的最前沿去磨炼自己。

1946 年上半年，香港经济迅速恢复到战前最好年景。中南钟表公司的业务有长足的发展，东南亚的销售网络重新建立，营业额成几何级数递增，庄静庵筹划办一间钟表装配工厂，再扩展为自产钟表。

李嘉诚看好中南的前景，更为香港经济巨变而兴奋不已。他站在维多利亚港湾边，眺望五彩缤纷的灯光，陷入沉思——今后的路该怎样走？一条路是在舅父荫庇下谋求发展，中南公司已成为香港钟表业的巨子，收入稳定，生活安逸；另一条路要艰辛得多，充满风险，需再一次到社会上闯荡。

李嘉诚喜欢做充满挑战的事，选择了后者。他待在舅父的羽翼下，更容易束缚自己，贪图安逸，要趁现在年轻多学一些谋生的本领，拓宽视野，增长见识，为的是今后做大事业。他心念已定，只是不知如何向舅父开口。舅父待他不薄，是李家的恩人。

五金厂的老板跟庄静庵曾有业务交往，他出面与庄静庵交涉，请求放人。庄静庵与李嘉诚恳谈过一次，设身处地站在嘉诚的角度看问题。当年，庄静庵也是一步步由打工仔变成老板的。嘉诚眼下还不会独立开业，但他迟早会踏上这一步的。舅父深入了解了嘉诚与众不同的禀赋后，同意放人。从此，李嘉诚开始了行街仔生涯。

第三跳：五金厂→塑胶公司

由于过人的勤奋努力，李嘉诚很快熟悉了五金厂销售业务，业务蒸蒸日上，产销均步入佳境。老板喜不自禁，在员工面前称阿诚是第一功臣，备受老板器重。但是，李嘉诚在五金厂刚刚打开局面，又要跳槽而去，尽管老板心急火燎，提出给李嘉诚晋升加薪，他仍不回心转意。这一次的跳槽又是为了什么？难道他取得了一点成绩就沾沾自喜，已忘乎所以了？莫非他有“跳槽”癖？

李嘉诚要去的塑胶裤带制造公司，在现代人的眼里，这是一家小小的山寨式工厂，位于偏离闹市区的西环坚尼地城爹士街，临靠香港外港海域。李嘉诚此举，一是受新兴产业的诱惑，二是塑胶公司老板的“怂恿”。

20世纪40年代中期，塑胶工业在欧美发达国家兴起。香港作为全方位开放的世界自由贸易港，市面上很快就出现欧美输入的塑胶制品。塑胶制品易成型，质量轻，色彩丰富，美观适用，能够替代众多的木质或金属制品。香港是接受新事物最快的地方，没有传统工业，它与世界有广泛的联系，能够迅速地引进适宜在本地发展的产业。

李嘉诚在推销五金制品之时，就敏锐感觉到塑胶制品的巨大威胁。最初，塑胶制品是奢侈品，价格昂贵，消费者皆是富人阶层。但塑胶制品的价格一直呈下降趋势，舶来品愈来愈多，尤其是港产塑胶制品面市，造成价格大跌。李嘉诚清晰地意识到，要不了多久，塑胶制品将会成为价廉的大众消费品。

塑胶裤带公司的老板，是个具有现代意识的经营者，四处招聘推销员，他到酒店推销塑胶桶时，与推销白铁桶的李嘉诚不期相遇。李嘉诚成了老板手下的败将，酒店更青睐塑胶桶，而不惜废掉进白铁桶的口头协议。

不打不相识，李嘉诚虽败在塑胶公司老板手下，但他的推销才能却深得老板赏识。老板认为，李嘉诚未推销出白铁桶，问题在白铁桶本身，而不是他的推销术火候欠佳。老板有意与李嘉诚交朋友，约他去喝晚茶，诚心竭力拉李嘉诚加盟。言谈中，李嘉诚表现出对新行业的浓厚兴趣，但他说："老大（老板）还算蛮器重我，我去他厂做事没多久就走，恐怕不太好。"

"晚走不如早走，你总不会一辈子埋在小小的五金厂吧？看这形势，五金难得有大前途。"这正是李嘉诚所不愿看到的，他离开舅父的公司找工作，只是为了自我磨炼、自我挑战以增长才干，而不是作为终身的追求。于是，李嘉诚终于跳出了五金厂。

李嘉诚进行的"三级跳"，与现在打工者的心理和目标差不多，都想靠自己的能力一步步自强起来。常言道："人往高处走，水往低处流。"李嘉诚怀有鸿鹄之志，把"三级跳"当作历练能力和获取知识的过程，不安于现状，直面未来，防止自己"生于忧患，死于安乐"，尤其第二跳不看重在舅父手下较好的前途，而追求当推销员对自己的商业锻炼，认为这样才能有更为远大的前途。他一方面吃苦耐劳，努力学习，思考未来，一方面心中的榜样逐步转换和升高，想有朝一日把自己推到人生的高点。可以讲，没有这"三级跳"，未来他很可能只是一个成千上万平凡人中的一个。更要注意，他的跳槽居然横跨服务、技术和营销三大行业，这意味着他为了长远目标而转换变型的灵活性，选择以最快的速度到新兴行业去发展。一句话，他做事不死板，跳槽是为了让自己跳得更高！李泽钜、李泽楷每每谈到父亲早年的这些打工经历，情不自禁地敬佩父亲敢于选择人生道路的魄力，李泽钜说："这就是父亲留给我们子孙的一笔大财富啊！"

选择是人生第一大难事，但也是人生必须面对的事情。现在的父母们对孩子面临人生十字路口的抉择，有的脚不点地托关系找门路，有的坐在屋里急得打转转。李嘉诚的"三级跳"告诉父母们让孩子选择的原则是：

①重要性原则：按照制定的人生目标，仔细确定轻重缓急，重要的优先。

②长远性原则：关系到长远利益的优先，近期利益次之。

③可靠性原则：亲身实践感受的优先，耳闻目睹的次之。

④承受性原则：把可能出现的不利因素放大，自己能承受的优先，不能承受的次之，甚至放弃。

李嘉诚教子启示

让孩子盯着前面的路，后视镜只是用来避免麻烦的。认准目标，带着一股劲就走下去，总有一天会"芝麻开门"！

4. 不吃软饭，自己的事自己来

※ 李嘉诚贴心话

☆很多人会认为打工是在赚钱。其实打工才是最大最愚蠢的投资。人生最宝贵的是什么？除了我们的青春还有什么更宝贵？！很多人都抱怨穷，抱怨没钱，想做生意又找不到资金。多么的可笑！其实你自己就是一座金山（无形资产），只是你不敢承认。宁可埋没也不敢利用。宁可委委屈屈地帮人打工，把你的资产双手拱让给了你的老板。

※ 教子真经解读

上面这段话，是李嘉诚2012年在深圳大梅沙演讲"不要再为别人打工了"，他开宗明义地说"打工才是最愚蠢的投资"，应该自己创业，因为时间非常宝贵，自己就是拥有财富的主人。结果，他的观点引起了网民热烈讨论，有的赞同，有的反对。但是，如果了解李嘉诚早年一路过来的辛苦打工史的人，就明白他说这番话，不是没有来由的，同时对年轻人选择人生也不是没有启发作用的，那就是趁着好年华，早日自强自立，把自己的事做起来！

※ 教子故事解析

人生在世，一晃时间就过去了，如果不做出点像样的事，自己都觉得活着挺没劲的，会在别人面前矮三分。一般讲，人生成功的方式一种是先靠别人再靠自己，另一种是靠人不如靠自己。这两种情况要视不同人的性格、能力、条件而定，哪一种好，哪一种不好，不能一概而论。如果只靠别人叫吃软饭，如果光靠自己叫孤胆英雄。通常情况下，真正成功的人往往都是先靠别人打基础，后靠自己打天下，再靠别人铺摊子。但是显而易见，不论哪一种情况都需要自己努力，自己的事自己来！

李嘉诚在数年的打工仔生涯中，完成了“三级跳”，每次工作业绩在同事中都排列最佳，但是他每次换工作都经过深思熟虑，憋着劲想挑战自己的能力。这一点，最能体现在他的“第四跳”——雄心勃勃挑战自我，离开塑胶裤带公司，决定开始自创工厂。

在塑胶厂工作一段时间，他逐渐成了塑胶公司的台柱，成为高收入的打工仔，是同龄人中的佼佼者。李嘉诚开始估量自己的实力，他相信若自立门户，成绩可能更好。1950 年，22 岁的李嘉诚终于辞去总经理一职，尝试创业。

李嘉诚二十岁刚出头，就升到了打工族的最高位置，确实令同事们称羡，一般人就会喜上眉梢。但李嘉诚非同常人，当他正干得顺利的时候，老板万没想到这位让自己爱得的不得了的助手又来了个“第四跳”。

李嘉诚的人生字典中没有“满足”两字，他满脑子想的是：经过了多年的痛苦经历和扎实磨炼，自己成熟许多了，身上储存了太多的正能量，终于到了谁也不想依靠而独自打天下的时候。于是，他站起来一拍桌子，决定来个再次跳槽，以自己的聪明才智开始新的人生搏击——自己当老板！他就这样完成了从一个打工仔到独立创业的人生重大转换，把李氏家族的成功大门打开了，从此迈上充满艰辛与希望的创业之路。

当时，李嘉诚的资金十分有限，两年多来的积蓄仅有七千港元，实不足以设厂。他向叔父李奕及堂弟李澍霖借了四万多元，再加上自己的积蓄，总共五万余港元资本，在港岛的皇后大道西，开设了一家生产塑胶玩具及家庭用品的工厂。

由于深受传统文化的熏陶，李嘉诚对万物事理有着天生的敏感，很想给自己的塑胶厂起一个响亮的名字，有一天他突然想到了中华民族的骄傲象征之一长江，又想到荀子《劝学篇》的句子“不积小流，无以成江海”，所以就把厂名定为“长江”。

2012 年，李嘉诚主持汕头大学商学院经济沙龙，边接受提问边回答，其中有段对话：

> 问：请问李先生，您记忆中您最艰难的是哪一段时间？面对这些困难时，您如何面对并成功渡过？
>
> 答：我在1950年开始创业，那个时候我只有5万块港币，最困难当然是财政。那个时候我已经有了工作经验，所以在除了一般跟同业的竞争之外，我就一个好处，就是我肯学习行业最新的知识。其实我不是做生意的材料，因为，第一，我这个人怕应酬；第二，我不懂得奉承；第三，诚信的事，我答应人家，就一点也不失，我是守信用的，但是人家答应我的，就未必是很守信用。生意虽然困难，但是因为我肯求取新的知识，肯创新、用功，故事业能不断发展。一方面就是对付自己经常的业务，一方面就创新，创新虽然有时也会失败，但是结果有的也成功，成功那个就赚大钱了。所以我觉得这是我的经验。困难啊，我今天跟你讲，就是一种锻炼的形式。

在李嘉诚看来，没有什么比依赖他人，更能破坏独立自主能力的了。人们经常持有一个最大的谬见，就是以为他们永远会从别人不断帮助中获益。独创力是每一个志存高远者追求的目标，因为依靠他人只会导致懦弱，把自己的事交给别人去管理，这是他非常不愿意的一点。

同样，李嘉诚也希望李泽钜、李泽楷"选择实力，去独闯天下"，做一个优秀的成功人士，不要整天躺在富贵簿上享受生活，并劝他们毕业了别找靠山，有本事自己创业去。从中可以体会出李嘉诚对两个儿子用心良苦，看似狠心，实则把爱心藏起来。

李泽钜和李泽楷两兄弟都以优异的成绩，从美国斯坦福大学毕业。然而，当他们想进入父亲的公司施展才华时，父亲却对儿子们说："我的公司不需要你们！"

兄弟俩愣住了，说："爸爸，别开玩笑了，您有那么多公司，就不能安排我们工作？"

李嘉诚斩钉截铁地说："别说我只有两个儿子，就是有二十个儿子也能安排工作。但是，我希望你们先去打自己的江山，让实践证明你们有资格到我公司来任职。"

通过李嘉诚及其教子的案例，我们可以明白：如果依靠他人，你将永远坚强不起来，也不会有独创力。如果要想成大事，你就应首先抛开身边的拐杖，独立自主。做不到这一点，那么你只好埋葬你的雄心壮志。艰苦创业而乐在其中，使自己的事业从无到有，是每一个创业者必经的过程，也是人生的一个重大转折，一生成败，系于一发，自己的事自己必须要干好。

如今的商业社会里有无数人想实现自己的梦想，成为叱咤风云的富豪。可是常听到人们这样感叹：如今只有有钱人才能赚钱，没钱的人只能急得团团转，真是徒唤奈何。言外之意是：白手起家成大事，天底下没有那么简单的事！这是人们普遍存在的一种心理，对那些刚在商场摸爬滚打或遭遇挫败的年轻人来说，抱有这种心理也很正常，因为没有资金而眼看着投资的大好时机擦肩而过的例子，实在太多了。

我们无意否认投资“第一桶金”的重要性，但上天没有给我们准备好“第一桶金”，我们怎样才能得到“第一桶金”呢？不妨学学李嘉诚的“四级跳”，该打工的时候好好打工，先把经验学到手；不该打工的时候不打工，迈开脚步自己来。至于那些没打算成为财富贵族的家庭，父母希望自己的孩子能够成就别的一份事业，道理如出一辙。

“20世纪最富感召力的作家之一”的美国女作家海伦·凯勒，她完成的自传《假如给我三天光明》，曾经深深打动几代人，也激励几代人成长。这本书写她自己——一个盲聋哑女孩在逆境中成长的故事。

海伦·凯勒原是一位健康活泼、清新可爱的小女孩，19个月大时，她因一场急病导致失明、失聪和失语。从此，小海伦·凯勒变得暴躁、任性和孤独——开始对生活失望，消极面对生活，感觉现实生活中没有了希望。直到7岁，父母帮海伦找到了一位老师安妮·莎莉文，这位老师成了海伦新生活的引导者，使海伦对生活重新有了希望，有了向往。

在莎莉文老师耐心指导下，海伦为了学会说话，她经常把一只手放在喉咙上，另一只手感觉嘴唇的动作，一面发出各种声音。她急切地模仿老师的动作，一个小时就学会了构成话语的基本音素中的六个：M、P、A、S、T、I。她还慢慢地认识了许多字，学会了阅读，慢慢地学会了说话、写作，还结识了许多朋友，这让她感受到身边无处不在的爱。

随着时间推移，海伦在老师和亲人的陪同下，体会到了许多“新鲜”事物，和家人一起过圣诞节、拥抱海洋、“欣赏”四季……

海伦渐渐长大了，她遇到了一些不开心的事情，尤其自己求学生涯遇到许多的困难，但她并没有放弃。终于，她的努力得到了回报，用自己的汗水实现了大学梦想，进入哈佛大学德吉利夫学院。因为生理上有缺陷，繁重的功课使她非常吃力，但在老师的帮助和自己的努力下，她掌握了英、法、德、拉丁和希腊五种文字，最终她以优异成绩毕业，成为历史上第一位获得文学学士的盲聋人。

海伦在书中写道："假如给我三天光明……第一天：我要透过'灵魂之窗'看到那些鼓励我生活下去的善良、温厚与心怀感动的人们；第二天：我要在黎明起身，去看黑夜变成白昼的动人奇迹。我将怀着敬畏之心，仰望壮丽的曙光全景，与此同时，太阳也唤醒了沉睡的大地；第三天，我将在当前的日常世界中度过，到为生活而奔忙的人们经常去的地方去体验他们的快乐、忧伤、感动与善良。"

这本书的震撼力极强，被誉为"世界文学史上无与伦比的杰作"，海伦·凯勒因而被美国《时代周刊》评选为"20世纪美国十大英雄偶像"，被授予"总统自由奖章"。著名作家马克·吐温赞誉说："十九世纪有两奇人：一个是拿破仑，一个就是海伦·凯勒。"

海伦一生度过88个春秋，熬过87年无光、无声、无语的孤独岁月。然而，正是这么一个幽闭在盲聋世界里、多么期待重新得到光明的人，居然靠自己克服困难，能够毕业于莘莘学子仰慕的哈佛大学，并用她的全部力量到处奔走，建起了一家家慈善机构，为无数残疾人造福。海伦创造的这一奇迹，全靠她不屈不挠的意志和不懈努力，一步一步地走上成功之路，取得了很多正常人都难以取得的成就。不得不说，海伦接受了生命挑战，以惊人的毅力面对困境，用爱心去拥抱大家，终于在黑暗中找到了光明，并伸出温暖的双手帮助需要帮助的人。无论何时，我们都应永记这位生活在黑暗中却又给大家带来光明的女子！

古人教子名言："人活一口气，佛争一炷香！"在此，希望所有父母都可以思考一个问题：李嘉诚立身及其教子方法与海伦挑战人生故事的共同点是什么？答案就是：他们都不想吃软饭，自己的事自己来，要靠自己的双手点亮心中的光明。另外，还可以抓一件紧要的事：别让自己的孩子每日懒懒散散地生活，松松垮垮地工作，一遇到困难就怨天尤人，痛恨上天不公，长叹自己老是没有遇到个好靠山。否则，日复一日，年复一年，自己在社会上的独立能力越来越差，那盏心灯永远点不亮！

李嘉诚教子启示

命运负责洗牌，但打牌的是我们自己！如果坐在健身房里让别人替你练习，你是无法增强自己肌肉力量的。你要使出大力气，激发出自己的潜能，把自己要做的事做得格嘣脆！

5. “舍不得孩子套不住狼”

※ 李嘉诚贴心话

☆对于泽钜和泽锴，我没有一般中国人一定要子孙继承事业的想法。但是，我也会给他们机会，给他们创造继续发展的良好条件。如果最后他们的能力确实无法胜任，不能挑起大梁，那么我认为企业可以继续发展，只是无须李家管理。

※ 教子真经解读

李嘉诚是一位严父，坚信这么一条：人才不能在温室里成长，只有在激烈的实战中，才能培养和锻炼出类拔萃的人才，挑起大梁，扛起重任。他对自己两个儿子的培养过程，就是他这一见解的体现。他的最大愿望，就是能够让两个儿子早日凭借自己的能力，敢独立挑大梁，他有一句名言：“为了孩子要舍得！”

※ 教子故事解析

大家都比较喜欢收看中央电视台品牌栏目“动物世界”，常常发现小角马、小羚羊、小狮子、小豹子等出生一段时间后，“爹妈”就开始培养幼崽们独立生活的能力，有的甚至不到十几分钟就能自己站起来、跑起来，否则在险象环生的大草原上随时可能被灭掉。大家又看到另外一种情况——把那些像“骄子”一样圈养伺候的小动物们重新放回大自然，它们便对野外环境格外陌生，生存能力极差，好几岁还在练生存的基本功，甚至有的确实难以适应，饲养员们又不得不把它们重新带回圈舍。

家庭教育也是如此，如果提前让孩子把自强意识和能力一步步锤炼出来，将来能独立挑大梁，父母一生就会变得轻轻松松；如果一味呵护、溺爱孩子而成了“温室里的花朵”，孩子将会成为父母一生的沉重负担。所以最好的教育方法就是：在孩子小的时候，父母就要把他们自强意识、能力慢慢地锻炼出来，试一试他们挑大梁的勇气有几何！

让我们首先看一看，李嘉诚是怎样磨炼长子李泽钜挑大梁能力，打响“第一炮”的。

1）送儿子到国外读书去

李泽钜1964年8月出生，小学和中学就读于香港名校圣保罗英文书院。初三时，在父亲的安排下，远涉重洋到加拿大继续中学学业。中学毕业后，考入美国著名的斯坦福大学念土木工程系——这也是父亲的意愿。房地产是家族基业的基石，是香港最具潜力的产业。李嘉诚初涉地产，常为专业知识之贫乏而分外苦恼，他非常羡慕留洋获得土木工程学位的胡应湘、陈曾熙等人。

在李嘉诚大举进军加拿大前，他已作了巧妙安排，让两个儿子在1983年入加拿大国籍。80年代中，李泽钜获得结构工程博士学位回港，在父亲的公司里任普通职员。李嘉诚不想让他一步登天，曾有董事提议让李泽钜进董事局，遭到李嘉诚拒绝。李嘉诚认为，儿子接班，将是个十分漫长的过程。

2）支持儿子的“狂想”

真正使李泽钜脱颖而出的，是他参与世博会旧址发展项目。1986年，世界博览会在温哥华举办。落幕后，各国的临时展厅或拆卸，或废弃。旧址为靠海的长形地带，发展前景良好，地皮为省政府的公产，可以较优惠的价格购得。

生活在温哥华的李泽钜，以他土木专业的眼光看好这幅地皮，将可发展综合性商业住宅区。于是，他积极向父亲建议，理由如下：

①世博会旧址附近都已开发，社区设施、交通等已有良好基础；②温哥华这一区域，和一般大都市不同，并无高架公路，市容美观；③旧址位于市区边缘，有市郊的便利而无市区的弊端，无论往返市区和郊区，同样便利；④位置临海，景色宜人，海景住宅当然矜贵；⑤香港移民源源不断开赴枫叶国（加拿大），对饱受市区嘈杂拥挤之苦而又嫌郊区偏远冷寂的港人来说，这样的海景住宅有相当的吸引力。

李嘉诚同意了儿子的“狂想”，认为最后一点尤显商业眼光。说这是“狂想”，一点不夸张。整幅地皮，大致相当于港岛的整个湾仔区，外加铜锣湾。迄今为止，香港有哪个地产商，在这么开阔的地段发展浩大的综合物业？

这在加国建筑史上，也将是开天辟地头一遭。

投资之巨大（后来确定的投资额达170亿港元），非长江实业集团所能承担。李嘉诚拉他同业好友李兆基、郑裕彤加盟，与加拿大帝国商业银行旗下的太平协和公司（李嘉诚占10%股权）共同开发。决策为各大股东（李嘉诚个人及集团占50%股权，另50%为各股东分占），具体操作为李泽钜。《富豪第二代》一书这样介绍道："李泽钜为这宏图巨构，一手策划、设计，无尽心血，悉付于此，曾经在两年之间，出席大大小小公听会200多个，与各界人士逾2万人见过面，解释这个计划。当然，他的背后，父亲、师傅，及其他人等，一直予以无限量支持。"

3）让儿子自己解难题

1988年，新财团以32亿港元巨款投得世博会旧址发展权，一切都如期进行。1989年3月，平整地盘的施工地段，赫然出现了一张"告同胞书"，措辞强烈，充满排外的极端情绪。这与加国政府为吸引华人资金和人才大开方便之门的国策背道而驰。"他们似乎完全看不见我也是加拿大公民，他们反应太过激烈。"李泽钜气愤而又无奈。

据传媒估计，当地人排外，还与李泽钜的另一宗生意有关。世博会旧址，以太平协和的名义签约后，李泽钜将另一间公司的200多个新公寓，直接在香港发售。消息传回温哥华，当地传媒大肆渲染，引起本地人的不满，质问省政府：将来世博会物业，是否又卖给香港人，让这里演变为华人的天下？

省督林思齐博士为平息民怨，要太平协和保证，在这块极优惠的地皮上兴建的物业，不会只在海外发售，必须优先向当地人发售。这意味着兴建的物业，将不可先期在香港卖好价钱。加国地价楼价低廉，这是公认的事实。

令人奇怪的是，这么大的风波，李嘉诚未出面，麦理思、马世民也未露面，而全盘托付给坐镇加国的大公子。这表明李嘉诚要考验儿子随机决断、谈判交涉的能力和毅力。

李泽钜从滑雪圣地韦斯拉赶到温哥华。他的身份只是太平协和的董事，外貌只是个未出校门的学子。但是李泽钜求见省督林思齐，问他："如果世博会发展搁浅，你明白这意味着什么？"言外之意是：以李嘉诚在香港的号召力，足以使流入加国的地产投资缩减三分之二，更会使在香港移民潮中的受益省——卑诗省，落在其他省后面!

于是，省督说服省议会，对李泽钜的要求做出让步，许可世博会物业，将可同时在香港和温市发售——实际上以向港人发售为主。省议员透过传媒，向市民说明利弊关系，称华裔移民是温市建设的和平使者，要善待他们。同时，李泽钜也在积极配合，以争取民心，他在温哥华的一次记者招待会上说："6年来我的最大收获，就是加入了加拿大籍。"风波平息，工程继续上马，这就是后来定名"万博豪园"的庞大商业住宅群。

4）给儿子的表现点个赞

李泽钜的处事能力得到父亲的赏识，李嘉诚同意董事的一致要求，吸收李泽钜任长江实业集团董事。1990年11月28日，香港《信报》刊出《李泽钜设计万博豪园一鸣惊人》一文，对李公子推崇备至。

对李泽钜来说，加拿大温哥华的房屋计划万博豪园，就是他事业上的试金石。因为这个被誉为加拿大有史以来最庞大的建设计划，由他一手策划，由看中地盘，以至买地、发展、宣传，他都参与其事，全身投入。但初挑大梁，无论如何，都会有一种无形的心理压力。

幸好万博豪园在香港刊登广告后，初步的反应甚佳。第一期嘉汇苑，平均每平方英尺230加元(约1540港元)，这个价格较香港很多地区都便宜。加拿大增收香港移民，港人今后到加拿大居住者必较现时为多，因此，李泽钜对万博豪园的销售前景非常乐观。

由投地到施工这一段期间，李泽钜遇到的争议、面对意外和困难不计其数，如果换了一个性格懦弱、信心不足的人，早已知难而退了。但他并未如此，仍然一丝不苟地去做，笑骂由人，愈战愈勇。

为了这个庞大计划的早日完成，李泽钜过去2年内在港加两地穿梭来往，不辞舟车劳顿之苦。1989年全年，他来往港加两地26次之多，坐飞机如普通人坐巴士一样。

万博豪园总体规划由李泽钜一手设计，建筑群的最大特色，是保留了原有湖光山色之天然美，他辟出50英亩作为区间公园，是居家休闲之胜地。

李泽钜说："由于万博豪园这个计划实在太大，自己肩负重任，因此无时无刻不在想着计划的发展。在乘坐飞机时，即使看书，都以城市规划以及居住环境的书本为主。"

1990年，万博豪园嘉汇苑公寓在港推出前，长江实业集团公关部就精心安排，让集团执行董事李泽钜接受两本杂志的采访——连人带房一并推向社会，反响甚佳。万博豪园使李泽钜声名鹊起。

可以看出，李嘉诚故意躲在李泽钜的身后，给他创造一些机会，让他接受商战的严峻考验，知道经商的不易，不是说你想怎么样就怎么样，要想真正有大作为，就要凭借自己的眼力和魄力处理诸多意想不到的事情。在李嘉诚的培养下，两个儿子在独立处理加拿大世界博览会旧址的庞大发展规划，以及策划收购美国哥顿公司“垃圾债券”等一系列大动作中，都表现出惊人的胆识和灵敏的商业头脑，李嘉诚曾自豪地说：“即使我不在，凭着他们个人的才干和胆识，都足以各自独立生活，并且养家糊口，撑起家业。”

科学名门达尔文世家教子十训之一：“一旦发现子女具有学者的潜质，就要毫不犹豫地全力支持。”李嘉诚就是这样，为了让儿子能够早日成材，不惜让他们在大风大浪中锻炼成长。事实证明，李嘉诚“为了孩子要舍得”的想法和做法非常正确和成功，体现了做好父亲的一种决心。

俗话说：“舍不得孩子套不住狼”，意思是：要想打到狼，有时不得不舍弃孩子，比喻要达到某一目的，必须付出相应的代价。仔细想想这句话，颇有点让人不能接受：为了打到一只狼，而不惜去冒让一个孩子丢掉性命的危险，这种做法也未免太残忍了点、代价也未免太大了点。

其实，这句俗语的本来面目是“舍不得鞋子套不着狼”，意思是说：要想打到狼，就要不怕跑路、不怕费鞋。这是因为狼生性狡猾，且体格强壮，能奔善跑，一旦被猎人发现，它不是东躲西藏，就是逃之夭夭。猎人若想逮住它，往往要翻山越岭、跑许多山路；而爬山路是非常费鞋子的一件事情，再加上古人脚上穿的多是草鞋、布鞋，很不耐磨。所以，在古时候，人们往往要在磨破一两双鞋子之后，才有可能捕捉到狼，如果舍不得费这一两双鞋子，就很难捕到狼。俗语“舍不得鞋子套不住狼”就这样形成并广泛流传开来了。

显然，李嘉诚“为了孩子要舍得”的说法，出自于“舍不得孩子套不住狼”，他能够咬紧牙关，隔山观虎斗，目的就是让李泽钜在大风大浪中成为名副其实的好儿郎。李嘉诚这种坐观成败的心理尽管不好受，但是为了儿子以后真正能把李氏家族的大梁挑起来，这么做又是很值得的；要不然，就会像很多父母溺爱孩子一样，到头来自讨苦吃。虽然父母对儿女有所溺爱，属于人之常情，但在这方面老是过不了这个心理关，不忍让孩子经历风雨，到最后变得无所事事，就会追悔莫及。

李嘉诚“为了孩子要舍得”的想法，正印证了拿破仑·希尔的教子名言：“学会不再用别人的眼光审视自己，可能会费时颇久，一旦你能做到自己想做什么，世界就已在你掌心。”在这里，我们希望所有父母能够为了孩子自己挑大梁，能够“舍得”让他们自己去磨炼，看一看他们能吃几碗干饭！

李嘉诚教子启示

先撂下一句狠话：“舍不得孩子套不住狼！”要不然，孩子永远不会打“狼”！

6. 加把劲，别做“差不多先生”

※ 李嘉诚贴心话

☆做事投入是十分重要的。你对你的事业有兴趣，你的工作一定会做得好。

☆我常常都想列出我个人认为成功一生、缺一不可的素质：坚毅、勇气、有志、有识、有恒、有为、诚恳、可靠、有礼、宽容、公平、正义、洞察、智慧、尊重、正直、和善大方……大家不要紧张，菜单这么长，真正可令人吃不消，读诵已经够累人，世界越变越复杂，反复如汪洋，对一些人来说生活是艰苦的，但对更多人来说生活尽是迷惘，今天我们确实需要很多生命的坐标。

☆做生意一定要同打球一样，若第一杆打得不好的话，在打第二杆时，心更要保持镇定及有计划，这并不是表示这个会输。就好比是做生意一样，有高有低，身处逆境时，你先要镇定考虑如何应付。

※ 教子真经解读

李嘉诚对李泽钜、李泽楷等年轻人真心告白，认为一个人的成功包含着多方面的品质，而这些品质正是保证他在生活工作中具有独立能力的最好体现。在这些品质中，主要包括你对所做事情的兴趣与判断、认真与投入、计划与坚持等，可以引导你把人生路途中出现的迷茫解决掉，把一件需要做的事做到底、做到最好，就像打台球一样，一杆一杆接着打，就能打到最后的结局。没有结局是不完美的，是遗憾的。他一直要求李泽钜、李泽楷做事不能中间撂挑子，要有一股坚持的劲头！

※ **教子故事解析**

很多人做事都有一大顽固的毛病——没有持之以恒的决心，喜欢随随便便、懒懒散散，烦了就半途而废，弄得个“三天打鱼两天晒网”。我们承认，一个人总有情绪变化，忽高忽低，这是正常的。但是要想成大事，必须学会控制自己的不稳定情绪，把想做的事做下去，哪怕暂时放一放，却不能丢而不捡，要不然，会没有结果的。

李嘉诚在教子过程中，提倡做事就要做好，要么就别做，原因是没有追求的做事是做到哪儿算哪，差不多就行了，而有追求的做事做到哪儿都不满足，还要更上一层楼。有意思的是，李嘉诚在读书时，胡适先生嘲讽那些处事不认真的人而写的名篇《差不多先生》，引发了他对时下有些人做人做事的一番见解：

> 我最近重读了胡适先生1924年所写的文章《差不多先生》，差不多先生若真有其人，他早应是不在人世。
>
> 我认为胡先生笔下对中国人夸张的描绘虽不全面，但发人深省，然而这家喻户晓的人物，还有一双眼睛，但看的不是很清楚；有两只耳朵，但听的不很分明；有脑袋但缺乏洞察力和没有层次思维。差不多先生却依然活着，而且可能有特强的繁殖力。
>
> 现代科学至今还未找到人不死的灵丹妙方，何以独是差不多先生能成功存活于世？
>
> 也许胡适的差不多先生已变异为病毒，通过其散播，感染越来越多人。病毒强烈的僵化力使脑筋本质聪敏的人思想停滞不前，神志昏沉，虚度其既漫无目的也无所期待的庸碌日子。
>
> 也许他还有发白日梦的本事，但缺乏追求梦想的意志，发酸地堕入无底的借口世界以哄慰自己，种种似是而非的理由还在蔓延，慢慢侵蚀我们的社会、价值观、体系、技术和经济。
>
> 当我重读这篇名著，令我惊骇的不仅是差不多先生可怜的愚昧，更糟是旁人接受如此荒谬的存在方式，还企图自圆开脱，这种扭曲式的浪费智慧行为足以令人哭泣。

医生常常说准确断症是痊愈的起点，差不多是一种折损人灵魂的病，令人闲散；要知道人的生命光辉需凭仗自我驰骋超越。

各位同学：如若你不愿被命运扣上枷锁，你必须谨记，活着是一种参与，你要勇于思考、尊重科学、尊重原则，能感受、有追求、能关心，敢于积极，能经得起考验，骨中有节，心中有慈、心中有爱。

世界上最多的人群大概是“好好先生”和“差不多先生”。前者好面子，什么事情都愿意答应别人；后者好懒散，什么事情都做不到底。李嘉诚反感这种“差不多先生”，因为这样的人把人本应有的智能、才能都全废掉了，整天过着懒懒散散、碌碌无为的日子，做着白日梦，还到处找借口说这说那，企图安慰自己已经麻木的心。这样的人不但对自己没有一点责任感，对社会也是这样，因此他们是多余的、无用的，真是在处处充满生命力的世界上白活了一遭，如胡适先生在文中的讽刺描述：

差不多先生差不多要死的时候，一口气断断续续地说道：“活人同死人也差……差……差不多，凡事只要……差……差……不多……就……好了，何……何……必……太……太认真呢？”他说完了这句格言，方才绝气了。

李嘉诚有感于“差不多先生”至今并未绝迹，问：“现代科学至今还未找到人不死的灵丹妙方，何以独是差不多先生能成功存活于世？”记得前几年有一首嘻哈歌曲叫《差不多先生》风靡一时，第一段是：

我抽着差不多的的烟
又过了差不多的一天
时间差不多的闲
我花着差不多的钱
口味要差不多的咸
做人要差不多的贱
活在差不多的边缘，又是差不多的一年
……

李嘉诚真心诚意，眼光敏锐，看到了很多不务正业、胡吃海喝的闲散者的病根所在，认为这些人以这样的状态独立自强起来，简直是不可能的。因此他心里着急，想唤醒这些人，为自己、为社会做点有益的事情。

2012 年，李嘉诚在深圳大梅沙演讲，针对无所追求、挥霍年华的年轻人提出了批评，摘录几个主要片段如下：

很多人想把握机会，但要做一件事情时，往往给自己找了很多理由让自己一直处于矛盾之中！不断浪费时间，虚度时光。如：

①我没有口才——错，没有人天生就很会说话，台上的演讲大师也不是一下子就能出口成章，那是他们背后演练了无数次的结果！你骂人的时候很擅长，抱怨的时候也很擅长，但这种口才是没有价值的口才，看别人争论的时候，自己满嘴评头论足，却不知反省自己，倘若你付出努力练习，你今天是否还说自己没口才？

②我没有钱——错，不是没有钱，而是没有赚钱的脑袋。工作几年了没有钱么？有，但是花掉了，花在没有投资回报的事情上面，花在吃喝玩乐上，或存放贬值了，没有实现价值最大化，所以钱就这样入不敷出。每月当月光族，周而复始，没有远虑，当一天和尚敲一天钟，得过且过。

③我没有能力——错，不给自己机会去锻炼，又有谁一出生就有能力？一毕业就是社会精英？一创业就马上成功？当别人很努力地学习，很努力地积累、努力找方法，而你每天就只做了很少一点就觉得乏味。学了一些就觉得没意思，看了几页书就不想看，跟自己也跟别人说没兴趣学。然后大半辈子过去一事无成，整天抱怨上天不给机会。能力是努力修来的，不努力想有能力，天才都会成蠢材。但努力，再笨的人也能成精英。

④我没有时间——错，时间很多，但浪费的也很多！别人很充实，你在看电视，别人在努力学习时，你在玩游戏消遣虚度。总之时间就是觉得很多余、你过得越来越无聊。别人赚钱了羡慕别人，但不去学别人好好把握时间创造价值，整天不学无术。

⑤我没有心情——错，心情好的时候去游玩，心情不好的时候在家喝闷酒，心情好的时候去逛街，心情不好的时候玩游戏，心情好的时候去享受，心情不好的时候就睡大觉。好坏心情都一样，反正就是不做正事。

⑥我没有兴趣——错，兴趣是什么？吃喝玩乐谁都有兴趣，没有成就哪来的尽兴！没钱拿什么享受生活！你的兴趣是什么？是出去旅游回来当月光族，出去唱歌回头钱包空空，出去大量购物回来惨兮兮……打工有没

有兴趣？挤公交车有没有兴趣？上班签到下班打卡有没有兴趣？家里急需要一大笔钱拿不出来有没有兴趣？借了钱没钱还有没有兴趣？卖老鼠药的人对老鼠药有兴趣？……

⑦我考虑考虑——错，考虑做吧有可能就成了，不做吧好不甘心！一想整天上班也没有个头、还是明天开始做吧！又一想还是算了，这钱挣的也不容易！不不，就是打工挣钱也不容易，决定了不能放弃机会！哎呀、天都黑了，明天再说吧！然后第二天又为以上1、2、3、4、5点，左思右想，继续循环，最终不能决定。犹犹豫豫、耽误了很多时间，还是一无所获。

有句话是："可怜之人，必有可恨之处！"这一生中不是没有机遇，而是没有争取与把握！借口太多，理由太多……争取之人必竭力争取，一分钱都没有也千方百计想办法！不争取之人给一百万元也动不起来，发不了财，还有可能一败涂地。这就是行动力的欠缺！喜欢犹豫不决、喜欢拖延、喜欢半途而废，最后一辈子平庸、碌碌无为！还有的人做事三分钟热度，一开始热情高涨，等会就继续懒散，成功的帽子永远不会戴在这种人的头上。

李嘉诚的意思是：你找任何借口说自己不行，都没用，关键在习性、态度、品格、行动上扭转自己，强化自己想要做成事的独立能力，才能真正掌握、拯救自己的命运。这就是说：积极的人在每一次忧患中能看到一个机会，而消极的人则在每个机会中都看到某种忧患。

李嘉诚又这样激励大家："有谁生下来上天就会送给他一大堆金钱的？有谁是准备非常齐全了完美了再去创业就成功了？含着金汤匙出生的毕竟是极少数，富不过三代，许多伟业都是平凡人创造出来的。……因为你安于现状！因为你没有勇气，你天生胆小怕事不敢另择他路！因为你没有勇往直前、没有超越自我的精神！虽然你曾想过改变你的生活、改变你穷困的命运，但是你没有做，因为你不敢做！你害怕输，你害怕输得一穷再穷！你最后连想都不敢想了，你觉得自己也算努力了，拼搏了。你抱着雄心大志，结果你没看到预想的成就，你就放弃了。"

2014年，李嘉诚谈到香港人才发展时，既表达了忧虑，也表达了希望："香港代代都有能人，今天他们都受到良好教育，只要专注企业发展，敢于面对挑战，放眼四海，机会多的是。正如马丁·路德·金所说：'我们很多时候要接受眼前的失望，但必须永不放弃希望。'"

很多父母在为孩子没有持之以恒的做事精神而坐立不安时，可以把李嘉诚的话拿来教导孩子，多给他们加一把劲，还可从美国西点军校的5点训导入手教导孩子，不要让孩子现在和将来成为“差不多先生”。

①自我体验

你的品格与智慧，随着时间的推进而递增。成功的种子总是根植于你过去的体验之中。人生最精彩的故事，源自你经历最痛苦的挣扎。所以，要永远昂首挺胸，坚持学习，认真生活。

②自我决定

当生活让你感到畏惧时，同时赐予你机会去选择勇敢与坚强。在这个日益变化的世界上，无论错误、失败还是烦恼都是可以被制服的。只要你擦亮双眼，继续前行，总会走向最终的成功。

③自我感觉

人生在世，是为了体验自己的生活；总迎合他人，很难找到成功的路子。所以，别太在意别人的看法，别人的看法并不重要，最重要的是你自己的感觉！

④自我直觉

每个人都会有挣扎、挑战，也会选择不同的道路去成功。如果你总是遵循别人的思考方式，就不能称为真正的思考。追随自己的直觉，做那些自己认为有意义的事情。请记住：不用死死等待所谓最佳时机，才开始行动，要把梦想放在内心深处立即前行！

⑤自我激情

发现自己的激情，去做最重要的事。让自己沉浸其中并体会到快乐，即使一切未能完全如愿，只要航向正确，都是非常值得的。

李嘉诚教子启示

俗话说：“见异思迁，土堆难翻；专心致志，高峰能攀。”好年华要靠自己拼；有梦想，谁都了不起。坚持不懈地在一处挖井打水就能喝上水。

第5句话　别人如果放弃，你就要出手

经商不像慢跑那么容易——只要自己跟在别人后面迈脚颠步就行了，而是要像快速变化的战斗一样善于选择“乘虚而入法”。我们知道，“敌退我进，敌疲我打”是一种巧妙制胜的兵法，经商也是这样，别人丢弃的事情不去做，就会空出一块地盘，腾出一片空间，而赚钱的好机会往往就隐藏其中。

李嘉诚反复叮咛儿子：做事要讲“智”，采取聪明应对的技巧，“别人如果放弃，你就要出手”，这是一种屡有斩获的兵法战术，在竞争实力比较薄弱、目标不太起眼的地方下手，以期不争之争，不拼之拼，赢得商业大胜局。

1. 太热闹的地方难下脚

※ 李嘉诚贴心话

☆做事情一定要懂得取舍，什么时候取，什么时候舍，这里面有很多学问，需要琢磨透，不掌握好的话，记住是做不出事情的。

※ 教子真经解读

李嘉诚的意思是：做事情暗藏着很多成与不成的玄机，尤其要明白取与舍的关系，这就是高手做事的行话“不赶热闹场，身往僻静处”，或“不看热场，赶准冷场”；换句话说，你来我走，你争我让，你找你的落脚点，我找我的下脚处。把上面的话题放到生意经中，正所谓“人弃我取，人取我与”，即别人争的生意我不做，别人做不了或者不想做的生意我拿来做。

※ 教子故事解析

一般人都喜欢热热闹闹，怕冷冷清清。热热闹闹有什么好呢？机会多；冷冷清清有什么不好呢？机会少！但是热闹也有热闹的不好，狼多肉少，抢不着；冷清也有冷清的好处，狼少肉多，上手快。

古人的智慧很了不起，司马迁《史记·货殖列传》说：“李克务尽地力，而白圭乐观时变，故人弃我取，人取我与”，指商人廉价收买滞销物品，待涨价卖出以获取厚利。商业巨贾范蠡致富的一大商训就是：“物以稀为贵，人取我舍，人舍我取。囤积货物，垄断居奇。把握时机，聚散适宜。”

范蠡帮助越王勾践完成兴国大业后，68岁带着一家老小悄无声息地隐居起来，开始做生意。他善于细心观察，发现根据人们的最多需要才能把生意搞起来，怎么搞？他想来想去，还是“人取我舍，人舍我取”的办法最好。于是，他开发出各种商品来满足人们的需求，这种需求不仅是多方面、多层次的，而且与时令、季节的关系也很密切。

例如，范蠡把别人不要的长长短短、粗粗细细的竹子买下来，把粗的做成农具的柄，细的削薄做扫帚。他把别人不要的长长短短、粗粗细细的芦苇买下来，把芦花扎成扫帚，芦杆编成芦帘，拣粗的压扁织成芦席。他把别人不要的货劣价低的树桩买下来，把小的树桩做成木榫，大的做成砧板，长的做成棒槌。据说，他还是酱的发明者，曾改进了陶器制作技术，是造缸的能手，被太湖一带的工匠们尊称为“造缸先师”。

由于他根据人们的需要，开发出各种商品，投放市场后，满足了多方面、多层次的消费者需求。这样下来，没几年，他得到丰厚的回报，成了天下最大的富豪。

范蠡在商战中能把握“人取我舍，人舍我取”的时机，根据市场需要，供应家家户户要用的东西，生意不起眼，实际很了不得，他自然就会立于不败之地——市场大，成本小，赢的面就大。

无独有偶，大家都比较熟悉山西“乔家大院”，看过同名电影。清代晚期的大掌柜乔致庸有一个生意经也是：“人取我予，人舍我取”。

乔致庸接手乔家生意后，他做的第一件事就是疏通南方的茶路、丝路，想把“票号”做起来。当时票号很少，全国也只有5家，其中最大的日升昌不过7个分号，且不和中小商人打交道，影响非常有限，一般小商人还必须带着银子做生意。

乔致庸意识到票号的广阔前景，发现当时商路上土匪和乱军纵横，商人携带大量银两非常危险，而票号兑换的汇票即便被土匪截获，没有密记也不可能在票号中兑换到银子。

光绪十年，乔致庸专门成立大德丰票号，专营汇兑，慢慢把摊子铺开来，一步步壮大资产实力，从最初的6万两，到后来的上千万两，成为全国数一数二的大票号，从而使乔家商号、钱庄遍布全国，发展至日本、朝鲜，乔致庸也成为了晋商中的代表人物。

李嘉诚在“人取我予，人舍我取”战术的实施上，同样表现出聪明睿智，他很可能从范蠡等经商要诀中得到了启示，给两个儿子讲“别人如果放弃，你就要出手”，也是执行不与人争热闹的商战法则，这就需要睁大眼睛，把握市场起伏不定的脉搏。

李嘉诚起家主要靠地产和股市这两大“拳头项目”，而他在地产的表现令人无不折服，战术就是“人弃我取”，做得非常绝妙！

前面已提到的天水围之役，是一次典型的“人弃我取”战术运用实例。当时，由于港府的“惩罚性”决议，天水围开发计划濒临流产，众股东纷纷萌发了退出之意。早就看好天水围发展前景的李嘉诚，从其他股东手中折价购入股权。于是，便催生了嘉湖山庄大型屋村的宏伟规划，长江实业集团成了两大股东中最大的赢家。

1966年年底，低迷的香港房地产开始出现一线曙光，地价楼价开始回升。银行经过一年多“休养生息”，元气渐渐恢复，有能力重新资助地产业。地产商跃跃欲试，准备大干一场。就在此时，香港发生“五月风暴”。香港人心惶惶，触发了自第二次世界大战后第一次大移民潮。移民以有钱人居多，他们纷纷贱价抛售物业，一幢独立花园洋房竟贱卖60万港元。新落成的楼宇无人问津，整个房地产市场卖多买少，有价无市。地产、建筑商们焦头烂额，一筹莫展。拥有数个地盘、物业的李嘉诚忧心忡忡，他不时听广播看报纸，密切关注事态发展。

香港传媒透露的全是“不祥”消息。李嘉诚知道，香港“五月风暴”与内地“文化大革命”有直接关系。当时，不少内地小报通过各种渠道流入香港，李嘉诚从中获悉，内地春夏两季的武斗高潮，自8月起渐渐得到控制，趋于平息。那么，香港的“五月风暴”也不会持续太久。

作为地产投资者，李嘉诚最关注的莫过于内地高层对香港的态度，他认为香港是内地对外贸易的唯一通道，高层并不希望香港局势动乱。经过深思熟虑，他毅然采取惊人之举：人弃我取，趁低吸纳。

这次地产危机，一直延续到1969年。李嘉诚逆同业之行而行，坚信乱极则治，否极泰来。当时的情况是：大规模移民潮虽渐息，而移民海外的业主仍急于把未出手的住宅、商店、酒店、厂房贱价卖出去。李嘉诚断定这是拓展的最好时机，他把塑胶盈利和物业收入积攒下来，通过各种途径捕捉售房卖地信息。他将买下的旧房翻新出租，又利用地产低潮、建筑费低廉的良机，在地盘上兴建物业。

不少朋友，为李嘉诚的冒险行动捏一把汗；同业的有些地产商，正等着看李嘉诚的笑话。1970 年，香港百业复兴，地产市道转旺。有人说李嘉诚是赌场豪客，孤注一掷，侥幸取胜；只有李嘉诚自己清楚他的惊人之举，是否含有赌博成分。他是这场地产大灾难中的大赢家，绝非投机家。

70 年代初，李嘉诚已拥有的收租物业，从最初的 12 万平方英尺，发展到 35 万平方英尺，每年租金收入为 390 万港元。

我们一眼看出来，李嘉诚给两个儿子讲述的取舍法，离不开他早年商战的经验，而且是他非常成功的经验，因此他为自己的决策而感到自豪，这就是赢得胜局的功夫所在。无怪乎，两个儿子由衷地称赞父亲是“最好的商业教授”。

现在回过头看，李嘉诚当时的确冒风险，胜算几何难以说清楚，但真正的大买卖哪一次没有风险呢？！我们不得不承认：李嘉诚是一个能在不热闹的时候，看到以后可能会热闹的厉害投资专家。

我们常常听到这样的声音：“现在生意不好做”“经济环境不好”“资金不足”“赚钱没希望”“可能不行吧”，等等，所以很多人没有逮住别人的“弃”，来转化为自己的“取”。当一个人总说“不可能”时，也许就真的不可能了，最后只能自己弃掉自己，到一边彻底闲着去了。

我们同样可把“人弃我取”这种商场上的常识，运用到其他事情上，学会掌握好什么时候“弃”，什么时候“取”，当是对判断力的极大考验，谁能胜出谁就是高手，也就笑到了最后。举个例子：

国内收藏和鉴赏大家王世襄，被京城人都视为“玩”家，他的成功之道即是“人舍我取，敝帚珍之”。据有关资料报道：

王世襄 1914 年生于一个官宦世家。父母从小就为他特聘老师教授古汉语、经、史和诗词。从小学起他被送到美国人创办的美侨小学去读书，直到高中，他因此学得一口流利的英语。1941 年，王世襄获得燕京大学文学硕士学位后，曾先后到中国营造社和故宫博物院工作。

王世襄对自己的收藏评论说：“我没有收藏书画，没有收藏瓷器，没有收藏玉器，更没有收藏青铜器，因经济所迫，对这些不敢问津，只是用几元或十元的价钱，掇拾于摊肆，访寻于旧家，人舍我取，微不足道，自难有重器剧迹。在收藏家心目中，不过敝帚耳，而我珍之。”

王世襄先生前几年去世，他一生之所以在收藏、鉴赏上赫赫有名，正是来自他长年不舍的“人弃我取”法，最后才有了大家都心服口服的地位，尤其他在明清家具的收藏与保护方面。

美国篮球巨星迈克尔·乔丹始终记得父亲的教诲：“孩子！教练的工作就是帮助被教练者建立正面的态度，发现新的可能性在哪里。而你现在要做一个刻苦的被教练者，一个懂得在别人放弃时而自己守住正确选择的年轻人，打篮球打出的是你所有的智慧，不是去一味地模仿别人！”

无论经商、收藏、打球都有个相通的道理：在被别人忽视的地方选择成功！就父母教子而言，要启发孩子懂得这些道理：

①做到危中有机别放弃

中国的文字很奇妙，很多字隐含着古老的哲学思想。比如“危机”一词，“危”是危险，“机”是机会。两个字合起来的意思，用道家的说法就是：阴中有阳，阳中有阴。李嘉诚教导儿子“别人如果放弃，你就要出手”，正是在“危”中寻“机”，只要动动脑子，机会就在眼前，反之，一点机会都没有。现在孩子长大后，面临着挑战与机遇并存的情况很多，不能做事遇到不顺心甚至危机，就想把挑子撂掉，而不善于把握机会，这样自己会更累、更迷茫。请记住：危中有机别放弃，只要你能从“危”中看到“机”，将“危”转化为“机”，才能渡过人生很多难关。

②弄明白舍得与舍不得

乔布斯说：“人生需要懂得取舍，时刻善于面对取舍。”因此，要在正确的取舍中获得成功，别在错误的取舍中丧失自我。另外要注意，我们不能仅看到取舍后的结果，更要看中取舍前的判断、选择。众人舍时，自己要理智面对，懂得从中选择那些被舍弃但仍有价值的事情；众人趋之，自己要冷静应对，懂得防患于未然，看清事情并不如表象那么乐观。判断准后，就要果断坚决，照着拿准的事情，凭信念做下去，人生就会不后悔！正所谓有信心不一定能赢，但没有信心一定会输。

③处理好热闹与不热闹

2015 年 2 月，有位网友这样描述自己的心情：“‘人取我予，人舍我取’，区区八个字，在生意上不是那么容易做到的。如果想在其他事情上做到这一点，就更是一件充满辛酸和痛苦的事情。朋友说我不太善于与别人争东西，对得与失太过淡然，没有那种得不到誓不罢休的劲头。我也不知道这是优点还是缺点。”我们平常爱说：“凑热闹去”或“不想凑热闹”，在任何时候都能定住心，热闹的事情与自己的志趣不符，就不盲目随大流，要用“不凑热闹”的心态，做好自己感兴趣的事情；不热闹的事情，就把道理倒过来。这就是说：如果你不喜欢的事，请放手；如果你喜欢的事，请坚持。还有一种情况：有的东西你再喜欢也不会属于你，有的东西你再留恋也注定要放弃，不如早点不管它。

李嘉诚教子启示

做事不要随大流，别人行的你不一定行，别人不行的你可能行。善于按照自己的能力取舍，把自己的强项经营好，成功就是手拿把攥的事。

2. 来一把“低进高出”挺痛快

※ 李嘉诚贴心话

☆作为成功的商人，需要具备对事情敏锐的洞察力，把远近高低结合起来考虑问题的水平，对市场脉搏恰到好处的把握，没有高明的手眼以及足够大的胸怀，是不可能完成的。否则，早一步或迟一步都可能遭受惨重的损失。

※ 教子真经解读

李嘉诚很强调做事情的敏锐观察力，认为这一点足以决定成败，不可麻痹大意。所以他希望李泽钜、李泽楷能够把眼力练出来，看到商机藏在哪里？然后胸有成竹地做事情，这样才不至于功亏一篑。

※ 教子故事解析

北宋大文豪苏轼闲逛庐山，兴致上来，大笔一挥，写成了传诵千古的小诗《题西林壁》：

横看成岭侧成峰，
远近高低各不同。
不识庐山真面目，
只缘身在此山中。

凡是去过庐山的人都知道，庐山久负盛名，丘壑纵横，峰峦起伏，到处美不胜收，游人站立的位置不同，看到的景物也各不相同。苏东坡说："横看成岭侧成峰，远近高低各不同"，形象地写出了移步换形、千姿万态的庐山之美。"不识庐山真面目，只缘身在此山中"，意思是：人们之所以不能看清庐山的全部面目，是因为身在庐山的一个部位，只见到庐山的一峰一岭、一丘一壑、一树一石这些局部而已，所以必然带有片面性。

这首诗后来成了人们津津乐道的哲理诗：观察山景因为角度不一样，得出的感觉也不一样。不仅游山如此，观察世上任何事物也都如此——由于人们所处的地位、角度不同，看问题的出发点和得出的结论也就随之不同，对客观事物的认识难免有一定的片面性；要认识事物的真相与全貌，必须超越视野狭小的范围，摆脱已有的主观成见，尽量把问题摸个遍。

同样，我们做事情也要注意从不同角度去判断准确，拿出相应的好办法加以解决。理解这个问题并不难，例如，炒股的人都懂"低进高出"的道理，就是在相对低价的时候把别人抛出的股接住，拿到自己的腰包里，然后看好上涨的行情到了一个相对高点的时候，你再抛出去，就会赚上一笔，甚至大赚。所以股民必须具备"远近高低"的判断力，头脑要灵活，手头要迅速，不让自己错过好时机而丢掉获利的机会。否则，你连赚钱的边都挨不上，只能瘫倒在"熊市"上。

请问，你能吃透"远近高低各不同"吗？李嘉诚行！他搏击股市的基本定则就是根据股市走势，对别人放弃的，心里再三掂量，弄清楚远近得失的比例关系，然后主打"低进高出"的牌，打得很痛快。他在这方面的实战案例不胜枚举，下面这个例子是他经常给李泽钜、李泽楷讲的：

1972 年，股市大旺，股民疯狂，成交活跃，恒指急速高攀。李嘉诚借此大好时机，令长实骑牛上市。长实股票以每股溢价 1 港元公开发售，上市不到 24 小时，股票就升值 1 倍多。李嘉诚第一步迈进股市就是典型的"高出"。

接着，1973 年大股灾突然爆发，恒生指数跌至最低点。1975 年 3 月，股市形势好转，开始缓慢回升，深受股灾之害的投资者仍"谈股色变"，视股票为洪水猛兽。这时，眼光独到的李嘉诚看到了股市的升值潜力，因此在当时低迷不起的市价基础上，亲自安排长实发行 2000 万新股，以每股 3.4 港元的价格售予他本人。

同时，李嘉诚还宣布放弃两年的股息，既讨得股东的欢心，又为自己赢得实利。股市渐旺，升市一直持续到 1982 年香港信心危机爆发前。长实股升幅惊人，李嘉诚后来赢得的实利远远超过了当年牺牲的股息，这就是“低进”。

1985 年 1 月，李嘉诚收购港灯时，就是抓住卖家置地公司急于脱手减债的心理，以比前一天收盘价低 1 元的折让价，即每股 6.4 港元，收购了港灯 34%的股权。仅此一项，就节省了近 4.5 亿港元。6 个月后，港灯市价已涨到 8.2 港元一股，李嘉诚又出售港灯一成股权套现，结果净赚 2.8 亿港元。这就是低进高出，两头赚钱。

1989 年 6 月，香港股市一度低迷。1991 年 9 月，李嘉诚斥资近 13 亿港元，购入一个有中资背景财团的 19%股权。稍后，此财团收购了香港历史悠久的大商行恒昌。4 个月后，这个财团的大股东中信泰富向财团的其他股东发起全面收购，李嘉诚见出价尚可，便把手中的股权售出，总价值 15 亿多港元，李嘉诚净赚 2.3 亿港元。

李嘉诚在 1973—1991 年的决断战术——“低进高出”，好像神奇极了，胳膊一伸一出手就见效，因而外人看起来他总是很容易得手，其实里面包含着道理——大凡股市的兴旺与衰微，都与大环境、效益有直接关系，而“低进高出”的关键在于眼光准，出手也准，就看谁能做得到。李嘉诚在股市上的每一次大进大出，几乎很少失手，都能及时准确抓住时机，预测股市未来的走势变化。他什么都想清楚了，做起来自然心中有数，可以在别人走开的时候赶快出手抓住利益。

前五六年，杭州一对何姓父子在股市上一路搏杀过来，股经滚瓜烂熟，坚信炒股一个天条：“把别人瞧不上的东西捡起来，别人想要的时候立马出手抛出去”。但是他们不像有些股民总是渴望降到最低点才去进仓，到了最高点才去清仓，而像李嘉诚一样掌握住这个道理：你永远都买不了最低的价钱和卖出最高的价钱，难道等涨停了你才去追涨？所以何姓父子把“低进高出”的股市赚钱真理，运用起来灵活自如，哪怕少赚一些都没多大关系。2014 年 7 月，父子俩写了一本书叫《牛父子玩股 18 手》，其中写道：“别信天花乱坠的嚷嚷，我们的赚钱语录——老祖宗说的‘人舍我取，人取我予’。做股票讲究逆大众操作，既然大众出逃，则人舍我取，我们就来了，赶快‘低进’！投资者可以大胆进场，下跌行情末期可以主动买套。一旦行情趋稳，追涨往往跟不上节奏，我们就逃，眼睫毛都不眨，立即‘高出’。老想等金凤凰的人咋等都等不来，我们得个银凤凰就欢天喜地了。”

这段话可以当作对那些欲望过大的股民的忠告。

从李嘉诚商战的“低进高出”，我们联想到父母教子中一个非常普遍的现象：怎样防止孩子“高开低走”？为了解决好这个问题，父母必须让孩子练好三项基本功——“准”字当头、“巧”字开始、“稳”字兜底。

1）“准”字当头

做什么事情一旦离开这个字，那一定是不行的，就像用锤子打钉子，你敲不到准头上，还敲个什么劲？要思考怎样把钉子打得又准又快才对。“钉子”是什么？在这里就是指孩子要做的事情。延伸开来说，就是让孩子尤其已到了青少年阶段要时刻关注自己做事情的整体情况，不能像青蛙“坐井观天”一样，眼睛只盯着不大点的地方，而要想一想“我做了哪些，别人做了哪些？”“我能不能避开别人已有的成果而另辟蹊径呢？”只有把大势认清、掌握住，不被别人的“一股风”迷惑了，这样才能真正做事有准头。李嘉诚的成功正在于牢牢把“准”字记心头——别人干啥我管不了，但是我干啥必须管得住！

2）“巧”字开始

想一想，你的孩子有哪些事喜欢蛮干，而且已经成为习惯。对他们这一点适当的纠正，会大有好处。历来兵法中讲究一种克敌法叫“巧妙制胜”，就是说自己不能蛮干，也不能跟着别人蛮干，要在“巧”字上下功夫，以代价最少的办法取得胜利。李嘉诚屡屡成为股市的大赢家，外人看来无非“巧”而已。但他为了得到这个“巧”字，提前付出很多思考和分析，他明白，任何产业都有高潮与低谷，特别是低谷到来时，很多企业第一反应是为转型而选择放弃，有的是目光短浅而放弃，有的是资金不足而不得不放弃，等等。这个时候就应静下心来认真分析一下，是不是这个产业已经到了穷途末路，还会有高潮来临的那一天吗？如果这个产业仍处在向前发展的阶段，只是其他一些原因才暂时落到低潮，就可以选择“别人放弃我出手”，这种做法便是“巧”字功。否则，就会蛮干。

3）“稳”字兜底

很多事情真是强求不得，尤其那些超出自己实力范围的，要想彻底拿下来往往很吃力。最有把握的事就是最容易成功的事，即在你的能力掌控中的事。人家能当举重员，你可能只能当体操员，人家可能当企业家，你可能只能做教师，诸如此类的对比很多，量力而行最重要，这是“稳”字诀的精髓。李嘉诚在股市的作风，一如他在地产业中一样强调“稳健”，这是头脑清醒的人做的事。为求稳妥，父母亲们应当教导孩子人生不要“高开低走”，而要稳健而行，尽量少走弯路，获得“低进高出”的好结果。也许，有些父母们会反驳说：让孩子早点冒冒险也不是一件坏事，可以让他们“吃一堑长一智”，道理可以是这样说的，但是真遇到孩子总是处在失控状态，你 90% 会后悔当初怎么没有拦一拦孩子的冲动呢？

围绕上面的三个字，下面讲个真实的故事：

阿牛与阿全都是安徽歙县的孩子，两人一起上学，一起放学，但是性格一个急、一个慢，一个学习好，一个学习差。阿牛的爹因为儿子学习好，天天兴高采烈，到哪儿都忍不住夸自己的儿子行，每次都离不开一句话：“我这个儿子呀，将来能成大事，命好啊，好得不得了！”街坊邻居也都笑呵呵地迎合着。

而阿全的爹见到儿子就生气，气得鼓鼓的，但是气归气，又不是别人家的儿子。他每次从县城做完小买卖回到家，都要给儿子买上一本最便宜的人物传记，见到儿子就一把甩过去。阿全接住书后，就赶紧往外跑，为啥？他爹每次完成这个动作后，接下来就是拿根棍子准备收拾他。

两家爹碰到一起，阿牛的爹喜欢挤兑阿全的爹：“芝麻大点的本事，儿子都弄不了个名堂！”阿全的爹不自在地说：“是的，没本事。你多好啊，等着儿子接你走到大地方去吧，早晚的事！”

转眼十几年过去了，阿牛果然考上了上海的一所名牌大学，是班里学习拔尖的高材生，而阿全则费尽力气考了个芜湖的师专，成绩中偏上，但心有不甘，想再往高处走。阿牛接下来是准备往国外哈佛走，但他因为与同学争名额，心眼越来越小，竟然在外面找了几个人趁黑夜把同学打残废了，快变成“植物人”了。

阿全到了学校，时常与阿牛联系。但是后来怎么联系都联系不上了，一打听才知道他出事了，心里非常难受。阿全经过自己一步步的努力，先考到省城大学读研究生，三年毕业后留校任教，期间还去探视过阿牛，两个儿时的小伙伴拉着手，说出来的心里话都是苦苦的……

希望父母们都能把这个故事读明白，千万别让自己的孩子“高开低走”，而要“低进高出”！

李嘉诚教子启示

让孩子明白一条真理：人生总有高有低，但要全力以赴走上坡路，切忌粗心大意走下坡道。

3. 不要和别人硬碰死磕

※ 李嘉诚贴心话

☆身处在瞬息万变的社会中，应该求创新，加强能力，居安思危，无论你发展得多好，时刻都要做好准备，不要上来就硬碰一把，那是不行的。

☆我凡事必有充分的准备然后才去做，就是不想去当亡命之徒。一向以来，做生意处理事情都是如此。例如天文台说天气很好，但我常常问我自己，如5分钟后宣布有台风警报，我会怎样，在香港做生意，也要保持这种不去使蛮力的心理准备。

※ 教子真经解读

李嘉诚在商战中素以计划周密、出手稳当著称，他很善于打出一系列有准备、有把握之仗。他对两个儿子李泽钜、李泽楷认真地说的这两段话，就是要做有把握的事，不要心血来潮。

※ 教子故事解析

《孙子兵法》说了两句史上最大气的交战境界：“不战而屈人之兵，善之善者也”“故善战者无胜名，无勇功”。就是说：不经过战斗而能使敌人屈服，这是最高明的一种战法，所以善于作战的人反而没有战胜的名声，也没有靠勇猛取得胜利的功绩。毫无疑问，这种“不战而胜”的兵法是战争的最高境界，只有超一流的军事家才有如此魄力。

不难发现，《三国演义》中出现了众多精彩的案例，一是硬碰硬，与对手死磕，直到对手败得狼狈不堪、头破血流、举手投降为止；二是软泡硬，与对手磨叽，直到对手精疲力竭、无心恋战、自愿服输为止。前一种即使胜方也会付出惨重代价，后一种则往往不费多大力气就能达到目的，这就叫“不战而屈人之兵”。高明的指挥家更善于选择后一种，也是商战的最高境界。

李嘉诚善于审时度势，遇到高出一截的强手，便及时抽身撤退，不想和别人硬碰死磕，喜欢坐在静处观人之变，采取对策，即以“隔岸观火”的兵法，观其他投资集团对香港电灯有限公司重拳出击、内部争斗之火，目的是取“以软磨硬法”收购这家公司。李嘉诚平时很喜欢拿这个战例，给李泽钜、李泽楷讲讲。

1）都想一口吞下这块肥肉

港灯即香港电灯有限公司，是香港十大英资上市公司之一，1890 年注册成立，至今已有一百多年历史，一直是独立的公众持股公司，股东是各英资洋行。

港灯又是香港第二大电力集团。第二次世界大战前，港灯坐大；第二次世界大战后，九龙新界人口激增，工厂林立，中电后来者居上，赚得盘满钵满，还筹划向广东供电。

港灯收入稳定，加之港府正准备出台“鼓励用电的收费制”（用电量愈多愈便宜），港灯的供电量将会有大的增长，盈利自会递增。用电就像人要吃饭一样，经济的盛衰，都不会对电业构成太大的影响。

港灯这块大肥肉，惹人垂涎欲滴。坊间传说怡和、长江、佳宁等集团都有觊觎之意，准备斗法，互相搏杀一番，都想独吞，都准备把架势拉开。

2）胆大不怕死的先冲上来

在海外投资回报不佳的怡和系置地公司，卷土重来，在港大肆扩张，大掷银弹购入电话公司、港灯公司的公众股份，并以破香港开埠以来最高地价的 47.5 亿港元，投得中环地王，用以开发浩大工程。

1982 年 4 月，置地公司拟收购港灯的消息，已在市面悄然传开。原以为长实、佳宁会参与竞购港灯，所以置地、长实、佳宁等几只股票都被炒高。4 月 26 日周一开市，代表置地做经纪商的公司，以比上周收市的 5.13 港元高出 1 港元多的价格，收购了港灯股份，随后又以高出市价 31% 的条件，顺利完成对港灯的收购。

这样，长实与佳宁欲竞购的传闻子虚乌有，实际情况是佳宁正面临危机，长实是放其一马。长实为什么这样做呢？李嘉诚作为生意人，不可能不想收购港灯这件事，他想来想去，为避免正面交锋，决定按兵不动，静观形势变化。

3）聪明谨慎的准备坐收渔利

“地产大鳖”置地在香港的疯狂急速扩张，耗尽了其现金资源，还向银行大笔贷款，负债额高达160亿港元。置地如罩进铁网之中，楼宇奇货可居变成有价无市，欠银行的贷款不仅无法偿还，光利息一年就等于赔掉一座楼宇。1983年地产全面崩溃，置地联合会陷入空前危机，出现13亿港元的亏损。作为怡和旗舰的置地把母公司怡和拖下泥淖，怡和在同期财政年度盈利额暴跌80%。怡和大股东凯瑟克家族的纽璧坚黯然下台。

纽璧坚离港前对英国记者说：“如果一个人的胳膊被老虎咬住，不管这只手是在颤抖，还是在挣扎，都会被咬断或咬伤。聪明的人，是不必再计较已经失掉的手，而是考虑如何保全另一只手。”传媒对纽璧坚的话进行揣测，认为他对凯瑟克家族心怀不满。专家分析：怡和系大举进军海外，是凯瑟克家族一贯的主张，作为薪金主政者的纽璧坚，只是秉其旨意执行罢了。纽璧坚无疑是大股东与管理层权力斗争的牺牲品。

其实，李嘉诚面对置地内部矛盾和困境早已察觉，他曾与纽璧坚商谈收购港灯事宜，遭纽璧坚拒绝。纽璧坚的大班地位虽岌岌可危，但他不想在自己的手中失去九龙仓，又失去港灯。虽然他知道出售港灯，大概是早晚的事。

作为怡和最大的潜在对手李嘉诚，没有闲着，而是一直关注怡和的变动。马世民尚未正式加盟长实系和黄，但两人接触频繁，马世民积极主张从置地手中夺得港灯。在这点上，两人英雄所见略同。但李嘉诚奉行“将烽火消弭于杯酒之间”的战略，主张以谈判的温和方法购得。

4）把对手拖累拖疲直到没脾气

纽璧坚下台，舆论的焦点渐聚在西门·凯瑟克身上。凯瑟克尚未正式上台，港版英文《亚洲华尔街日报》认为“对怡和新大班来说，战役才开始”。1984年，凯瑟克接下怡和置地的管理大权，又兜住前任留下的累累债务。

不久，凯瑟克便出台“自救及偿还贷款”一揽子计划，即出售海外部分资产以及在港的非核心业务。统揽怡和地产业务的置地自然是核心业务，置地的旗舰地位无论如何要保住，而置地又是怡和全系的欠债大户。汇丰银行逼债穷追不舍，债台高筑的置地大班凯瑟克，不得不断其一指——出售港灯减债。

首先的买家，自然是李嘉诚。财大气粗的李嘉诚出得起理想的售价，他曾向前任大班纽璧坚表示过接手之意。凯瑟克当时也在场，他很佩服李嘉诚的君子作风。现在，李嘉诚已经反复研读过有关怡和及凯瑟克家族的报道，知道来头了，因为他已经向怡和表示过欲购港灯的意向，于是他不再作出任何表示，有足够的耐心等待事情的发展。

令凯瑟克困惑不解的是：这一年来，李嘉诚为何不再有任何表示，难道他真不想要港灯了？港灯可是拥有专利权的企业，不可能会有第二家在港岛与其竞争。凯瑟克等来等去，终于按捺不住了，准备主动向李嘉诚抛去绣球。1985 年 1 月 21 日，置地公司的管理层已为高筑债台伤透脑筋到了快要爆裂的程度，再不能忍受了，便派员前去与李嘉诚商议转让港灯股权问题，大约 16 小时后，和黄决定以 29 亿港元现金，收购置地持有的 34.6%港灯股权，这是香港股市较大规模的收购事件。

5）胜利者最后轻松亮相

其实，在这笔生意最后落锤前，李嘉诚欲擒故纵，继续实施“以软磨硬法”，他已把和黄行政总裁马世民请来，想具体与置地商议收购事宜。成功收购后，李嘉诚对新闻界轻松地说：“假如我不是很久以前存着这个意念和没有透彻研究港灯整间公司，试问又怎能在两次会议内达成一项总值达 29 亿港元的现金交易呢？”因是“和平交易”，不会出现反收购，但和黄实际上已完全控制港灯，真是一次兵不血刃的商战。

李嘉诚一直看好的不仅是港灯的长年盈利，还看好港灯电厂旧址可以发展地产的价值，所以他才有心中的打算和出手计划。马世民谈起成功收购港灯，对李嘉诚大加称道：“一共花了 16 个小时，其中 8 个小时花在研究建议方面。李嘉诚综合了中式和欧美经商方面的优点，一如欧美商人，他全面分析了收购目标，然后握一握手就落实了交易，这是东方式的经商方式，干脆利落。”

这个案例像一部富有悬念情节的商战大片，里面暗藏着实力对比、智慧斗争、精彩结局，可谓惊心动魄，足以表明李嘉诚的“以软磨硬法”多么奏效！李泽钜、李泽楷每次听完，都觉得父亲给他们上了一堂做人做事的大课。

我们从中也可以很好地学到一些成大事的方法，特别是这两点：

①事情不是急出来的，要有序地进行，最好不要硬碰硬：

李嘉诚最初只是密切关注收购港灯整个事态的发展，没有拿出任何实质性的行动，而是你争我看、你做我想。为什么？在资产的扩张中，李嘉诚虽然看好港灯的潜质意欲收购，没想到老对手置地也看好港灯，跑出来与他作对，置地势力强大，手脚又快。此时，李嘉诚冷静分析两家情况，为避免两败俱伤，保存自己的实力，采取不与对手硬拼死磕的安全办法，悄悄避开置地来势汹汹的冲击力。这种做法的根源在于：李嘉诚认为没有必要一上来就与对手争抢风头，而是准备跟对手来个“以软磨硬”，等着对手成为强弩之末的时候再说。

当然，李嘉诚肯定盘算过这样的情况：面对置地失去理智的收购，如果他迎刃而上与其碰硬，一来未必能胜，二来即使能胜，也会元气大伤，很可能“赔了夫人又折兵”，做了一笔赔本的生意。大家还记得他说过一句话：“收购不像买古董，不是非买不可”，足见其冷静而理智，不是容易冲动起来的投资者。

②风头不是好出的，弄不好会把自己带进去，最后出手挺好：

置地耗费巨资，收购港灯，出尽风头，表面得了大势，实际上也把自己拖到泥潭中去了。在李嘉诚看来，置地如此不惜重金，四处出击，很容易造成消化不良，或者碰到外界因素的影响，置地就可能不攻自乱。到那时，再从置地手中夺过港灯，易如反掌。现在倒不如这样做——隔岸观火。说啥啥来，置地因为贷款危机以及内部矛盾，危在旦夕。李嘉诚的聪明之处立即表现出来：先派人与他们私下沟通、谈判，等于说给你们提个醒，你们不想做了，后面有人接着呢。这是他很有信心实施“以软磨硬”的第一计，不失为坐收渔利的一个妙招。由于准确预测了形势，没有多久机会果然来了，置地不堪重负，只有出售港灯，但是李嘉诚却若无其事，不再主动出面去与他们和谈，这是“以软磨硬”的第二计。置地无奈，只有主动找到李嘉诚，这对李嘉诚来说真是个大好机会，把主动权掌握在了自己手里——你走我来、你不做我做，都合双方意愿，成了一件两全之计，于是爽快拍板成交，长实盈利丰厚。这是“以软磨硬”的第三计。

公司收购不是通过优势企业去帮带亏损企业，相反，它是一种投资行为，要讲求经济效益。李嘉诚收购港灯，以折让价捡了置地的便宜，为和黄省下 4.5 亿港元，不能不说是很出色的财务管理。可以说，李嘉诚对置地收购港灯施展的“以软磨硬法”大获全胜，如兵法上讲的“战胜于杯酒之间”！试想，李嘉诚不用“以软磨硬法”，他收购港灯能达到这种商战的最高境界吗？

天下的道理很多是一样的，成功与失败取决于人们的头脑里装了多少智慧，能否用智慧指导自己的行动。有些事情不可以与对手死掰腕子，争个脸红脖子粗，而是可以降低自己的姿态、护住实力，避开对手咄咄逼人的气势，静静观察对手会出现哪些漏洞、犯下那些错误，当对手无路可投的时候，自然你的机会就来了，立马能从被动变为主动，这叫“好饭不怕晚”。

父母教子的任务重，责任大，能把上面两点教会孩子，对他们做人做事会起到茅塞顿开、醍醐灌顶的作用，叮嘱孩子别任性、别鲁莽，动不动与别人在一件事上硬碰死磕，而不计一切后果。

李嘉诚教子启示

做事情急忙上手往往会把自己弄得灰头土脸，学会在静处打量清楚事情的变化，以便付出最少的代价获得最多的效益，这是每位成功者的拿手好戏。

4. 直路走不通，就绕个弯

※ 李嘉诚贴心话

☆人生中总会遇到挫折，那不是尽头，它只是在提醒你：不是没有路可走，而是你应该学会拐弯了！

※ 教子真经解读

李嘉诚的“拐弯学”很有智慧。世上的路有直有弯，直的可以走快一些，弯的可以走慢一些。做事情也是这样，直路走不通，就绕个弯，要能曲径通幽，不可坐以待毙，他也希望两个儿子能够明白这个道理。

※ 教子故事解析

一名禅师把一幅地图展开，问学僧：“图上的河流有什么特点？”

“都不是直线，而是弯弯的曲线。”

“河流为什么不走直路，偏要走弯路呢？”

学僧七嘴八舌，有人说，弯路可拉长流程，河流因此拥有了更大的流量，当夏季洪水来临时，河流就不会水满为患了；又有人说，流程拉长，每个单位河段的流量相对减少，河水对河段的冲击力也随之减弱，这就起到了保护河床的作用……

“都对！”禅师说，“但根本的原因是，走弯路是自然界的常态，走直路反而是非常态，因为河流往前时会遇到各种障碍，无法逾越，只有绕道而行，绕来绕去，避过了一道道障碍，最终抵达遥远的大海。”

学僧突然醒悟了，说：“人生也如河流，坎坷挫折是常态，不必悲观失望，也不必长吁短叹，停滞不前。直闯不过，就换个法子，另辟蹊径，照样能抵达遥远的大海。”

这段故事的核心意思是：“走弯路是人生的常态”。引申到做事成功学上，可这样理解：客观环境因素会导致一个人一时的失败，但不能让它导致一生的失败。在做事情时直路不通了，就该学学拐弯了。不拐弯只能碰壁，拐弯或许有继续成功的可能。别人拥堵的路，你可以绕弯路走一走；别人舍弃的路，你也可以继续走一走，正如古人所说“以迂为直”。

2013 年，“李嘉诚撤资内地，投资欧洲”的话题越来越热。那么，他的战略计划到底是怎样的呢？我们认为很可能是这位投资大亨“直路走不通，就绕个弯”的战略举措。我们根据文章报道，重新整理如下：

1）投资的钱要往哪里去

继陆家嘴写字楼项目“东方汇经 OFC”以及“和记黄埔出售百佳超市”后，李嘉诚第三次抛售内地资产，广州西城都荟将以 30.3 亿港元作价售卖给离岸公司。表面原因是：西城都荟位于广州市荔湾区黄沙地铁站上盖，本身已经延迟 5 年开业，经营半年以来，招商也未见起色，不少铺面仍然空置，人气一直不佳，招商也未见起色。另外，有记者翻阅长江实业及和记黄埔的半年报发现，其已经半年未在内地拿地，“撤资内地，转战欧洲”的轮廓已经越发清晰，即媒体认为，身家过 2000 亿港元的李嘉诚家族正在勾画 248 亿港元资产大腾挪的路径图，李嘉诚“弃港投欧”意图越来越明显。

李嘉诚所以撤资中国、投资欧洲，是因为商铺人气低迷，不得不出手，也就是说：价格低迷转战欧洲资产正当时。专家分析：

出售价格合理，并非低价抛售，也有很多人接盘。现在是出手收购欧洲资产较好的时间点。一是经过欧债危机后长期的经济低迷，一些企业和商家价格缩水严重。但是海外收购的因素复杂，一些实力雄厚的大财团往往有更长远的战略部署，一般投资者不要盲目跟风。如果收购是为了经营，现在还看不到光明的前景，这也是风险所在。李嘉诚此举很可能是一个连环计，以退为进、隔岸观火、乘虚而入，再一举多得。

尽管金融危机没有沉重打击中国，但全世界金融危机是有周期律的，所以在风险没有释放的时候，就把危机控制住了，这也埋下了另一个伏笔。所以，现在的中国无论叫新经济还是金砖国家，发生风险的概率都远高于欧美。在这个时候，已经成熟了一茬的庄稼，当然要赶紧收割。一旦中国经济有风险，香港也很难独善其身，这就是为什么李嘉诚要从大陆与香港两地同时撤资。

但是，从中国撤资，到欧洲投资，只是李嘉诚的连环计的前两环，他不会就此离开中国、离开亚太，因为对于资本而言，没有国籍可言。欧洲的公用事业本来就非常成熟，不可能获得超额的利润，而且这个领域换成李嘉诚或者换成巴菲特，其实服务上不会有什么太大的改变。李嘉诚不是依赖技术革命而成为世界富豪，所以他要想始终保持财富或者事业的平稳增长，光是依靠欧洲公用事业是不够的。

2）强力回应："爱国爱港"

面对种种猜疑，李嘉诚突然现身发话，否认有关从内地和香港的撤资传闻。他当即表示：

"我爱香港、爱国家，长实和黄绝对不会迁册，相信多年后都会屹立于香港，但生意规模大小会随香港及世界的政治和经济情况而作出决定，当然股东的利益，我也要负起绝对的责任。

过去十多年，我们在最少四个国家出售了以数千亿计的海外电讯业务，其中于英国的一项价值最大，但今天又再在英国进行其他投资，而且在将来，不一定只出售香港及内地项目，我们也可能会出售部分外国项目。"

李嘉诚强调，出于商业决定，才会出售香港百佳超级市场，"我们有卖也有买，例如今年三月以四十亿元收购了位于葵涌的亚洲货柜码头"。

不过，李嘉诚称香港楼市实在由政府主导，非地产商决定，不排除出现政策风险，但其拒绝预测未来楼价。

不管以后怎样发展，李嘉诚打算重新开拓一片疆域的意图已经很明显了，很可能是他觉得内地市场的竞争激烈程度强大，有些是不是全走规范化的路线还很难说。再一个，他想在有生之年，再去拼出一片疆域，滚大财富资本，打造出结结实实、久盛不衰的李氏家族的世界级品牌效应。显然，他不可能置大本营——内地与香港市场而不顾，只是为了以后更好地走直线，现在暂时走弯路而已，或者避开国内过热的地产投资。这样的想法和做法很符合李嘉诚一贯的投资策略。

拿破仑当年曾豪情万丈地说："在我的人生路上，只有勇往直前的直路，敢与任何人较量思想和力量！"但是他最终失败，成了西西里岛的囚徒！卡耐基说过："改变不了别人就改变自己，如果通往梦想之路被高峰阻隔，你会一直向前，直攀高峰，还是取路它方，绕道而行呢？直攀高峰固然勇气可嘉，然而峰陡壁峭，荆棘满途，甚至可能失足落崖，永无机会到达目的地。当直路行不通时，不妨绕道，它会给你'柳暗花明又一村'的惊喜。绕道而行是思维的变通，是人生的大智。"是的，学会在走直路时遇到困难时转个弯路，未尝不可，有时候效果反而更佳。

父母在家庭教育中，也应当让孩子明白"直路走不通，就绕个弯"的深刻道理：

①弯路也能通罗马

路有多种多样，西方谚语："条条大路通罗马"。两点之间直线最短，直路无疑是捷径。然而最短的未必一定是最快的，因为有时候弯路比捷径要好走。即直路能通向罗马，弯路照样能通向罗马。尤其当所有人都一窝蜂地涌向直路时，势必人满为患。这时候，聪明人肯定开始动脑筋想：何必这么多人都挤"独木桥"呢？直路行不通，不妨另辟蹊径，绕道而行。当直路变成"独木桥"的时候，弯路反倒成了"阳关道"。这说明：通往成功的路不可能是一条笔直的大道，早已被密密麻麻的人群挤得水泄不通了，别赶着去挤，多拐道弯儿也许能让你提前抵达成功的彼岸。

最近的路在被堵的情况下是最慢的，而看起来绕弯的路却常常能让你提前抵达目的地。网上流传这样一句话："通往成功的路，总是在施工中。"这句话的意思是：不要放弃对成功的渴求，而是注意"前方施工，请绕行"的提示作用。

美国第三十一届总统赫伯特·胡佛，很少在公共场合发表政见，也很讨厌记者无休止的纠缠。

就任总统之前，胡佛有一次外出考察，和随行记者同在一节车厢里。有三四名记者想探寻胡佛的政见，想了很多办法，但这位未来的总统却一言不发。这时，奔驰的火车窗外出现了一片新开垦的土地。有位记者想了想昨晚父亲对她的开悟，便灵机一动，故意自言自语地说："想不到这里还用锄头开垦土地呢！”

“胡说！”一直沉默不语的胡佛终于开腔了，“这里早就用现代化机械开垦土地了。”接着便谈起垦殖问题来。

女记者终于如愿以偿。不久，《胡佛谈美国农业垦殖问题》的文章就见报了。后来有人问这位女记者怎样才想到这个主意的？她笑笑：“我爸是一名老记者，什么没见过？！”

这位女记者在父亲的授意下迂回探寻，绕个弯，使在大众面前不喜欢发表政见的胡佛主动开了口，说明一点：当直路不通时，绕道而行不意味着放弃，同样能获得成功。

②时刻学会拐弯的智慧

“人生处世如行路，常有山水阻身前。”行不通时，有些人就开山架桥，成败在此一举。相反，有些人转个弯儿，就能绕过障碍、抵达终点。当遇到难以解决的问题时，每个人都需要这种拐弯的智慧。换句话说：无路可走时，你可以造桥开路，成为大家心目中的开拓者。然而你有没有想过，其实还有比造桥和开路更简单方便、更省事快捷的办法，那就是拐个弯儿，绕道而行。

最近，网上有一位母亲记录了自己与女儿的聊天记录，她很欣赏女儿说的一句话：“直路走不通，你可以走弯路啊”。她写道：

> 昨晚与女儿聊天，谈到一个关于赚钱的话题。女儿问我：“为什么王叔叔能赚那么多钱啊？”其实，女儿以前也经常问这个话题，诸如为什么丹丹可以去英国上学啊？为什么王叔叔可以去英国工作啊？为什么你不能带我去英国啊？而我也经常抓住机会，对她见缝插针地进行励志教育。哈哈，当妈妈的多不容易啊。
>
> 今天，虽然是老生常谈，旧话重提，可我也要想办法做正面引导啊。我说：“因为王叔叔是博士啊，因为他学习好啊。”女儿马上接话道：“那我长大也能当博士啊。”我马上话锋一转：“你长大要当博士，那得从小就开始努力啊，你现在的目标首先是得能考上一流附中啊。”
>
> 没想到，女儿马上反驳我：“考不上一流附中，以后就不能当博士了吗？直路走不通，你也可以走弯路啊。”说着，还在地上用

手画了个图形，然后耐心地给我讲解，“你看，你这样走（用手画了一条直线），走不通；那你也可以这样走啊（用手画了个弧形），一样可以到达终点啊。”又是让我好震惊，女儿哪儿学来的这些理论？她又接着给妈妈耐心地讲道理：“考不上一流附中，那我上别的，以后一样可以考上大学，一样可以当硕士，当博士啊。”“难道不上一流附中的学生以后就都不能成博士了？”我一时无话可说，今天，女儿是老师，我是小学生。惭愧啊。

最后，女儿又总结了这句话：“只要你努力，直路走不通，也可以走弯路啊。”

走直路还是走弯路？常常困扰很多人。要知道：弯路才是人生的常态。这个故事告诉我们：有时候看上去很复杂的问题，其实有极简单的解决办法，只要你让自己的脑子转个弯儿。

李嘉诚教子启示

让孩子选择直路时，也要预备好另一个走弯路的方案，这样十有八九不会被堵在人生路上。

第 6 句话　不要对一项业务情有独钟

做任何事情最忌讳“一根筋”，即俗话说“不到黄河心不死”。犯这种毛病的人往往不懂得“多点开花”“四面出击”的好处。很多脑子不转弯的商人总盯住一件事做到“发霉”为止，然后才考虑下一步怎么挪窝，所以总是跟不上市场大潮而成为可怜巴巴的落伍者。

李嘉诚对儿子讲的一句话真可谓老到至极——“不要对一项业务情有独钟”，即要靠自己明亮的双眼“左顾右盼”，多盯住几个能够发起的进攻点，学会在不同时间“换山头”，力戒困死在一个土坑里，就会产生“这壶不开那壶开”“东方不亮西方亮”的商业效应。

1．不能在一条道上走到黑

※ 李嘉诚贴心话

☆任何一种行业，如有一窝蜂的趋势，过度发展，就会造成摧残，在市场抛弃你之前先抛弃它。走到最后，必然面临跳不出去的坑！

※ 教子真经解读

李嘉诚深有体会地对李泽钜、李泽楷说的这段话，简单说，就是一窝蜂地跟着别人跑，会没有任何希望出现。我们知道，活泛与死板两种习惯，往往决定一个人能把事情做到多好、多高的程度。不用多说，活泛的胜率总是高过死板的胜率。怎么样才能活泛起来呢？那就是眼睛不要老是死盯一处，耳朵不能只听一种声音，要多思考问题、多想出路，即靠“眼观六路，耳听八方”的能力去打开眼前的死结，把路子拓宽，不能在一条道上走到黑。

※ 教子故事解析

戴尔·卡耐基曾经说过：“你想知道自己是否具备经商的素质，最好去当一当推销员，从与客户面对面开始自己的生涯。”大家会问：“推销员有什么特长？”最优秀的推销员都能眼观六路，耳听八方，思路开阔，不在一个不行的地方耽误效率。李嘉诚年少时的推销员经历，使得他明白一个道理：通过细节揣摩客户的心思，如果毫无希望，你最好立即告辞，时间就是金钱，不要在这条道上摸瞎走到黑。因为“东方不亮西方亮”，在你无端耗掉的这段时间里，在别处也许你早就做成了另一桩生意。这些不是纸上谈兵而是来自亲身实践的经验，影响了他以后成为推销能手、投资高手，所以他说这是10亿美元买不到的经商锻炼。

李嘉诚早期创业，正是不愿意在一条道上走到黑，及时产业转型，才有了响当当的大变化、大局面。为了印证李嘉诚对儿子说“不要对一项业务情有独钟”的正确性，我们看一看他早期创业时是怎么找到突破口的——主打业从塑胶向地产进军。

1）狼多肉少怎么办

1958年，李嘉诚的长江工业公司接到的大批订单像雪花一样飘来，在塑胶业异军突起，取得了令人瞩目的业绩。李嘉诚由此获得“塑胶花大王”的美称。在很多人看来，李嘉诚应该在这个行业一心一意闯下去，将这个美称继续发扬光大，争做世界塑胶业的泰斗。

但李嘉诚却压根不是这样想的，他心中的蓝图岂是塑胶花所能包容？生产塑胶花只是他赚钱的手段，是他基业的原始积累。他的最终目的是充分展示自己投资家的价值，看看自己的能量究竟有多大？到底跑得有多远？

执全港塑胶业牛耳的李嘉诚，常常思考这样的问题：塑胶花的大好年景还会持续多久？一个显而易见的现象：塑胶厂遍地开花，塑胶花泛滥成灾。据港府劳工处注册登记的数据，塑胶及玩具业厂家，1960年为557家，1968年增加到1900家，1972年则猛增到3359家。该行业的就业人员，由1960年的占全港制造业劳工总数的8.4%，增加到1972年的13.2%。据估计，该行业的厂家，有半数以上是塑胶花专业厂和兼营塑胶花的。

长江拥有稳固的大客户，销路不成问题。不少塑胶花厂家销路不畅，竞争变得日益残酷，终将对长江产生不利影响。

塑胶花业的兴旺，除它自身的优点外，迎合了人们赶时髦的心理，不能不是其中的主要因素。曾几何时，富人穷人都以系塑胶裤带为荣，到后来渐渐鲜有人问津，人们还是觉得真皮裤带好。塑胶花何尝不是如此，塑胶花就是塑胶花，不可能完全替代有生命的植物花。李嘉诚从海外杂志上了解到，有的家庭已把塑胶花扫地出门，种植真花。国际塑胶花市场渐渐向南美等中等发达国家转移，而这些国家也在利用当地的廉价劳动力生产塑胶花。

再一个，香港的劳务工资与年递增，劳务密集型产业，非长远之计。

香港已出现过几次塑胶花积压，原因一是生产过滥，二是欧美市场萎缩。虽未造成大灾难，更未直接影响长江，却引起李嘉诚高度重视。李嘉诚决定未雨绸缪，涉足地产，这一构想在心中孕育有数月之久，塑胶花为他赚得巨额资金，他才将构想付诸现实。

在今天，百亿身家的超级巨富，90%是地产商或兼营地产的商人。可当时并非如此，大富翁分散在金融、航运、地产、贸易、零售、能源、工业等诸多行业，地产商在富豪家族中并不突出。这同时意味着，房地产不是人人看好的行业。

2）唉，我挪一挪窝怎么样

李嘉诚以独到的慧眼，洞察到地产的巨大潜质和广阔前景，最明显的现象是人口的增多和经济的发展。1951年，香港人口才过200万，到20世纪50年代末，逼近300万。人口增多，不仅是住宅需求量的增多，因本埠经济的持续发展，还急需大量的办公写字楼、商业铺位、工业厂房。香港长期闹房荒，房屋的增加量总是跟不上需求量。

香港是弹丸之地，不仅狭小，而且多山。有限的土地，无限的需求，加之政府采取高地价政策，寸土寸金，房贵楼昂。身为一业之主，李嘉诚多次为厂房伤透脑筋，寻找交通便利、租金适宜的厂房不知有多难！数次扩大生产规模，都是在现有的厂房重新布局。车间里，设备、人员、制品，挤得水泄不通。

香港工业化进程出人意料地急速发展，物业商喜笑颜开，趁势提租。许多物业商只肯签短期租约，用户续租时，业主又大幅加租。用户苦不堪言，李嘉诚亦然，他曾多次构想：我要有自己的厂房该多好，就用不着受物业商任意摆布。

李嘉诚的构想经过长时间酝酿，进一步明朗化："我为什么不可做地产商？"于是，他毅然做出了把投资和工作重点向地产业倾斜的决策。从此以后，李嘉诚基本不再插手塑胶厂的事务，开始集中精力于地产业。

后来李嘉诚事业的发展说明，这是其成功奋斗史的一次重大抉择和转折。可以说不挺进地产业，就没有今天的李嘉诚。

犹太商人有句话说："聪明的人到哪里都不会第一个死去！"李嘉诚之所以"不在一条道上走到黑"，是他看准以后塑胶生产和维持的艰难，能够看到香港未来地产的高潮一定会到来，所以在能够坐享其成的时候开始未雨绸缪，适时转轨，主打业从塑胶向地产进军，就是不想被一种看似大家都热闹的行业甚至自己很拿手的行业困死，而是时刻准备另辟蹊径，走出自己的全新的商业之路，这反映了他的精明之处。

这样看来，李嘉诚劝两个儿子“不要对一项业务情有独钟”，并非端坐在椅子上泛泛地说教，而是实践出真知。他的做法，能够让两个儿子明白并想学到手的道理，至少有下面三点：

①在最好的时候，要意识危机可能就在脚下：

中国古代文化有很多关于事物盛衰以及君子成大事的哲理，如“日中则昃，月盈则食，天地盈虚，与时消息，而况乎人乎”，“天行健，君子以自强不息”，等等。李嘉诚年少从父亲身上接受这类传统文化的熏陶，又加上他极为看重的铭心刻骨的推销员经历，为他日后在商场征战中的正确决策，不死在安乐窝中，及时找出新路，打下了良好的基础训练，使他在企业发展中常常意识超前、眼光独到，知道在最好的时候可能危机就在脚下，所以总能未雨绸缪，防患于未然，而且把对行业兴衰的思考和预见作为开拓新领域、发展事业的重要契机。可以说，李嘉诚一生的成功，很大程度上得益于这一点。相反，一个人喜欢抱着自己到手的一项事业整天乐呵呵的，不寻求新突破，一定会倒在乐呵呵中。

②最好不要在一件没有多大前景的事情上伤透脑筋：

要衡量一个商人的前途，不能只看到他在一个小天地的作为如何，而要看他有没有开拓市场的胆识，有没有高远的眼光，有没有超前的智慧。李嘉诚起初为了打下江山，改变塑胶产品的销售渠道，甩开中间环节直销海外，使长江公司的塑胶花牢牢占领了欧洲市场，营业额及利润成倍增长。1958年，长江公司的营业额达1000多万港元，纯利100多万港元，为此他赢得了“塑胶花大王”的称号。这一年他30周岁，是一个年轻的“大王”，但是他在做事方面显得非常老沉，不因为年纪轻轻就忘乎所以，而是意识到：当大家一窝蜂地拥向某个行业，或者潮水般退出某个行业时，获利的是几个在前面引领潮流的人，大部分人会自认倒霉。所以在别人后面跟风做一件看似有甜头的事，是缺乏生意头脑的表现，不是大商人所为。这时比较好的做法是逆潮流而动，朝大家相反的方向跑，选择一件大家相对不太了解、不太热衷的事情，将来必有大利。当然，这需要有所谓的“生意眼”——一种把目光放长远的真本领。一句话，不留恋一件没有多大前景的事情，要干就干前途光明的大事情。

③把推销员不固守一法的本事拿出来，事情就好办多了：

追根寻源，李嘉诚在商界得到崇高的地位和声誉，第一步是塑胶，第二步是地产。只有前者，没有后者，就是另外一个李嘉诚。可见这样的转型是多么的重要，也是多么的不易，但是李嘉诚就是李嘉诚，他敢作敢为，像推销员一样认准脚下没有死路，眼前只有活路。从前面的分析中，我们可以看到李嘉诚一度努力在塑胶方面做大，不能不归功于向海外市场的努力开拓。与欧洲批发商做交易，既是李嘉诚的胜利，也为他带来教训，因为有限的生产规模，险些使李嘉诚的希望落空。这个时候，他充分发挥推销员的本领，把准塑胶产品质量关，为自己赚得更多先打下基础。一旦有了这笔了不起的"一桶金"，他还想让自己的产业升级，把脚踩到了地产领域。优秀推销员的本事就在于市场需要什么就做什么，市场暂时不需要什么但是以后会需要，也要慢慢地做起来。明代许仲琳写的《封神演义》中有这样一句话："为将之道，身临战场，务要眼观四处，耳听八方"，即掌门人眼睛要犀利、耳朵要灵敏，拿出的方法对头，才能把队伍带好，从这个角度讲，李嘉诚不在一个行业束手待毙，真可谓敢于决策的"犀利哥"！

李嘉诚的这些观点和做法对现在的父母教子有很大的借鉴意义！

父母们尽可能让孩子具备最优秀推销员的素质，遇事能机智灵活，多方观察，全面了解，知道做不下去的事情要变方法，走不通的路要换方向。这四句话说得很好："手拿四方卷，眼观六路风，耳听八方音，心随十念转"。一件事情 100% 的结果，决定于 97% 的修正过程，从地球发射火箭到月亮，只有 3% 的时间正式朝向轨道，其余的时间都在修正航向。

每个人都是自己的推销员。推销员应做到眼观六路，耳听八方，比如，进门观颜色、谈话观脸色等。你不掌握这些情况，而是执拗着让别人买你的东西，推销十次，十次都会失败。同样，你在生活工作中遇到任何事情，都要学会眼观六路，耳听八方，要细致了解存在的问题，做事不能太死板，活泛地处理问题者是常胜将军。

李嘉诚教子启示

一条道走下去，对了就对了，错了就错了。为避免孩子人生交学费，不如让他在选择事业时活泛点，对没有把握的事不要像木桩子扎在那儿。

2. 活人切忌被一件事憋死

※ 李嘉诚贴心话

☆不要与业务“谈恋爱”，也就是不要沉迷于任何一项业务。

☆中国古人讲：“万变不离其宗”。这个“宗”就是指合乎实际情况，合乎道理。变是一定要变的，这个世界本来就是丰富多彩的，千变万化的。

※ 教子真经解读

有一次，李泽钜面临一个项目要不要坚持做的问题，找到父亲，李嘉诚对他说了上面两段话。李嘉诚是一位智慧型的人，看问题有时候与常人不同，认为要做事但不能死做事，要守住但不能死守住。一般人会认为干一行就要爱一行，这对必须完成的本职工作而言，自然没错。如果是具有莫测性、灵活性的商战则是另一回事：抱着“谈恋爱”的心理，可能就会过于投入而不能自拔，看不清问题的症结所在，正如俗话所说“恋爱中的人多半是白痴”，抱着死守不放的心理，就会犯顽固不化的毛病，看不清自己应该走哪条路，不懂得前面还有更好的路。

※ 教子故事解析

很多人喜欢死钻牛角尖，结果把自己憋得脑袋大脖子粗，甚至差点缓不过气来，原因在于他们缺乏办事的灵活性，认死理。这个小小的寓言故事“牛角尖中的老鼠”家喻户晓，道理却是非常深刻：

> 老鼠钻到牛角尖里去了。它跑不出来，却还拼命往里钻。
>
> 牛角对它说：“朋友，请退出去，你越往里钻，路越狭了。”
>
> 老鼠生气地说：“哼！我是百折不回的英雄，只有前进，绝不后退的！”
>
> “可是你的路走错了啊！”
>
> “谢谢你”，老鼠还是坚持自己的意见，“我一生从来就是钻洞过日子的，怎么会错呢？”
>
> 不久，这位“英雄”便活活闷死在牛角尖里了。

我们平时总会遇到些爱钻牛角尖的人，他们固执己见，很少从错误中吸取教训，被一件选错方向或意义不大的事憋得死去活来，即老话说的“活人被尿憋死”。世界真是无奇不有，美国《时代》杂志评出了2007年度10大奇闻，其中一件正是有人参加喝水比赛被尿憋死的事。

智慧型的人说话办事、待人接物最忌讳往牛角尖里钻，而是弯腰看清周围情况、善于听取多方意见，行的事就做好，不行的事就放弃，不在一件无法完成的事情上伤透脑筋、受尽折磨。

李嘉诚在商场上驰骋纵横，心里明白：凡是不能进进退退、虚虚实实的商人是难以做成功的，用一种方法做一件事或许可以，但用一种方法做不同的事就不行了，因此商海里被一件事憋坏憋死的大有人在。他有一个战术理念叫“稳打法”——“打得赢就打，打不赢就走”，要把自己打造成“最纯粹的投资家”。

1）打得赢就打

打商战是一种智慧游戏。和黄集团行政总裁马世民在会见《财富》记者时说：“李嘉诚是一位最纯粹的投资家，是买进东西最终要把它卖出去的投资家。”

马世民的话，一方面提示了投资者的本质特征：买是为了卖，不卖就不会买。李嘉诚一生都在买和卖，一个买了东西是仅为自己使用的人，不能叫买卖人。另一方面揭示了李嘉诚在商场上稳扎稳打的角色优势，而许多人在急功近利心理的驱使下，宁可做投机家，也不愿做投资家。一个纯粹的投资家，很重要的方面是不过分执着某一项业务，不被一项业务套牢。

李嘉诚在商场中有时坚持不懈，穷追不舍，甚至不惜十年磨剑，有时却一见不利，及时撤退。无论进取还是退让，他都从该项业务前途考虑，有利则进，无利则退。他从不偏爱死守一项业务，不愿栽进一项义务中，这是有着丰富商业经历之后超然于商业的一种感悟。

李嘉诚打商战，大进大出，一待良机出现，便急速抛出。一个典型的例子是：1987年，李嘉诚在半小时内就下定决心投资3.72亿美元，购买英国电报无线电公司5%的股份。这是一只值得长期保留的明星股。3年后，英国电报无线电公司股价高计，李嘉诚又以同样快的速度将股票抛出套现，净赚近1亿美元（合近7亿港元）。

李嘉城凡事都深思熟虑，有充分心理准备后才去做。众所周知，购买债券是一种极保守的投资，持有人只能享受比定期存款较高的利息，而不能参与分享公司红利。李嘉诚购买的债券，大都是可转换债券。这种债券有1～3年的期限，若持有人认定该公司业务能稳定增长，可以用债券换成该公司股票，从而获取更大收益。即使不成，也可将债券保留至期满，最终收回本金及利息，所以这种债券既和普通债券一样，具有风险小的优势，又比较灵活，能转换为股票。可以说是将债券和股票的优势合二为一，是一种较为稳健的投资方式。

1990年，李嘉诚购买了约5亿港元的合和债券，又购买了爱美高、熊谷组、加怡等13家公司的可转换债券共计25亿港元。在此后的发展中，胡应湘的合和表现最为出色，先后拿下广东虎门沙角电厂C厂、广深珠高速公路、广州市环城高速公路及泰国架空铁路等大型工程兴建合同，一时名声大噪，众豪争扯。见此情势，李嘉诚马上把合和债券兑换成股票，这样一来，当初价值5亿元的股票，到3年后升值为近9亿元，账面溢利达3亿多港元。同样，李嘉诚购入的其他可转换债券，也都有不俗的表现。

李嘉诚投资债券，符合他一贯“打得赢就打”的战术，也符合分散风险的投资原理，属于庖丁解牛，游刃有余。

2）打不赢就走

打商战是一种能力较量。最能体现李嘉诚投资风格的事例，也许是与华资财团欲再次联手合作，吞并垂暮狮子置地。

当时，各种收购的传闻纷纷扰扰，众多财大气粗的华商大豪，均被认为可能染指置地，长江实业的李嘉诚、环球集团的包玉刚、新世界发展的郑裕彤、新鸿基地产的郭得胜、恒基兆业的李兆基、信和置业的黄廷芳、香格里拉的郭鹤年等，皆在此列。另外，股市狙击手刘銮雄也可能乘虚而入，狙击置地这个庞然大物。

据说，刘銮雄登门拜访怡置大班，提出要以每股16港元的价格，收购怡和所控25%的置地股权。凯瑟克愤然拒绝，一来嫌刘氏太过贪心，出价如此之低；二则刘氏在股市名声欠佳，怡和不愿意把多年苦心经营的置地交付于此等人手中。头脑精明的刘氏只得怏怏告退。其后又有好多大老板纷纷前往拜访凯瑟克，凯瑟克既不彻底断绝众猎手的念头，又高悬香饵，惹得众人欲罢难休，欲得不能。

据说，李嘉诚也曾拜访凯瑟克，表示愿意以每股17港元的价格收购25%置地股权，这比置地10港元多的市价，溢价6元多。凯瑟克对这个出价仍不满意，他也未把门彻底堵死，说：“谈判的大门永远向诚心收购者敞开，关键是双方都可接受的价格。”

于是，李嘉诚等人与凯瑟克继续谈判，双方很难达成一致。李嘉诚在谈判中不想表现得太积极，同收购港灯时一样，他有足够的耐心等待有利的时机，琢磨着怎么个打法。

此时，香港股市一派兴旺，很快便攀上历史最高峰，并非低价吸纳的最好时机。然而天有不测风云，扶摇直上的香港恒指，受华尔街大股灾的影响突然狂泻。1987 年 10 月 19 日，恒指暴跌，26 日重新开市，再泻多点。股市愁云笼罩，令投资者捶胸顿足，痛苦不堪。香港商界惊恐万状，大家自身尚且难保，再也没有余勇卷入收购大战了。此时自救乃当务之急。置地股票跌幅约四成，令凯瑟克寝食难安。

正如一场暴风雨一样，这次股灾来得猛去得也快。1988 年 3 月底，沉入谷底的恒指开始回攀。银行调低贷款利率，地产市况渐旺，股市也逐渐开始转旺。农历大年刚过，收购置地的传言再次盛行，李嘉诚等华商曾多次会晤凯瑟克及其高参包伟士。

一直善于等待时机、捕捉机会的李嘉诚，这次为什么没有借大股灾中怡置系扑火自救、焦头烂额之际趁火打劫呢？须知股灾中置地股价跌到6.65港元的最低点，即使以双倍价格收购，也不过 13 港元多，仍远低于李嘉诚在股灾前提出的 17 港元的开价。

4 月中旬，股灾发生后已过了 6 个月。此时置地股从最低点回升，仍在 8 港元的水平上徘徊，低于股灾前的水平，依然对收购方有利。最后置地强力反收购，李嘉诚的收购成为不合算行为，于是他毅然放弃已花费了大量心血、做好充分准备的收购。

这次收购最终虽然没能成功，但是李嘉诚的做法值得称道。因为投资不可意气用事，打不赢就走，在两败俱伤中夺取微弱的胜利，一般情况下厉害的投资家不这么做。在这个意义上，可以说李嘉诚退出收购反而是一个胜利。

都是投资收购这件事，在李嘉诚身上却有两种不同的做法，一是必须要打下来，一是可以不打下来，这就叫“活人不被一件事憋死”。看来要做一个“纯粹的投资家”，首要的是要修炼自己的心性，不为杂念所动，而保持沉稳平和。显然，这是一个很多人难以企及而又必须努力达到的目标。

李嘉诚坚守“打得赢就打，打不赢就走”战术，表明很有意义的两点：既可攻也可守，既可取也可弃。世界上任何角色都很难做到纯粹，做生意尤其是像李嘉诚做大生意就更难，因为他的投资数目巨大，一旦失利，就会造成重大挫败，然而李嘉诚既可攻也可守，既可取也可弃，见机行事，因势利导，既不贸然行事，也不坐以待毙，这种灵活机智的战术决定了他在商场上确实是“李超人”。

李嘉诚这种做事的战术，我们可以多学习，多领会，防止掉进一件事中不能自拔。尤其父母教子，更应该给孩子多讲讲李嘉诚这种做事的方法，能进就进，能退就退，有时候进一步前程似锦，有时候退一步海阔天空，不能钻进牛角尖，把所有的宝都盲目地押在一种行动上。

举个网友苦恼的例子：

从上小学开始，老师每次评论都说我爱钻牛角尖，初中、高中也是这样子，直到现在已经开始影响我的工作了，手上的工作一直没有什么起色。我不得不开始重视这个问题——到底什么是死钻牛角尖，到底该怎么改？

我刚开始找工作，家里人到处给我介绍工作，我明白这都是为我好，不会害我，有合适的也想去试一试，但是别人越帮我我越倔，索性就认定了我自己找的一份在物流公司搞托运的工作，别人说什么也不听。

当初这件事情我并不觉得是钻牛角尖，我本来想只要很喜欢这个工作，努力把它做好，多吃点苦，以后不会很惨。但是昨天听说我的公司要被别人兼并了，我面临重新开始找工作的情况，于是想到是不是我像大家说的死钻牛角尖，才落得个如此境地？我心里真的好困惑，希望能有人帮助帮助我，我有点喘不上气来！

看样子，这位不得志的网友确实很痛苦，他起初找工作，不愿意父母等帮忙固然是坚持个性、追求自我的表现，但是最好别把任性当个性，多考虑一些选项，总比死认准一点要好，哪怕你最后就是认准这点，起初多比较比较，也不至于被现在的尴尬情况憋得喘不上气来。这位网友不妨从另一个角度思考一下李嘉诚教子灵活处理问题的话，自己重新开始一条新路也是可以的，变得轻松起来，该挪窝就快挪窝，不必再纠结，再纠结还是在钻牛角尖。

李嘉诚教子启示

路都是自己踏出来的，在前面分岔的地方多想想，自己要不要继续走下去？

3. 懂得“这壶不开换把壶”的道理

※ 李嘉诚贴心话

☆爱因斯坦在普林斯顿大学的办公室门上挂着这句话：“不是所有可以算的东西都是重要的，也不是所有重要的东西都可以被计算。”

☆我迅速发现没有什么必然的成功方程式，首要专注的是，把能掌控的因素区分出来。如果成功是我的目标，驾驭一些我能力内可控制的事情，是扭转逆境十分重要的关键。

※ 教子真经解读

李嘉诚对爱因斯坦的话记忆深刻，其中蕴含着的道理是：一件事重要不重要不在于马上就看得见、能得到结果，它们的价值可能不在眼前而在未来。第二句所谓“能力内可控制的事情”，就是做事情要能一把抓得住、一把抓得准，超出能力范围只能伸手瞎抓，最后啥也没抓着。他想告诉李泽钜、李泽楷，做事不能死板，必须灵活，才能见效。

※ 教子故事解析

我们做事情，前前后后总会遇到一系列困难，令人焦躁不安。但是光焦躁不安没有用，还需要沉下心去解决。我们知道，困难虽多，但方法总比困难多。从某种意义上讲，真想解决困难，就没有解决不了的。如果谁有困难没解决，主要的原因就是头脑不够灵活，想法不到位，或者根本没踩到点子上，或者根本没有下功夫。

解决困难会出现两种常见类型：一是“哪壶不开提哪壶”，是糊涂人的做法；二是“这壶不开换把壶”，则是明智人的做法。

李嘉诚认为：如果谁在工作中被困难吓趴下，被问题困得头昏脑涨，这就意味着谁没有找到正确的方法，而是在问题的边缘兜圈子，甚至钻进了死胡同。其次，在他看来，做任何事都要做到胸中有数，才能不折不扣地将问题处理好，绝不能“哪壶不开提哪壶”。

由此可以想到：你的能力不够，就会“哪壶不开提哪壶”；你的能力够，就可做到“这壶不开换把壶”！怎么检验能力够不够呢？那就看看李嘉诚在九龙仓收购的角逐战中，他采取的“换壶法”：

1）夜幕下的秘密商谈，一拍即合

20世纪80年代中期，李嘉诚坐上香港首席富豪的宝座。但论实力和声誉，他都还比不上赫赫有名的包爵士包玉刚。据1977年吉普逊船舶经纪公司的记录，世界十大船王排座次，包玉刚稳坐第一把交椅。

包玉刚起念登陆，并非一时冲动。1973年的石油危机，促使英国开发北海油田，美国重新开发本土油田，同时亚洲拉美都有油田相继投入开采。这样，世界对中东石油的依赖将减少，到20世纪70年代后期越来越多的油轮闲置。油轮是包氏船队的主力，包氏从油轮闲置，联想到世界性的造船热，预示一场空前的航运低潮将会来临。“先知先觉”的包氏决定减船登陆，套取现金投资新产业，他瞄准的产业是香港百业中前景最诱人的房地产。

李嘉诚虽不明包玉刚吸纳九仓股是一般性的长期投资，还是有意控得九龙仓，但他可以肯定包玉刚会对九龙仓感兴趣。九龙仓码头虽迁址，新建的码头气势更宏伟、设备更现代化。执世界航运业牛耳的船王包玉刚，何尝不愿拥有与其航运相配套的港务业？

在华人商界，论实力，论与银行业的关系，能与怡和抗衡的非包氏莫属。李嘉诚权衡得失，已胸有成竹，决定把球踢给包玉刚，预料包玉刚得球后会奋力射门——直捣九龙仓。

1978年8月底的一天下午，两位华商俊杰在中环的文华酒店一间幽静的雅阁会面，他们决定怡和台柱——九龙仓的前途命运。

李嘉诚秘密约见，包玉刚猜想有重要事情——他们那时的私交并不密切。包玉刚欲减船登陆，苦于无门，当他将目标瞄准九龙仓，发现李嘉诚已捷足先登。九龙仓对包氏来说，简直太重要了，它的码头货仓，更有利他发展海上航运；它的地盘物业，可供他在陆地大展拳脚。

经过简短的寒暄，李嘉诚即开门见山地表达了想把手中拥有的九龙仓1000万股股票，转让给包玉刚的意思。转让？包玉刚想，天上没有掉馅饼的好事。包玉刚低头稍加思索，便悟出了李嘉诚的精明之处。李嘉诚很清楚包玉刚的情况，知道他需要什么，于是，用包玉刚所需要的来换取自己所需要的，这一“转让”，可真是对双方都有利的好事。

从包玉刚方面来说，他一下子从李嘉诚手中接受九龙仓的1000万股票，再加上他原来所拥有的部分股票，他已经可以与怡和洋行进行公开竞购，如果收购成功，他就可以稳稳控制资产雄厚的九龙仓。而从李嘉诚一方面来说，他以 10 ~ 30 元的市价买了九龙仓股票而以 30 多元脱手给包玉刚，一下子就获利数千万元。更重要的是，他可以通过包玉刚搭桥，从汇丰银行那里承接和记黄埔的股票 9000 万股，一旦达到目的，和记黄埔的董事会主席则非李嘉诚莫属。

这真是只有李嘉诚这样的脑袋才想得出来的好主意！包玉刚在心里不禁暗暗佩服这位比自己小但精明过人的地产界新贵。

没有太多的解释，没有冗长的说明，更没有喋喋不休的讨价还价，两个同样精明的人一拍即合，秘密地订下了一个同样精明的协议。最终结果，他们都如愿以偿坐上英资洋行大班的宝座。

2）能力强的，就先去当排头兵

1978 年 9 月 5 日，包玉刚正式宣布他本人及家族已购入 20% 左右九龙仓股票。包玉刚初战告捷，李嘉诚功不可没。9 月 7 日，《明报晚报》发表对李嘉诚的专访：

“九龙仓事件”已经披露，包玉刚取得九龙仓 15% 至 20% 的股权，并加入董事局。戏剧化发展至此已告一段落。由九龙仓事件发展初期起，直至真相披露前，人们爱把长江实业主席李嘉诚与九龙仓拉在一起谈论和揣测，李氏昨日接受本报记者访问之时，作了如下具澄清作用的透露。

“据李氏称，他本人没有大手吸纳九龙仓，而长江实业的确有过大规模投资于九龙仓之上的计划，是以曾经吸纳过九龙仓的股份。他本来安排买入九龙仓全部实收股份 30% 至 50%，作稳健性长期投资用途，但到了吸纳得约 1000 万股之时，九龙仓股份的市价已经急升至长实拟出的最高价以上，令原定购买九龙仓股份的整个计划脱节。结果，放弃这个投资计划，并且把略多于 1000 万股的九龙仓及若干股权，转让出来。”

此后，李嘉诚继续将手头剩余的九仓股转让给包氏，据估计，李嘉诚一进一出，获纯利 5900 多万港元。

九龙仓董事局主席纽壁坚，视包氏翁婿这两位新任董事为眼中钉、肉中刺。他们间多次发生摩擦。包玉刚不断到市面或通过幕后吸纳九仓股，使其控有的股权增至 30%，大大超过九龙仓的控股公司置地，身兼三家公司主席的纽壁坚大为惊惶：包玉刚吞并九龙仓之意昭然若揭。

1980 年 6 月中旬，趁包玉刚赴欧参加会议之机，纽壁坚突发袭击，正式挑起九龙仓大战。置地采取换股之法，欲将其持股权增至 49%。具体做法是将价值100元的置地股，换取市价77元的九仓股。条件十分诱人，股民喜笑颜开。若置地已控得49%的股权，包氏是无论如何也购不满51%的绝对股权——置地只需再踏半步，便可击碎包氏的吞并梦。

包玉刚闻讯，急忙乘机返回香港反击。他首先获得汇丰银行的22亿港元贷款保证，紧接着召开紧急会议，决定以每股105元的现金，吸收市面九仓股，目标也是49%。星期一开市不到2小时，包玉刚一下子付出21亿现金，购足2000万股，使控股权达到49%，取得这场战役的决胜权。

纽璧坚见大势已去，将置地控有的九仓股1000多万股转让给包玉刚，置地套现获纯利7亿多港元。包氏在九龙仓的控股量已超越绝对多数。包玉刚夺得九龙仓，付出了沉重的代价，故有人称“船王负创取胜，置地含笑断腕”。

包氏的远见卓识，两年后便充分显示出来。包氏购得九龙仓，实现了减船登陆，从而避免了空前船灾。香港另两个船王——董浩云与赵从衍，因行动迟缓而陷入濒临破产的灭顶之灾。1985年，包玉刚又收购另一间英资洋行——马登家族的会德丰，又一次轰动全港。

值得一提的是，包玉刚入主九龙仓一年后，与其死对头置地成为合作伙伴，这两家公司邀请李嘉诚的长实加盟，三家合资成立一间地产发展公司，项目是在九龙仓尖沙咀地盘，发展新港中心物业，一时成为香港商界的一段佳话。

3）如何看待并肩战斗的联手关系

仗打完了，怎么样处理一起战斗的朋友关系？1986年8月，《每周财经动向》一位总编撰文《与李嘉诚谈成功之道》，文中写道：

“最近有人向李嘉诚先生提问：‘一个优秀的运动员，必须在与强劲的对手竞赛时才可创下骄人的成绩。环顾今日香港商界，似乎只有包玉刚爵士一位匹配做阁下强劲的对手，您可有以包先生为对手的想法吗？’一般人很自然会认为李嘉诚先生是以包氏为竞争的对手，因为他们有相同的社会地位，在过去又有极类似的活动，例如李嘉诚先生从英资手中收购和黄、港灯，包氏则收购九龙仓、会德丰；两人先后出任汇丰银行的副主席，分别捐赠汕头大学、宁波大学等。但李嘉诚先生答复这问题时，只说他朝着个人订下的目标向前一步一步推进，从来没有居心与任何人比拼。在多个场合，李嘉诚先生说：‘我与包先生有真诚愉快的合作。’”

引来替自己杀敌的“友”，岂有不真诚愉快的合作之理？要知道，李嘉诚成全包玉刚收购九龙仓的心愿，实则是让出一块肉骨头让包氏去啃，自己留下一块肥肉。因为九龙仓属于家族性公司的怡和系，凯瑟克家族及其代理人必会以牙还牙，殊死一搏反收购。包氏收购九龙仓，代价沉重，实际上与怡和大班打了个平手。换句话说，李嘉诚引包玉刚入局，既投合包玉刚的需要，又抓到一个替自己作战的勇士，而他本人则趁机卖掉九龙仓股票，净赚5900多万元。

李嘉诚本想凭自己“这把壶”去斗一斗置地，但是他觉得包玉刚“那把壶”更好使，于是就有了上述联手又分进的商战兵法，这在时人眼里真是匪夷所思，但是你不得不服，李嘉诚运用“这壶不开换把壶”之妙！商人都是聪明的，至少自己把自己当聪明人。在风险迭起的商海中过日子，没有李嘉诚这种不畏人言的手法，那是绝对坚持不下去的，但必须是合情合理的用法和斗法。李泽钜、李泽楷在经营事业时，也很好地学会了“这壶不开换把壶”的方法，如李泽楷与“传媒大亨”默多克的合作，就是明显一例。

我们通过李嘉诚巧施的成功“换壶法”，明白无论遇到什么困难，都要想办法解决问题，自己不行，能不能与人联手呢？不能联手，能不能退而求其次呢？在父母教子方面，同样也有这样的开悟——人是活的，解决难事的时候，只要动脑筋，换一换思路，办法总会有的；也就是说，不换方法，看不到出路，但转变拿“壶”的方法，顿时复杂的难题就变得简单多了。

美国总统里根教育子女说：“简洁是智慧的源泉。”的确，只有那些想不开的人，才会把简单的问题复杂化。凡事不要人为复杂化，学会“这壶不开换把壶”的思维，把问题简单化就是高智慧。日常生活中人们往往把很多事情人为复杂化，总爱把没啥了不起的小事想个彻彻底底，结果自生烦恼，影响了做更有意义的事。所以家长要善于教导孩子，把善于思考问题和不为小事纠结区分清楚，在最难的时候，把手中的“壶”和别人的“壶”换一换，就会让自己笑起来，也让别人笑起来！

李嘉诚教子启示

换个角度想问题，换种方法做事情，这样的人最容易第一个得到成功的大馅饼！

4. 制胜法：金点子越多越管用

※ 李嘉诚贴心话

☆好生意都是想出来的，做出来的不都很重要，那是自然而然的事情罢了。

※ 教子真经解读

2013 年，李嘉诚与李泽钜接受香港记者采访时，他说了上面的一句名言。在李嘉诚看来，没有“金点子”的人做事就是呆做，做一件事也不一定有个什么好结果，而有“金点子”的人就是巧做，做不同的事都会有料想不到的结果。

※ 教子故事解析

人们做事情都想不怎么花力气就能一招制胜。这样想，有点幼稚了。但是要问一招制胜靠什么？靠点子！人最怕没有点子，一个好点子便是一生的财富，能把人生跳板垫得很高很高。我们看看那些成功人士，他们都极为强调一点：“金点子越多越管用”！人们常说：“思路决定出路”，就是这个意思。

李嘉诚熟悉《孙子兵法》《三十六计》，懂得这些经典书籍怎样教人把人生局面打开得更大，也懂得灵活战术在其中所起的作用多么关键。一颗智力饱满的大脑里面蕴藏着多少力量？就李嘉诚自己而言，这样的力量带来了什么，他是心知肚明的，尽管他不愿意在媒体面前多渲染。

李嘉诚一生的“金点子”多多，而且立竿见影。下面介绍的“树上开花，入主和黄”，就是这样的一部好戏。

1）风头强劲的“商界大鳖”快不行了

李嘉诚退出九龙仓角逐，将目标瞄准另一家英资洋行——和记黄埔。和黄集团由两大部分组成，一是和记洋行，二是黄埔船坞。和黄是当时香港第二大洋行，又是香港十大财阀所控制的最大上市公司。和记洋行成立于 1860 年，第二次世界大战后，几经改组的和记洋行落入祈德尊家族之手。该家族与怡和凯瑟克家族、太古施怀雅家族、会德丰马登家族，并列为香港英资四大家族。

20 世纪 60 年代后期，祈德尊雄心勃发，一心想成为怡和第二，他趁

1969—1973 年股市牛气冲天，展开一连串令人眼花缭乱的收购，把黄埔船坞、均益仓、屈臣氏大公司和许多未上市小公司归于旗下。祈德尊掐准了香港人多地少、地产必旺的产业大趋势，关闭九龙半岛东侧的码头船坞，将修船业务与太古船坞合并，迁往青衣岛，并将其他仓场码头，统统转移到葵涌去发展。腾出的地皮，用来发展黄埔新村、大同新村、均益大厦等。

祈德尊是个“食欲过盛，消化不良”的“商界大鳖”，他一味地吞并企业，但不少公司状况不良，效益负增长，使他背上了沉重的债务负担。1973 年，和记集团接连两个财政年度亏损近 2 亿元。1975 年 8 月，汇丰银行成为和记集团的最大股东，黄埔公司也由此而脱离和记集团。

汇丰控得和记洋行，标志着祈德尊时代的结束，和记成了一间非家族性集团公司。汇丰物色韦理主政，但未见其妙手回春，和黄的起色不如人们预想的好。

2）乘虚而入，是战场常见的有效战术

李嘉诚在觊觎九龙仓的同时，也垂青和记黄埔这块肥肉。他放弃九龙仓，必然要把矛头对准和黄。

收购沦为公众公司的和记黄埔，至少不会像收购九龙仓那样出现来自家族势力的顽抗反击。身为香港第二大洋行的和黄集团，各公司归顺的历史不长，控股结构一时还未理顺，各股东间利益意见不合，他们正祈盼出现明主，力挽颓势，使和黄彻底摆脱危机。只要能照顾并为股东带来利益，股东不会反感华人大班入主和黄洋行。避实击虚，去瘦留肥，这便是李嘉诚舍弃九龙仓而收购和黄的出发点。

和黄拥有大批地皮物业，还有收益稳定的连销零售业，是一家极有潜质的集团公司。香港的华商洋商，垂涎这块大肥肉者大有人在，只因为和黄在香港首席财主汇丰的控制下，均暂且按兵不动。

李嘉诚很清楚，汇丰控制和黄不会太久。在他吸纳九仓股之时，他获悉汇丰大班沈弼暗放风声：待和记黄埔财政好转之后，汇丰银行会选择适当的时机、适当的对象，将所控的和黄股份的大部分转让出去。这对李嘉诚来说，不啻是个福音。

李嘉诚权衡实力，长江实业的资产才 6.93 亿港元，而和黄集团市值高达 62 亿港元。长实财力不足，蛇吞大象，难以下咽。若借助汇丰之力，收购算成功了一半。

李嘉诚梦寐以求成为汇丰转让和黄股份的合适人选，他停止收购九仓股的行动，获汇丰的好感就是为了得到汇丰回报。这份回报是不是和黄股票，李嘉诚尚无把握。

为了使成功的希望更大，李嘉诚拉上包玉刚，以出让1000多万股九仓股为条件，换取包氏促成汇丰转让9000万股和黄股的回报。李嘉诚一石三鸟，既获利5900万港元，又把自己不便收购的九龙仓让给包氏去收购，还获得包氏的感恩相报。

在与汇丰的关系上，李嘉诚深知不如包玉刚深厚。李嘉诚频频与沈弼接触，他吃透汇丰的意图：不是售股套利，而是指望放手后的和黄经营良好。另一方面，包氏出马敲边鼓，自然马到成功。

3）自己的版图又大了一块

1979年9月25日夜，李嘉诚举行长实上市以来最振奋人心的记者招待会，一贯沉稳的他以激动的语气宣布："在不影响长江实业原有业务基础上，本公司已经有了更大的突破——长江实业以每股7.1元的价格，购买汇丰银行手中持占22.4%的9000万普通股的老牌英资财团和记黄埔有限公司股权。"

有记者发问："为什么长江实业只购入汇丰银行所持有的普通股，而不再购入其优先股？"

李嘉诚答道："以资产的角度看，和黄的确是一间极具发展潜力的公司，其地产部分和本公司的业务完全一致。我们认为和黄的远景非常好，由于优先股只享有利息，而公司盈亏与其无关，又没有投票权，因此我们没有考虑。"

李嘉诚被和记黄埔董事局吸收为执行董事，主席兼总经理仍是韦理。记者招待会后的一天，和黄股票一时成为大热门。小市带动大市，当日恒指飙升25.69点，成交额4亿多元，可见股民对李嘉诚的信任。

1981年1月1日，李嘉诚被选为和记黄埔有限公司董事局主席，成为香港第一位入主英资洋行的华人大班，和黄集团也正式成为长江集团旗下的子公司。

李嘉诚以小博大，以弱制强。长江实业实际资产仅6.93亿港元，却成功地控制了市价62亿港元的巨型集团和记黄埔。按照常理，既不可能，更令人难以置信，难怪和黄前大班韦理会以一种无可奈何又颇不服气的语气对记者说："李嘉诚此举等于用美金2400万做订金，而购得价值10多亿美元的资产。"

和黄一役，与九龙仓一役有很大不同，李嘉诚靠"以和为贵""以退为进""以让为盈"的策略，赢得这场香港开埠以来特大战役的胜利。

从商战"金点子"方面说，李嘉诚在入主和黄的过程中，他经过反复思考，采取了高效的做法：

第一，他在实际收购和黄之前，早已做好了人事方面的铺垫，其收购九龙仓就是收购和黄的序曲，而收购和黄不过是在此基础上的"树上开花"而已。

第二，李嘉诚梦寐以求成为汇丰转让和黄股份的合适人选，他停止收购九仓股的行动，获汇丰的好感就是为了得到汇丰在和黄一役中给予回报。为了使成功的希望更大，以出让1000多万股九仓股为条件，换取包氏促成汇丰转让9000万股和黄股的回报，在获利5900万港元的同时，把自己不便收购的九龙仓让给包氏去收购，还获得包氏的感恩相报，从而使收购胜算在握。

第三，由于事先做好了人事方面的铺垫，整个收购过程没有剑拔弩张，没有重锤出击，没有硝烟弥漫，而是和风细雨，兵不血刃。所以有人说："李嘉诚收购术，堪称商战一绝。"

毫不夸张地说，李嘉诚的"超人奋斗史"实际就是一部并购战斗史，每一阶段的点石成金都离不开"收购"。

李嘉诚把自己这些收购的"金点子"已经传给了儿子。2011年10月16日，长江基建宣布完成收购英国水务公司，长江基建的主席正是长子李泽钜。此次收购完成后，英国有媒体用"收购英国"来形容长江基建的一系列动作。事实上，此次并购只是李泽钜在英国收购公用事业的环节之一，早在2010年10月，长江基建就斥资57.7亿英镑收购了UK Power Networks（英国电力网络）英国电网业务。"我跟父亲总能不约而同地想到一块。"在谈及是否已主导长实的发展方向时，李泽钜一再强调。他们父子之间的这种默契或者传承，像一个模子里刻出来的。

眼下，很多年轻人正在辛苦创业，或许觉得像李嘉诚这种大手笔是传说故事，离自己太远。其实不然，你要学的不是他的收购事件，而是布局收购的"金点子"，如怎样借势而起，别在一件难以完成的事情上只用一种办法去处理，否则，你是演不出多少"好戏"的。下面举个成功的例子：

马啸天与郝敏莉都是刚毕业不久的大学生，一个学财务会计，一个学酒店管理。两人本来天各一方，谁也不认识谁。机缘巧合，两人都在北京离奥林匹克“鸟巢”“水立方”不远的一条商业街上开了美容理发店。马啸天的叫“来得值美容理发店”，郝敏莉的叫“包您乐美容理发店”，两店中间隔着一个卖烟酒的，占着1.5米左右的一个大长道。

天下的钱都不是那么好赚的，尤其对刚起步的小摊点来说，就更难了。马啸天一天理不了10个头，美容的半个月也碰不上一个。郝敏莉的稍好一点，但也只不过多点零头而已，保证系数也不大。他们店里还雇着几个理发师、美容师，这就把自己平时攒的一点钱和爹妈给的启动资金，花得不剩什么了，着急、心痛可想而知！

两人中午吃盒饭，碰到一起，都斜视对方几眼，互相射出埋怨的目光，意思是你咋不把你那个破店开远点。郝敏莉的妈妈中学没毕业，就开始跟着舅舅在山东倒腾苹果生意三十多年了，趁着来京批发苹果的空儿，跑到女儿这一看，整个傻了，两店挨这么近，说像一家又不是一家。郝敏莉的妈妈不是个能耐住性子的人，瞪着女儿说：“这不是胡闹吗？”说完，就跑过去找到马啸天，嚷嚷起来：“你的店开在我女儿的后面，也不长个眼？要么你开，要么我开，要么合起来一块开，真是气人气得不轻。你说呢，小子？”

马啸天被这么一嚷嚷，豁然开朗起来，“对呀，既然我们都不想撤，不如打一块牌子，合起来做生意力量还大些，分工还细些。问题上……”郝敏莉的妈妈等马啸天想到这儿，又开始说：“是不是中间那个卖烟酒的不好处理？想办法，买下来，钱我出！”真是山东人啊，其实她是为女儿着急。

经过几次商量，卖烟酒的同意了，两家理发店合在一起后，果然生意好多了，名气也传开了。更好的事是马啸天和郝敏莉相爱了……

你瞧，没多少文化的郝敏莉母亲不愧是在生意场上跑来跑去的人，几句话就把“金点子”说明白了。你说有个“金点子”难吗？不难，关键是没想到！李嘉诚能让儿子学会他处理事情的“金点子”，一大特点就是开拓思维方式，做事情要会寻找“灵活法”，死抱一头是不行的。

李嘉诚教子启示

让孩子掌握解答问题的钥匙。钥匙是什么？就是学会把多种多样的方法攥在手。

第7句话　有胆识也要有谋略

经商总会碰到大大小小的困难，克服它们有时甚至好比愚公移山。有这么个常识：胆识不是拼蛮力，而是拼决断；谋略不是抖机灵，而是找对策。围棋高手都明白如果一味地想靠蛮力吃掉对方，往往会导致自己陷入被动局面，几下子就被围歼掉。所以走每一步棋都必须揣着胆识、藏着谋略去精心布局，最终才能下出超一流的棋。

李嘉诚对儿子讲了一个大道理——光有胆识而无谋略像一介武夫逞豪气，胜利一时而赢不了大局；光有谋略而无胆识像秀才谈兵，阔论一番而定不了长远。所以经商必须双管齐下，做到有胆识也要有谋略，这才叫厉害！

1. 胆大是件好事，莽撞是件坏事

※ 李嘉诚贴心话

☆我虽历经坎坷，但从未徘徊不前，在谨慎中敢于放胆往前走，不随便出脚，也不轻易缩头。

☆扩张中不忘谨慎，谨慎中不忘扩张。……我讲求的是在稳健与进取中取得平衡。船要行得快，但面对风浪一定要挨得住。

☆市场逆转情况，由太多因素引发，成功没有绝对方程式，但失败都有定律：减少一切失败的因素就是成功的基石，以下四点可以增强克服困难的决心和承担风险的能力：①谨守法律及企业守则；②严守足够流动资金；③维持利益；④重视人才的凝聚和培训。

※ 教子真经解读

李嘉诚向来反感做事情有勇无谋，而是希望把冒险与谨慎协调好，犹如驾船出海最好不要出大事，能够平平稳稳地抵达港湾。至于企业管理也是一样，要谨慎地把好每一个关口，把风险指数提前避免掉。他把这些经历概括成上面几句话，尤其“扩张中不忘谨慎，谨慎中不忘扩张”，目的是让两个儿子李泽钜、李泽楷用心记下来，避免只顾一头。

※ 教子故事解析

先讲一个激励几代人的故事——《鲁滨孙漂流记》。这部小说讲述了鲁滨孙在荒岛孤独度过28年，又重回家园的故事。主要内容如下：

一个名叫鲁滨孙的人，十分热爱冒险，但家人并不同意。可鲁滨孙十分固执，于是他准备离家出走。在乘船中认识了船长结为了朋友，在途中遇到了海盗，经过一场交战，鲁滨孙和船长等人逃了出来，到了一个人生地不熟的地方。

鲁滨孙在那儿度过了28年，建造了自己的果园，创下了一番事业，可他依然喜欢冒险。一天，他与商家讨论，准备出海到另一个地方，卖一些那儿所没有的东西，大家都表示赞同。出海前一天，他吩咐两位管家：如果我没回来，就把财产交给船长。

鲁滨孙亲自带队，可是遭遇了暴风雨，在11个人当中，只有他幸存了下来。他在船上获得了枪、火药、衣服等必需品，还有两只猫和一只忠诚的狗。在荒岛上，他做了竹栏，保护自己，并抓了一群羊，而两只猫也生出了许多只小猫。他还做了一只小船到另一半岛侦察，发现这里没有野兽，有丰富的果实，他便搬回来许多。

可有一天，几行陌生的脚印打乱了他的生活。他好几天都躲在洞里，不肯出去。后来，他才发现几个野人正在山上打猎，而且准备吃人。

鲁滨孙讨厌这种人吃人的恶劣行为，救下了一个野人。当时正是星期五，于是，为那人取名为“星期五”。鲁滨孙教他一些人的行为。一天，他又救下了一位船长，帮他夺回了船。船长为了报答，帮他离开了荒岛，他又回到了现实生活。

鲁滨孙是个不折不扣的冒险家，天不怕地不怕地莽撞行事，但是流落孤岛后，他为了能够生存下来，不得不开始谋略自己的活路在哪里。鲁滨孙只有胆大而无谋略，或者只有谋略而无胆大，他的结果都是有去无回，把命交给老天爷。这告诉我们一个道理：人们在顺境中往往是爱不顾一切地冒险行事，把谨慎和谋略丢在一边；在逆境中则相反。当然，最聪明的人不管是顺境还是逆境中，都能把冒险与谋略结合在一起。

李嘉诚驾驶着“长实”这艘大船一路前行，曾遇到风和日丽、阳光明媚，也曾遇到大风大浪、险滩暗礁，平稳情况和危急情况都不间断地出现过。

李嘉诚做生意谨小慎微，绝少胆大妄为。他明白：谋划商战都不可能十拿十稳，多少有一点冒险成分。风险有多大，利益有多大，这就需要根据各种情况进行分析。一些胆子大的商人，只要有五成胜算就敢冒险；胆子小的，非有八成以上胜算便不敢采取行动。一般来说，风险与利益成正比。前者敢于冒险，很容易倒大霉，也很容易暴发；后者比较稳妥，却难求快速成长。但有一种情况例外，当别人算到不足五成胜算，而自己却算到有六七成甚至更高把握时，便意味着稳赚钱的机会来了。李嘉诚正是靠着这种机会快速发展的，他的事业壮大是一部中小地产商借助股市杠杆崛起、扩张的历史。

说起李嘉诚对待胆大与谨慎的关系，不能不提他提出赶超英资老大——置地公司的口号，即把自己的腰杆子挺直的决策与做法：

1）判断大形势需要一身胆魄

李嘉诚作为实业家，塑胶花的成功坚定了他建立伟业的雄心。当然，他也不会草率摒弃塑胶业。在其后 10 余年间，他在塑胶领域继续处于领先地位，为他开创新事业积累了数以千万元资金。

李嘉诚不是好高骛远之人，他总是脚踏实地，向既定的目标迈进。他也不会鲁莽行事，每一个重大举措，都要经过长时期的深思熟虑、周密调查——除非时机不待人的非常时期。

1958 年，李嘉诚在繁盛的工业区——北角购地兴建二座 12 层的工业大厦。1960 年，他又在新兴工业区——港岛东北角的柴湾兴建工业大厦，两座大厦的面积，共计 12 万平方英尺。当时，地产业已经开始实行按揭销售，这种办法使那些没有多少资金的百姓也买得起楼，所以楼宇销售很是兴旺，因此，李嘉诚盖楼收租，取得经常性稳定收入。

但是，李嘉诚绝不是一个谨小慎微到魄力不足的人，到了资金充足、形势看好的时候，他不但敢于冒险，而且一鸣惊人，一飞冲天。

1969 年 10 月，美国总统尼克松在联合国大会上公开表示："愿与中共谈判"。1971 年 1 月，美国乒乓球队应邀访华。同年 7 月，尼克松派基辛格博士访华，与高层会面。这表明，中国将会与美国消除敌对状态，将会有限度地打开国门，香港的转口贸易地位将会进一步加强。香港经济界恢复了对香港前途的信心，百业转旺，对楼宇的需求激增。

1971 年，国际大环境和中国内地大环境，为香港经济的腾飞带来了宽松的政治气候，从 20 世纪 70 年代起，香港经济由工业化阶段，转入多元化经济阶段。

李嘉诚看准这场大形势非常好，机不可失时不再来，于是摩拳擦掌，准备蓄势待发！

2）想到了，就要决心干大事情

1971年6月，李嘉诚成立长江地产有限公司，集中物力、财力、精力发展房地产业。在第一次公司高层会议上，李嘉诚踌躇满志地提出：“要以置地公司为奋斗目标，不仅要学习置地的成功经验，还要超过置地的规模。”

要知道，香港置地有限公司当时注册资本为500万港元，为全港最大的公司，跻身全球三大地产公司之列，在香港处于绝对霸主地位。除地产外，置地还兼营酒店餐饮、食品销售，业务基地以香港为重点，辐射亚太14个国家和地区。

李嘉诚话音刚落，股东响起一片嘘声，手下的部门领导则脸露疑虑。其中一位站起来质疑：“与置地等地产公司比，长江还只能算小型公司，如何竞争得过地产巨无霸——置地？”

“能！”李嘉诚充满自信说道，接着又说：

“世界上任何一家大型公司，都是由小到大，从弱到强。赫赫大名的遮打爵士由英国初来香港，只是个默默无闻的贫寒之士，他靠勤勉、精明和机遇，发达成巨富，创九仓（九龙仓）、建置地、办港灯（香港电灯公司）。我们做任何事，都应有一番雄心大志，立下远大目标，才有压力和动力。

当然，目前长江的实力，远不可与置地同日而语，但我们可以先学习置地的经营经验，置地能屹立半个多世纪不倒，得益于它的以收租物业为主、发展物业为次的方针。置地不求近利，注重长期投资。今后长江，也将以收租物业为主。

置地的基地在中区，中区的物业已发展到极限，寸金难得寸土，而是寸土尺金。长江的资金储备，自然还不敢到中区去拓展，但我们可以到发展前景大、地价处较低水平的市区边缘和新兴市镇去拓展。待资金雄厚了，再与置地正面交锋。

记得先父身前曾与我谈久盛必衰的道理，我常常以此话去验证世间发生的事，多有验证。久居香港地产巨无霸的置地，近10年来，发展业绩并非尽如人意，势头远不及地产后起之秀太古洋行。我们长江，草创时寄人篱下栖身，连借来的资金合计才5万元。物业从无到有，达35万平方（英）尺。现在我们集中发展房地产，增长速度将会更快。因此，超越置地，是完全有可能的。”

李嘉诚并非夜郎自大，说大话空话。他有的放矢，把置地当成靶子，在心理上先把置地“吃”透。然而李嘉诚这席有理有据的话，并未使在座的各位全然信服。长江和置地两者悬殊委实太大了，李嘉诚要实现其目标，除非真有“超人”的本领。

不了解李嘉诚的人认为，他提出赶超置地的口号，只能说他勇气可嘉。但后来的事实证明，他的这一口号，绝非异想天开，实际上也做到了。

俗话说：“无风险不成生意”。在商务决策中，一个重要方面是关于企业事业发展战略的决策。当事业开创并走上健康发展的轨道之后，是满足现状还是永不自满？怎样才能使事业由小到大、由弱到强，走向最牛？那就完全取决于掌门人对胆大与谨慎、冒险与稳妥的把控度如何了。

这个问题说起来极容易，如果可能，谁不愿使事业不断发展壮大？谁甘心满足现状呢？可是真正的问题却是，怎样才能做到“有胆识也要有谋略”？显然，这不仅是每一个干事业的人都会遇到的带有普遍性的问题，而且是对每一个干事业的人的严峻考验。

李嘉诚以凑来的一些资金起家，办起自己的工厂，不断扩大企业规模，如滚雪球一般惊人的速度发展壮大，直至建立起遍及亚、美、欧三个大陆的庞大的商业帝国，举手投足已经足以影响全球，最突出的恐怕就是“稳健”两字，正如他所说：“有胆识也要有谋略”。

没有胆识做不成事，没有谋略做不好事。李嘉诚拿准胆识与谋略两者不可偏废的见解，鼓励儿子敢想敢干，又要有智有谋，对父母教子有着很普遍的意义，值得学习和效法。

美国得克萨斯州，一个大学毕业三年的园艺师杰克·哈里斯向自己的父亲——一名成功的企业家请教说：“老爸，您的事业如日中天，而我就像一只蝗蚁，在地里爬来爬去的，一点没有出息，什么时候我才能赚大钱，能够成功呢？”

老爸对儿子和气地说：“这样吧，你很精通园艺方面的事情，我工厂旁边有2万平方米空地，我们就种树苗吧！一棵树苗多少钱？”

“40元。”老爸又说：“那么以一平方米地种两棵树苗计算，扣除道路，2万平方米地大约可以种2.5万棵，树苗成本刚好100

万元。你算算，3 年后，一棵树苗可以卖多少钱？”

“大约 3000 元。”

“这样，100 万元的树苗成本与肥料费都由我来支付。你就负责浇水、除草和施肥工作。3 年后，我们就有 600 万的利润，那时我们一人一半。”老爸认真地说。

不料，儿子却拒绝说：“哇！我不敢做那么大的生意，我看还是算了吧。”

是呀，一句“算了吧”就把到手的成功机会轻易放弃了，很多年轻人每天都梦想着成功，可是机遇到来的时候，却不敢去大胆尝试，只有对失败的顾虑，以致失去了可能到手的成功。一句话，成功需要胆识和谋略，要敢于试一把，满脑子整天光想着如何成功没有用！胆小是懦弱，胆大是勇敢。谁最胆大？应该说想做成事情的人，这样的人面对困难又何惧呢？

但要注意，在任何时候，虽然胆大是件好事，莽撞是件坏事，但是胆大不要命就是莽撞，所以要掌握适度，而经过谋略控制的胆大就是胆识。所谓“胆小的怕胆大的，胆大的怕不要命的，不要命的怕愣的”，都是十足的江湖范儿，摆不到台面上。是的，最近因为胆贼大敢在起飞飞机上逞能斗狠等例子屡见不鲜，这样的人从小就没有养成遇事要谨慎的好个性。看看李嘉诚怎样教导儿子在危险中保持冷静，就知道自己错在了哪里。

父母教子塑造成功胆识与谋略的 8 项法则，仅供参考：

①树立坚强的意志，不达到目的誓不罢休；

②制定一个敢拼敢赢的目标，勇于超越自我；

③坚持不懈地为自己充电，把握好情绪；

④立足当前从现在做起，做一个每分钟都在努力的人；

⑤自我不断加压，敢于直面眼前的危机；

⑥不放过任何细节，有问题就解决；

⑦想一想怎么样才能变得更稳妥，不能意气用事；

⑧耐心点，为成功选择一个最好的落脚点。

李嘉诚教子启示

胆小者最大的错误是不断担心自己会犯错，有胆有识者最大的长处是不断提前预防自己的错误。

2. 精算法：谋略就像高手下围棋

※ 李嘉诚贴心话

☆为了适应时代发展变化的需要，也为了企业自身的生存和发展，企业必须以市场为导向、以创新为手段、以效率为核心，重建企业形象。敢于做些事是对的，但这些问题都需要仔细想清楚才对，想不清楚就会出大问题。

※ 教子真经解读

上面这段话，是李嘉诚在“周一餐桌会”上对李泽钜、李泽楷说的。李嘉诚在商业界的精算能力是出了名的厉害，他时常训练自己对一件事情前前后后进行精准判断，为的是做事情万无一失。他强调“仔细想清楚”，可见多么重视精算能力！

※ 教子故事解析

正如前面讲的，一个人胆大固然好，但是离不开谋略，这就需要像围棋高手下棋一样既要围住对方的地盘，也要善于精算每一步。否则，一着不慎，满盘皆输。

天津有一围棋世家，爷爷是国内有名的围棋教练，爸爸是业余高手，一儿一女都在两三岁时开始受训，一手拿着棋子，一手拿着棋谱，练习“吃子”“做眼”，明白啥叫“活棋”，啥叫“死棋”，如何围别人，如何反包围、真是“开始硬记高手着，结果难免显得孬。吃子学来有乐趣，少年儿童劲头高。”

到了五六岁，这两个小家伙对“金角银边草肚皮”“漏风处不围空”“两翼展开是好形”“一路小尖是妙手”“敌之要点，我之要点”等，弄得滚瓜烂熟，都获得过省里儿童围棋比赛第一名。

尽管两个小家伙长大成人后没有成为职业围棋手，一个在耶鲁大学学计算机，一个在台湾研究玻璃工艺，但是小时候的思维训练，对他们求学、工作带来了极大的影响，那就是做事情要懂得“精算步骤”！前不久，在耶鲁学习的儿子因为一项程序比赛拔得头筹而获得“美国总统奖”。

通俗说，精算步骤就是善动脑筋、善作变通，敢于做事，又善于堵漏。这两点是成功者必备的素质。

在实战中，李嘉诚显示出了足够的经商天分，完全靠自己的精算能力、布局过程把事业一步步拉高，不愧“李超人”的美誉！

1）一枝独秀，精心把自己的产品搞出特色

许多推销员总喋喋不休向客户介绍自己的产品，用各种方法自卖自夸。李嘉诚则认为让产品自己说话，这比推销员夸夸其谈产品的用途优点，要可信得多。有趣的是，李嘉诚这一招，是从一个哑巴身上得到的启发。

有一天，李嘉诚正在街上推销，忽然看见街上许多人在围观着什么。他凑过去一看，原来人群当中坐着一个哑巴，手中拿着一把菜刀，向一堆铜钱劈去。他手起刀落，铜钱被劈成两半。“好快的刀啊！”人们不禁啧啧称赞，又纷纷掏出钱来向哑巴买刀。

李嘉诚由此联想到，要证明一件产品的好坏，最有力的推销办法是让产品自己说话。另外，他想到，同一种产品，可以卖到不同的数量和价钱，一方面与产品本身是否适销对路有关，另一方面与产品的价格有关。产品在理论上可能卖出很少而价格很低，也可能销量很大而价格很高。不过一般情况下，价格与销量成反比，而且二者之间有一个最佳关系点。如何找到这个最佳点，是企业家和推销人员必须认真考虑的问题。

从意大利回到长江塑胶厂后，李嘉诚不动声色地把部门的负责人和技术骨干召集到办公室，把带来的塑胶花样品一一展示给大家看，随后满怀信心地宣布，长江厂今后将以塑胶花为主攻方向，一定要使其成为本厂的拳头产品，使长江厂更上一层楼。众人看了这些千姿百态、形象逼真的塑胶花，无不拍案叫绝。

但是，李嘉诚并没有因为塑胶花是新兴产品并被普遍看好，而按原来的样子进行生产，要求设计新产品应着眼于三点：一是配方调色，二是成型组合，三是款式品种。为什么这样做呢？因为李嘉诚发现他带回来的样品，品种、花色都太意大利化了，不适合港人的口味。因此，他要求设计者顺应香港和国际大众消费者的口味和喜好，设计出一套全新的款式来，不必拘泥于植物花卉的原有形状和模式。

李嘉诚洞烛先机，精算准确，快人一步研制出了塑胶花，填补了香港市场的空白。按理说，物以稀为贵，卖高价应在情理之中，但李嘉诚认为价格高昂，必然少人问津。加上塑胶花工艺不复杂，等到长江厂的塑胶花一推向市场，其他塑胶厂势必会在短时间内跟着模仿上市。

经过成本预算后，李嘉诚知道，大批量生产的塑胶花成本并不高，将价格定得太高，其他厂商再一拥而上，长江厂的市场地位就难以稳定。只有把价格定在大众消费者可接受的适中水平上，才会掀起消费热潮。卖得快，必产得多，以销促产，比“居奇为贵”更符合商界的游戏规则，而且能尽快占领市场。由于每家经销商的销售网络不尽相同，李嘉诚尽可能避免重叠。他根据消费者层次的不同，分别给予经销商不同的花色品种，以保证销售的均衡。

因此，最好尽快在独家推出的第一时间内，以适中的价位迅速抢占香港的所有塑胶花市场，一举确定长江厂的领先地位。这样一来，当跟风者蜂拥而上时，长江厂的塑胶花早已深深植入了消费者心中，市场地位将难以动摇。

不久，塑胶花迅速风行香港及东南亚，香港大街小巷的花卉店中，几乎摆满了长江出品的塑胶花。寻常百姓家，大小公司的写字楼里，甚至汽车驾驶室里，无不绽放着绚烂夺目的塑胶花。

李嘉诚用他的塑胶花掀起了香港消费新潮，长江塑胶厂渐渐开始蜚声香港业界。

2）将计就计，精心对付别人想要搞垮的伎俩

商场如战场，你一帆风顺，别人自然眼红，会想方设法压制你、打击你，有时候还可能出现一些非正当竞争。

李嘉诚的塑胶厂火热起来的时候，一些竞争对手企图趁机搞垮长江塑胶厂。他们雇用了一些人到长江塑胶厂拍照，企图用揭短的方式使长江厂信誉扫地。果然，没过多久，他们拍摄到的照片就在报纸上刊登出来了，画面上是长江厂那破旧不堪的厂房。他们的目的很明确，就是想以此彻底打消顾客对长江厂产品的信心。

李嘉诚自然再明白不过，对方是想用这种反面宣传的方式整垮长江厂。他头脑很冷静，积极筹思对策，决定再次利用自己的坦诚做一次反宣传，以争取主动，变不利为有利。

于是，李嘉诚拿着这份报纸，背上自己的产品，走访了香港上百家代销商，他很坦率地对他们说：“不错，我们尚在创业阶段，厂房比较破旧。但请看看我们的产品，我相信质量可以证明一切。我欢迎你们到我们厂实地考察，满意了，再向我们订购。”

代销商们被李嘉诚的诚恳所感动，更被他的优质产品所折服，他们也十分敬重李嘉诚有如此敏慧的商业头脑，并且有如此魄力敢于将自己的弱点示人，于是纷纷到长江厂参观订货。长江厂的生意反而空前红火。那些人的如意算盘落空了。

精明的李嘉诚适时借助了这场恶意宣传带来的反作用力，为长江厂作了一次相当实惠的广告宣传，这一招颇似太极推手中的借力打力，费力少而收效大，堪称高明。

李嘉诚对产品质量的精算、对敌手造谣的精算，可以讲是他大踏步进军市场的两步重要棋路。这两种精算法的厉害就在于：因时因地而变，因人因事而动。用围棋行话讲就是："官子手段满盘有，看你会走不会走；竭尽全力争胜利，步步紧逼目才有。"

在商业诀窍中，有一条"一招鲜，吃遍天"。李嘉诚让产品自己说话的推销策略，已经使他悟到了品牌的魔力，掌握了品牌制胜这一法宝。他率先推出塑胶花这一新兴产品，已经可以说是"一招鲜"了，但是他并没满足于此，而是在此基础上加以改进和创新，难怪他"吃遍"香港无敌手。

做生意主要有三种方式：一是创新，二是改进，三是跟风。创新"吃"的就是"一招鲜"，虽然不易，一旦使出来，就会费力少而收获大；改进是在别人的基础上做得更好，虽不易造成轰动，后劲却很足；跟风是跟在别人后面亦步亦趋，这样做起来较容易，风险也较小，但跟吃人的残羹冷饭差不多，收获有限。要想把事业做大，最低限度应持改进的态度，不能老跟风，如果有机会，也不妨创新，来个"鲜中鲜"。在以后的商业生涯中，李嘉诚把这一法宝的魔力发挥到极致，使企业品牌稳稳地站住了，创造了不可估量的无形资产。

李嘉诚多次告诉两个儿子：没有胆识是做不了事情的！在碰到不利情况时，千万不要怨天尤人。只要我们认真面对困境，研究困境，精算步骤，只要斗志不灭，雄心犹在，就一定能找到破解困境之法，变被动为主动，甚至还可以将坏事变成好事。这对父母教子怎么把事情做到最好、中间不失手都有很大教益！

下面举个国外成功的例子：

20世纪50年代末，美国黑人化妆品市场被佛雷化妆品公司独占着。当时这个公司的一名供销员乔治·约翰逊独立门户创建了只有500元资产、3名职工的约翰逊黑人化妆品公司。

约翰逊清楚地知道，他当时无力把佛雷公司打垮，就集中力量生产一种粉质化妆膏，但是产品上市，没有什么反应。约翰逊的父亲老约翰逊明白：儿子不懂推销术。于是，他便给儿子出了个主意。

约翰逊经过认真思考，他接受了父亲的建议，加以改良，决定靠“借势借力”的方法来推销自己的产品。约翰逊在广告中宣传说：“当你用过佛雷公司的化妆品之后，再抹上一层约翰逊的粉质膏，将会收到意想不到的效果。”

同事们对这种寄人篱下的宣传方式不满，说他替佛雷公司吹，在给别人打气借势。约翰逊笑着解释说：“就是因为他们的名气大，势力大，我们才这样借势借力，现在几乎很少有人知道我叫约翰逊和我们的公司，就如同我能想办法站在美国总统身边，我的名字马上就会家喻户晓。推销产品也是同样的道理，黑人社会中，佛雷公司的化妆品享有盛名，如果我们的产品能和它的名字一同出现，明摆着捧佛雷公司，实际上抬高了我们的身价和势头。”

这一招借势借力之术果然很灵，消费者很自然地接受了他的产品，市场占有率迅速扩大，接着，约翰逊推出一系列新产品，经过强化宣传，短短几年时间，约翰逊生产的化妆品便将佛雷公司的大部分产品挤出了市场外。

老约翰逊看着儿子这一步迈出去迈得好，自己心里十分高兴，乐开了花：“这小子，会算会做，比我当年厉害好几倍啊！”

借势是当自己没势的时候，依靠比自己更有势头的力量推自己一把并达到目的，用今天的说法就是借势赚钱、借势营销。“精算法”有时候用起来就这样简单，可以决定把一件事做到多么灵活的程度。以上借势营销的成功，只不过绑了一个大佬就成功了，就像现在有好多的新产品故意把名字和名牌产品的名字弄得相似，目的就是要从这些“有钱有势”的大佬身上借一点光罢了，而所赚的钱，往往是你所想不到的。

李嘉诚教子启示

做事情必须过脑，不能稀里糊涂当玩似的，要不然，再好的事情都会剩下一堆烂摊子。

3. 记住：任何时候都要胆大心细

※ 李嘉诚贴心话

☆决定一件事时，事先都会小心谨慎研究清楚，当决定后，就勇往直前去做。

☆审慎也是一门艺术，是能够把握适当的时间做出迅速的决定，但这不是议而不决、停滞不前的借口。

☆一个人仅有胆量在这个时代虽然能创出一片天下来，但在守成时期，光有胆量是远远不够的，还要有谋略。在许多时候，谋略往往比胆识重要的多得多，这就要看一看你心中装了多大的气魄！

※ 教子真经解读

李嘉诚教子做事情，每每在胆识后面都要补上“谨慎”两个字，因为他知道成功的不易，失败的可怕。商场上，有时候冒险的赚钱办法，刺激但不踏实，很多实际上根本行不通。有人说“冒险赚大钱”，这话有些道理，但应该加个注释：过了头即是自取灭亡，换句话，太冒险就是随时都会往大坑里栽！只有爱耍聪明、自以为是的人，才常常不要命地冒险干一把，死活不管。他对业务繁忙的李泽钜、李泽楷反复叮咛胆量与审慎的重要性，目的正在于此。

※ 教子故事解析

据权威统计，世界上成功者由于“精细”而把事业做大的占93.4%，剩下的还都带有偶然性。事实上也是这样，胆大心细永远都高于粗心大意。历史故事中这样两种人多了去，就拿《水浒传》来说吧：

有胆量又有智谋的如“智多星”吴用，他沉着冷静、足智多谋，一生屡出奇谋，屡建战功。“浪子”燕青也可以算一个，他心细理智，为人机敏，勇力过人；胆大而不慎重的人莫过于“黑旋风”李逵，他粗鲁莽撞，做事不经过大脑，性子急躁，虽也有不少优点，如憨厚质朴、忠心耿耿、武艺高强、忠孝两全，但总的说是有勇无谋，难成大器，最多跑跑龙套，如其小名“铁牛”。这方面，鲁智深也是半斤八两。

李嘉诚熟悉中国历史上很多人为什么成功，为什么失败！他历来看重这个“慎”字诀，除了受到中国传统文化修身养性的影响外，还出于一路打拼的稳当需要。

1）不求险，盯住实际的事情做扎实

李嘉诚进入地产界时，已经有楼预售花，而李嘉诚没有这样做，他将之作为出租物业。不可否认，卖楼花能加速楼宇销售，加快资金回收，弥补地产商资金不足。卖楼花是霍英东于1954年首创。他一反地产商整幢售房或据以出租的做法，在楼宇尚未兴建之前，就将其分层分单位（单元）预售，得到预付款，即可动工兴建。卖家用买家的钱建楼，地产商还可将地皮和未成的物业拿到银行按揭（抵押贷款），真可谓一石二鸟。

继霍英东后，许多地产商纷纷效尤，大售楼花。银行的按揭制进一步完善，蔚然成风。用户只要付得起楼价的10%或20%的首期，就可把所买的楼宇向银行按揭。银行接受该楼宇作抵押，将楼价余下的未付部分付给地产商，然后，收取买楼宇者在未来若干年内按月向该银行付还贷款的本息。无疑，银行承担了主要风险。

李嘉诚认真研究了楼花和按揭。地产商的利益与银行休戚相关；地产业的盛衰又直接波及银行。唇亡齿寒，一损俱损，过多地依赖银行未必就是好事。

李嘉诚最欣赏香港最大的地产商——英资置地公司的保守做法，重点放在收租物业。置地经过半个多世纪的发展，一直雄踞中区“地王”宝座，拥有大量大厦物业。只要物业在，就是永久受益的聚宝盆。

资金再紧，李嘉诚宁可少建或不建，也不卖楼花加速建房进度。他尽量不向银行抵押贷款，或会同银行，向用户提供按揭。

他兴建收租物业，资金回笼缓慢，但他看好地价楼价及租金飙升的总趋势。收租物业，虽不像发展物业（建楼卖楼）那样牟取暴利，却有稳定的租金收入，物业增值，时间愈往后移，愈能显现出来。李嘉诚预测无误，地升楼贵，李嘉诚坐享其利——他拥有大批物业，储备了大量土地。

2）有时候，保守是最大的不保守

1961年6月，潮籍银行家廖宝珊的廖创兴银行发生挤提风潮。廖宝珊是“西环地产之王”，他在西环大量购买地盘兴建楼宇，并在中环德辅道西兴建廖创兴银行大厦。廖宝珊发展地产的资金，几乎全部在存户存款，将其掏空殆尽，而引发存户挤提。

这次挤提风潮，令廖宝珊脑溢血猝亡。廖氏是潮商中的成功人士，深得商界新秀李嘉诚的尊敬。从廖宝珊身上，李嘉诚进一步意识到地产与银行业的风险；但银行挤提事件，并未引起地产银行界人士的足够重视。

1962年，香港政府修改建筑条例并公布1966年实施。地皮拥有者，为了避免新条例实施后吃亏，都赶在1966年之前建房。这股建房热潮是在银行的积极资助下掀起的，银行不仅提供按揭，自己也直接投资房地产。

炒房风空前炽热，职业炒家应运而生。他们看准地价楼价日涨夜升的畸形旺市，以小博大，只要付得起首期地价楼价，就可大炒特炒，趁高脱手。大客炒地，小客炒楼（花）。大客大都是地产商，甚至还有银行家；小客多是炒金炒股的黄牛党。

买空卖空是做生意的大忌，投机地产犹如投机股市，“一夜暴富”的后面，往往就是“一朝破产”。在这股风起云涌的炒风中，李嘉诚始终保持清醒的头脑，他坚定地以长期投资者的面目出现在地产界，同时，他又是长期投资者中的保守派。他一如既往地在港岛新界的新老工业区，寻购地皮，营建厂房。他尽可能少依赖银行贷款，有的工业大厦，完全是靠自筹自有资金建造。公司下属的塑胶部经营状况良好，盈利可观；地产部已由开初的纯投资转为率资效益期，随着新厂的不断竣工出租，租金源源不断成几何级数涌来。

1965年1月，本埠小银行明德银号发生挤提宣告破产，究其原因，是“参与房地产投机，使其没有流动资金，丧失偿债能力”。明德银号的破产，加剧了存户的恐慌心理，挤提风潮由此爆发，迅速蔓延到一系列银行，广东信托商业银行轰然倒闭，连实力雄厚的恒生银行也陷于危机之中，不得不出卖股权予汇丰银行而免遭破产。

港府采取紧急措施，才遏制住挤提潮，但银行危机却持续了一年有余，不少银行虽未倒闭，却只能苟延残喘。在银行危机的剧烈震荡下，兴旺炽盛的房地产业一落千丈，地价楼价暴跌，脱身迟缓的炒家，全部血本无归，靠银行输血支撑的地产商、建筑商纷纷破产。

在这次危机中，长江的损失与同业比微乎其微。它只是部分厂房碰到租期届满，续租时降低租金，而未动摇其整个根基。相反，那些激进冒险的地产商或破产，或观望。“保守”的李嘉诚却仍在地产低潮中稳步拓展。

1986年1月的长江实业公司市值77.69亿港元，还远远低于置地公司的147.27亿港元。到1990年6月底，长实市值升到281.28亿港元，居香港上市地产公司榜首；第二位是郭得胜家族的新鸿基地产，市值为242.07

亿港元；而一直在本港地产业坐大的置地公司以216.3l亿港元，屈居第三位；另外，长江全系早在1986年中，已超过怡和全系的市值。

李嘉诚虽然以稳健的做法取得了成功，但并不是说，别的经营方法就一无可取。李嘉诚不卖楼花，并不说明卖楼花就一定会失败。其实，卖楼花的做法，在今天的房地产界依然被广为推行，正是“商无定法”，卖楼花的始作俑者霍英东今天一样是地产巨头。问题在于：胆大总是充满了危机，一旦失手，就远不如走正常的途径了。古人说“明白四达，守之以愚”，值得借鉴，在当今瞬息万变的商场上征战，需要把一味冒险视作闯进危途。

熟悉中国历史的人会记得，秦朝末年的楚汉相争，刘邦提出“斗智不斗力”的方法，从而使自己的队伍不断壮大，最终战胜了虽然强大却只懂“以力取胜”的项羽。“斗智不斗力”从此被人们奉为在竞争中取胜的一种好方法。

李嘉诚爱读书，很可能熟悉这段历史，深知“斗力”的结果会两败俱伤，即使勉强取得胜利，也会付出惨重的、血淋淋的代价；只有坚持“斗智不斗力”，才能避免不必要的大损失，在激烈的商场竞争中游刃有余。李嘉诚凡事并不一定非要争胜不可，而以商业利益为准绳，能赚就赚，不能赚就退，不拖泥带水。他告诉两个儿子：“商场同战场一样，没有常胜将军，也不必非当常胜将军不可。在不利条件下坚持‘斗智不斗力’的原则尤有必要，就要做到胆大心细。”仔细观察李嘉诚的“慎”字诀，透露出一个经营战术——与别人“斗智不斗力”，这是他屡次抛出的“撒手锏”。

美国总统奥巴马于1995年出版的自传《源自父亲的梦想》，讲述了自己小时候的一次拳击课经历：

1967年，离婚的母亲邓纳姆嫁给了印度尼西亚石油公司经理罗洛·苏托洛，并带着6岁的小奥巴马随丈夫去了印尼首都雅加达。小奥巴马在那里度过了自己的4年童年时光。

一天，不到10岁的奥巴马回到家时，额头上顶着一个鸡蛋般大小的肿包——一名小男孩偷了他的足球，他与对方狠狠地干了一架，结果被对方用石头砸了头。

奥巴马感觉既委屈又丢脸，他向继父哭诉：“这不公平。”苏托洛一言未发，只是轻轻地安抚了他几下。

第二天，苏托洛拿出两副拳击手套，把其中一副给了奥巴马，“你要记住的第一件事，就是保护自己。”开始教奥巴马练拳前，苏托洛这样说：“手要一直抬高，身体不断移动，但要放低，别让自己成为靶子。”

奥巴马在继父指导下，灵活地跳跃腾挪，学习挥拳。然而他一时大意，忘了防护，他为此付出了代价。“我感觉下巴狠狠挨了一拳，然后我抬头看到苏托洛一脸大汗淋漓。”这次代价留给奥巴马的印象极其深刻，以致很多年后他依然记忆犹新。

半小时后，父子俩筋疲力尽，停下来喝水解渴。苏托洛看着坐在身旁的奥巴马，向他娓娓道出了这堂拳击课的真正用意，让他学会如何在困难而危险的世界里生存：“一些男人利用其他男人的弱点，他们之间就像国家之间一样。”

“你想成为哪种男人？”苏托洛这样问奥巴马。年幼的奥巴马当时没有对继父的问题给出回答，然而，在接下来的40年里，他一直在用自己的行动为苏托洛的这个问题作答。

“我（对这堂拳击课）印象非常深刻，苏托洛是个好人，他教会我的东西让我终生受益。”在接受美国《新闻周刊》采访时，奥巴马说，“其中之一就是他对这个世界的运行法则的冷静分析。”

奥巴马从继父的拳击课上明白做事一定要胆大心细、冷静分析，应对困境，稳重求进，才能把自己的人生树立起来。我们的人生都少不了这堂课的经验！

李嘉诚教子启示

多想想，怎样把人生路上的风险指数降低再降低，做起事来就会踏实许多了，成功就不是一件比登天还难的事。

4. 诸葛亮战术：不能一下把好戏都演完

※ 李嘉诚贴心话

☆当生意更上一层楼的时候，绝不可有贪心，更不能贪得无厌。

※ 教子真经解读

李嘉诚针对年轻人容易胆大有余而谋略不足的性格特点，教育李泽钜、李泽楷说了上面一段话。这确实是一种独特的商战风格，一般人都会在利益心的驱动下，欲望膨胀，想一夜之间暴富，第二夜还暴富，第三夜更暴富。而李嘉诚则不然，他要求两个儿子必须打掉“贪心”，啥意思？就是一步步来，顺其自然地由量变而质变，事情自然圆满，否则不知道在哪里就会被撞坏。

※ 教子故事解析

熟悉《三国演义》的人都知道，史上评价诸葛亮为“诸葛一生惟谨慎”，这句话多多少少带有些诸葛亮不够胆大的意思。其实，诸葛亮的胆大是闻名天下的，如“舌战群儒”，等等，只不过他不愿意不分青红皂白地死拼而已，确实是一个非常了不起的战略家。

诸葛亮“七擒孟获”“空城计”都是胆大与心细的最好典范。你要说，第一次抓住孟获处理掉，不就没有那些婆婆妈妈的事了吗？与司马懿争斗派员虎将与他硬碰不就不用“六出祁山”了吗？

这样的想法对不上诸葛亮智慧的大脑，他想的是：对孟获要从心理上彻底地让他肯服，把后方骚扰的隐患了结干净，要不然，别的“孟获”就会跑出来；对司马懿，他是要在心理上彻底摧垮这个老对手，意思是：我没有几个兵，照样把你吓得闻风丧胆，让你撒丫子逃窜，何况我兵强马壮的时候你简直不是个个儿！进一步讲，在很多时候，诸葛亮不一下把好戏演完，而是步步做下去，步步见成效，这就叫“蚕食法”，达到由量变而质变的军事目的。

李嘉诚同样具有诸葛亮一般智慧的大脑，想问题多方面、多角度，喜欢做事情最后由量变而质变。

1）牌要慢慢打，打得别人惊呆才好

1977 年，是李嘉诚事业上不寻常的一年。香港境外的大气候由萧条转为兴旺，内地已显现出改革开放的端倪。香港经济以 11.3%的年增长率持续高速发展。百业繁荣刺激了地产的兴旺，地产成为香港的支柱产业。

不过，李嘉诚仍未被业界视为地产巨子。说到底，长实仍是间中型地产公司，是五虎将中虎气生生但从不大啸大吼的一员虎将。

在 1973 年大股灾前，官地、私地拍卖场上，风头最劲的人物数老船王赵从衍的公子赵世曾，是众人心目中的地产强人，只要他出现在拍卖场，除洋人外，似乎无人敢与其竞投争锋。股灾翻船后，赵公子淡出拍卖场。

人们渐把目光投向华资地产五虎将。五虎将中，除低调的陈曾熙，人们更关注的是郭得胜、郑裕彤、胡应湘等人。

1977年后，公众焦点聚在李嘉诚身上，这一年他不仅力挫置地，夺得地铁中环金钟上盖发展权，还于挫败置地的当月，通过发行新股和大通银行的支持，斥资1.3亿港元，收购了美国人控制下的永高公司。

该公司拥有香港希尔顿酒店和印尼巴厘岛凯悦酒店的经营权。希尔顿酒店位于中环银行区，占地约3.9万平方英尺，房间达800间；凯悦酒店房间为400间，占地约40英亩，酒店四周是开阔的热带植物园。这两间酒店，每年为长江实业带来经常性现金收入2500万港元（以当年物价计）。

2）牌要稳稳打，打得别人服帖才好

1977年中期，李嘉诚购入大坑虎豹别墅的部分地皮15万平方英尺。虎豹别墅为星系报业胡氏家族的祖业，规模宏伟，饶有特色。有巍然屹立的七层白塔，红墙绿瓦的亭台楼阁、展览馆，碧波荡漾的游泳池，动物雕塑装饰着崖壁，还有叙述警世故事的泥塑及假山、山洞等，参观、游乐、购物、休息场一应俱全。到过虎豹别墅的人，无不称赞它的丰富多彩，富丽堂皇。

到此为止，李嘉诚所拥有的物业和地盘已由1976年的635万平方英尺跃升一倍，达到了1020万平方英尺，距置地所拥有的1300万平方英尺物业与地盘相比，只差一步之遥了。尤其环球大厦和海富中心两座发展物业，为长江实业获得7亿多港元毛利，纯利近0.7亿港元。

长实的盈利低于地产高潮时地产业的平均利润，但李嘉诚获得无法以金钱估量的无形利益——信誉。这也是他参与竞投的主要目的。长实不再只是一间只能在偏僻地方盖房的地产公司。长实中标，为它取得银行的信任、继续在中区拓展创造了有利条件。

但最重要的还是，1977年，李嘉诚参与了地铁遮打站、金钟站上盖兴建权的竞投，并赢得了胜利。这一竞标活动给李嘉诚带来了丰厚的利润：1978年5月，中环车站上盖建筑——环球大厦分层发售，时值地产高潮，用户购楼踊跃，广告见报后8小时内全部售完，交易总额5.92亿港元，创香港楼价最高纪录。

1978年8月，金钟车站上盖建筑——海富中心开盘，物业总值9.8亿港元，创开盘售楼一天成交额最好业绩。

地铁首期工程于1979年9月底竣工，中环金钟两站上盖物业发展利润，大大缓解了地铁公司的财政困难。地铁公司主席唐信，对与长实的合作非常满意，他说：“中环、金钟地铁车站上盖地产发展，将为本公司二期、三期工程的车站上盖合作，树立了样板。”

大家捋一捋，看一看，李嘉诚上面的这些到手的项目，是不是很像诸葛亮“七擒孟获”，只是不是同一个“孟获”而已。

1977年，是李嘉诚事业上迅速发达的一年，不是偶然而至，而是采取正确的“蚕食法”带来的战略成果，是多年来由量的积累造成的一次质的飞跃。例如，置地的优势是每单位面积的地皮楼宇价值昂贵，李嘉诚扬长避短，把发展重心放在土地资源较丰、地价较廉的地区，大规模兴建大型屋村，最终以量取胜。

在某种意义上，任何事业的发展都有三种方式：第一种是以小心经营为特征的渐进式，可以比作量的积累；第二种是跳跃式，可以比作质的飞跃；第三种是通过渐进积蓄一定的能量，并在此基础上实现快速发展，可以比作由量的积累而质的飞跃。

量的积累往往是缓慢的，因此往往不受重视，人们大都期望一夜之间达到理想的规模的跳跃式。然而这种发展方式有一个致命的弱点，就是如古人所说，“其兴勃焉，其衰也忽焉”，缺乏稳健的特点。只有第三种方式，既稳健又快速，兼有二者的优点，缺点是不能一朝而至，只有在渐进的发展方式的基础上才有可能。

李嘉诚重视由量的积累造成质的飞跃的发展方式，值得认真研究。在事业的发展方面，李嘉诚独到的见解，就是不过分看重朝夕之间、一步到位式的发展方式，十分重视在稳健基础上通过量的积累而造成发展质的飞跃。总之，李嘉诚特别推重的发展方式，就像诸葛亮“七擒孟获”一样，按照“不能一下把好戏都演完”的方针一次次做，因为“一下把好戏演完”，会承担巨大的风险，会把自己套牢在里面。

《孙子兵法》说：“知彼知己，百战不殆；不知彼而知己，一胜一负；不知彼不知己，每战必殆。”李嘉诚一直是把冒险看作踏入危途的鲁莽行为，他做事像诸葛亮一般拿捏准确，把劲用在点子上，这就是一等一的投资高手。当然，这完全取决于他自己在各种情况下的分析判断能力，明白做生意最好顺其自然，得与失在一念之间，哪一种结果才是最好呢？莫过于做完事干净痛快后没有后患，这才是生意场上最高的妙处！

2007年，李嘉诚在汕头大学的演讲，记者有一个问题很好，也是大家关注的问题：

《全球商业》：你如何把这样的成功心法传授给你的后代？

李嘉诚：我告诉我的孙儿，做人如果可以做到“仁慈的狮子”，你就成功了！仁慈是本性，你平常仁慈，但单单仁慈，业务不能成功，你除了在合法之外，更要合理去赚钱。但如果人家不好，狮子是有能力去反抗的，我自己想做人应该是这样。非常好的一个人，但如果人家欺负到你头上，你不能畏缩，要有能力反抗。

李嘉诚这是谈做人之道，其实也是在谈经营之道，历来都没有人这么说过。李嘉诚说的柔中带刚，刚中含柔，希望自己的儿孙能够成为“仁慈的狮子”，就是做人要厚道，做事要看对象，要有足够的胆量和别人较量，但要“后发制人”，不可鲁莽随便动拳头。大家想想看，武林高手是不是这个样子呢？完全是！凡是到处挑事、吓唬别人的人最后都会坏在“先发制人”上，倒在“后发制人”的高手脚下，这就是二流功夫遇到了真正厉害的一流功夫！

李嘉诚是不是“仁慈的狮子”呢？香港传媒界，曾流传这样一个有趣的故事：

> 当年，有个新入行的记者问旁边的人，“那个额头高高，头发微秃，频频举手应价的中年人是谁？举一次手加个几百万，好像很平常。”
>
> 旁边的老记者说：“他叫李嘉诚，长江实业公司的老板，当年靠做塑胶花发迹，还被捧为塑胶花大王。近些年投资地产，拥有多间工业大厦，还在赛西湖发展高级住宅楼宇，在地产界已小有名气，看他在拍卖场的气度，实力不可小觑。”
>
> 这位老记者解释了好一番，才使新记者知悉李嘉诚其人。如今，李嘉诚名声如雷贯耳，家喻户晓。若有哪位记者认不出李嘉诚，那定是天大的笑话。

从不是“狮子”到成为“狮子”，李嘉诚是付出了许多艰辛的，敢于谋略自己的商业步骤，拼拼打打，有过挫败，有过满意，成了一个名副其实的“李超人”。当然，李嘉诚“仁慈”的一面非常多，这就是对人抱友善，对社会讲奉献。本书最后一部分再谈这个问题。

现在父母教子的功利心太强，欲望太大，所以大家都累得疲惫不堪。下面是一位富爸爸给儿子的信，他借“大王”与“小王”之名展开了对话：

> 小王：致富和做生意到底有没有什么秘诀？我能一下抓得住吗？
>
> 大王：每件事情都有它不同的内在规律，所谓的秘诀实际上就只是那么一点点东西。九十九度加一度，水就开了。开水与温水的区别是这么一度。有些事情之所以会有天壤之别，往往就是因为这微不足道的一度。
>
> 两个下岗女工，各在路边开了一个早点铺，都卖包子和油茶。一个生意逐渐兴旺，一个30天后收了摊，据说原因是一个鸡蛋的问题。
>
> 生意逐渐兴旺的那家，每当顾客到来时，总是问在油茶里打一个鸡蛋还是两个鸡蛋；垮掉的那一家问的是要不要。两种不同的问法总能使第一家卖出较多的鸡蛋。鸡蛋卖出得多，盈利就大，就付得起各项费用，生意也就做了下去。鸡蛋卖得少的，盈利少，去掉费用不赚钱，摊子只好收起。成功与失败之间仅一个鸡蛋的区别。
>
> 名满天下的可口可乐中，百分之九十九的是水、糖、碳酸和咖啡因，世界上一切饮料的构成也大概如此。然而在可口可乐中有1%的东西是其他绝对没有的。据说，就是这个神秘的1%，使它每年有4亿多美元的纯利润，而其他品牌的饮料，每年有8000万美元的收入就算满意了。
>
> 在这世界上成与败之间的距离就这么一点点，所谓秘诀也就这一点点，但就这一点点东西是最宝贵的，不是一下就能抓到的，许多人要用多次的失败才换回它，然后走向成功。
>
> 小王：如果知道了某种生意的秘诀，然后从事这个项目就容易成功吗？
>
> 大王：你总爱说“容易”，这不对。各种生意都有自己的小秘密，谁也不会把这小秘密告诉别人，因为有的是不能摆到桌面上的，

另外也怕被别人学走了，他们都把它列入了祖传秘方。那个诊所的朋友，他告诉我，一个诊所要赚钱，原则上：一要便宜，二要有效。但你如果死照这原则做，是赚不了钱的。既然便宜你收费就不能贵，有效的话，病一次就看好了，这样赚的钱除了打点主管部门、房租、员工工资，以及七七八八的社会各种收费所剩无几了……不如趁早关门。你要从事什么行业，你就要先去跟从事这行业的人做朋友或先到他那里做雇员最好，用心就能学到这个祖传秘方。这要比自己乱来合算得多，需要一次次醒悟到家才对！

“大王”爸爸教导“小王”儿子做事情要掌握诀窍，一个诀窍就能赢得一大片成功，但是并非唾手可得。这个道理就像李嘉诚教育自己的儿孙一样，成功的好戏不可能一下到来，一下把好戏演完是不可能的，这就需要一下一下来，关键看你在竞争中能不能成为“仁慈的狮子”！

李嘉诚教子启示

无数个1%，看起来都不起眼，但是离开任何一个1%，都到达不了99%；到达了99%，缺少1%，100%也不会有。做任何事情总是从1%到100%的递增过程。

第8句话　懂得用人是成功的前提

一个老板的本事再大再牛哄哄，手下缺少几个得力的人，形同“光杆司令”，一定会整天把自己累得脚步连地、气喘吁吁，还挣不了几个铜板；相反，一个老板善于找几个能人抱成一团做事情，工作起来就会热火朝天，效益就会不断飘红。两种对比，印证了一句行话：“不会用人的老板是废人，善于用人的老板是能人！”

李嘉诚明白用人就好比厂房和机器的关系，有了新厂房没有机器等于是个空壳子，有了机器即使摆到旧厂房同样可以马达轰鸣。所以他常把这个比喻告诉儿子，让他们知道“懂得用人是成功的前提”。

1. 看人必须“火眼金睛”看得准

※ 李嘉诚贴心话

☆成功的管理者都应是伯乐，摩登伯乐的责任在甄别、延揽“比他更聪明的人才”，但绝对不能挑选名气大但妄自标榜的企业明星。挑选团队，有忠诚心是基本，但更重要的是要谨记：光有忠诚但能力低的人和道德水平低下的人，同样迟早累垮团队、拖垮企业，是最不可靠的人。

☆大部分的人都有部分长处、部分短处，好像大象食量以斗计，蚂蚁一小勺便足够。各尽所能，各得所需，以量才而用为原则；又像一部机器，假如主要的机件需要用五百匹马力去发动，虽然半匹马力与五匹马力相比是小得多，但也能发挥其一部分作用。

※ 教子真经解读

李嘉诚的意思是：一是要用比自己能的人，但不要用自以为很牛的人；要用有忠诚心的人，但不用无道德的人。二是每个人都有优点和缺点，你是那块料就干那件事。大家都出力，事情就好办。李嘉诚曾经对李泽钜等年轻人说的这两段话，就很有启发性，用人不能乱用，更不能带有成见。

※ 教子故事解析

每个企业天天都要用人，这是一件家常便饭的事情，看似没啥好说的，但是用人的学问非常大，大到能够决定一个企业到底是兴旺发达，还是气息奄奄。你还敢说用人随便用用就行了，逮住谁就用谁吗？

我们知道，孙悟空很厉害，有一双“火眼金睛”，一眼瞟过去就能发现站在面前的人是个啥。他正是靠这项本领，拿着根可长可短的金箍棒，一路把不对眼、不合意的“人”打得个原形毕露。同样，我们用人最忌讳三个字——“看不准”，用来用去原来是个“水货”，直后悔当初怎么没有长双孙悟空一样的“火眼金睛”。

李嘉诚在各种场合都特别爱谈怎么样用人，说出来的话语言朴素，像拉家常，道理却很深，可见他对用人的体会有多么深刻，看得有多么重要，其中有很多真知灼见总会让人眼前一亮，被美国多家商学院列为教案。李嘉诚的这一点，不像那些五花八门谈用人的书能说出一百多个条条框框，造出许多中看不中用的道道来。

李嘉诚用人绝对是真正大师级的水平，而采用的方法简单实用，就这18个字：“看对人、挑担子、放心干、宽容心、关怀人、一家人”，精心打造了老、中、青结合的一支人才梯队，遇到问题大家可以坐下来一起商量，工作出了岔子该批评的批评，力戒小心眼，从管理层到员工天天在一起就要有一种归属感，做得好就把“红包”大大方方发出去。

李嘉诚很重感情，对早年和自己一起摸爬滚打、艰辛创业的功臣，他心怀感激，始终觉得一起战斗过的情谊深，老同人什么时候应当都是好朋友。李嘉诚为什么会这样呢？因为他相信自己的眼睛看人准，一起打拼事业不容易，不能打下江山就把他们一脚踹开，反而要一以贯之地对他们抱有感恩心，该给位置给位置，该给待遇给待遇，该让享清福就享清福。这就是说：李嘉诚重情义，不冷酷，守信诺，不计较，始终善待老臣如盛颂声、周千和等，是他用人的第一个哲学。

在长江塑胶厂草创初期，别说他的下属，就是李嘉诚本人，他也须凭自己的双手安装机器、生产制品、设计图纸；靠自己的双腿，走街串巷，采购和推销。此时，他需要的是能像自己一样埋头苦干的创业人才，他睁大了眼睛，发现上海人盛颂声、潮州人周千和，正合己意。

从20世纪50年代初，盛颂声、周千和就开始跟随李嘉诚打拼事业。盛颂声负责生产，周千和主理财务，他们始终兢兢业业，任劳任怨，辅助李嘉诚创业，真可谓长江公司劳苦功高的元勋。李嘉诚说：“长江工业能扩展到今天的规模，是要归功于属下同仁的鼎力支持。”

周千和回忆道："那时，大家的薪酬都不高，才百来港元上下，条件之艰苦，不是现在的青年仔所可想象的。李先生跟我们一样埋头搏命做，大家都没什么话说的。有人会讲，李先生是老板，他是为自己苦做值得，打工的就不抵。话不可这么讲，李先生宁可自己少得利，也要照顾大家的利益，把我们当自家人。"

盛颂声、周千和都是忠心耿耿、埋头苦干，并且能够同甘共苦的人。因此，李嘉诚将他俩倚为左膀右臂。

创业阶段是艰苦的，如果没有荣辱与共、风雨同舟的共识，一般人很容易见异思迁。多年的患难与共，使李嘉诚与盛、周二人不仅建立了一种极其深厚的感情，而且使李嘉诚对他们的人品与能力也极为信赖。1980 年，李嘉诚提拔盛颂声为董事副总经理。1985 年，他又委任周千和为董事副总经理。

有人说："这是很重旧情的李嘉诚，给两位老臣子的精神安慰。"其实不然，李嘉诚在给他们委以重职的同时又委以重任。盛颂声主要负责长实公司的地产业务，周千和主理长实的股票买卖，这两项业务可谓长实集团的重中之重。

1985 年，盛颂声移民加拿大，脱离长江集团；李嘉诚亲自为他举行盛大宴会饯行，使盛氏十分感动。周千和则始终如一地在长实服务，后来他的儿子也加入长实，成为长实的骨干。

李嘉诚深谙用人之道，他宁亏自己，也不亏大家，使企业富有凝聚力。长江有起有落，但不管怎样，鲜有跳槽者，这不能不说是李嘉诚用人的成功。

跟随李嘉诚创业的盛颂声在1980年谈到长江实业成功的原因时说："这主要是靠李嘉诚先生的决策和长江实业同仁上下齐心的苦干。李先生每天总是 8 点多钟到办公室，过了下班时间仍在做事，公司同仁也都如此，这就使长江实业成为一家最有冲劲的公司。李嘉诚先生做决策快速而准确，这么多年来从没有看错过人，没有做过错误的决定。长江实业盈利近 10 亿港元。这么大的生意，公司的工作人员总数不足两百。事业有成后，李嘉诚又尽量宽厚待人，使和他合作过的个人或集团，全赚得盘满钵满。这便奠定了长江实业今后作更大发展的基础。"

扎扎实实、兢兢业业是一家公司兴旺的基础，而与一起拼搏过来、忠实苦干的合作者利益共享，更是李嘉诚一贯的精神准则。李嘉诚很念旧情，对曾有功于长江起家的都以恩相报。他用人先念功，留人先留心，因此才有了后来的人才济济、高人满堂的大好局面。

一起同甘共苦的功臣盛颂声评价李嘉诚“这么多年来从没有看错过人”，这话是完全对的，说明李嘉诚看人准的功夫非同一般，真是“火眼金睛”！

在企业发展的不同阶段，企业主扮演的角色不尽相同，其手下的辅佐人才，在类型上也不相同。李嘉诚用人、留人的方法，概括起来有这样几条：其一是以身作则，先把自己做好，才有说服力；其二是利益共享，有钱大家一起花；其三是以情感人，没有势利眼的样子；其四是知人善任，你行你想干那就干。这几条看起来简单，但真正用起来非有博大的胸怀不可。如果对老下属抱着过去地主使唤长工的心理，不可能招揽到一群同心同德的追随者。

李嘉诚创业之初，为企业取名“长江”，取其“不捐细流”，以成其“有容乃大”的特点。他时刻牢记这一宗旨，并引申到用人方面说：

☆只有博大的胸襟，自己才不会那么骄傲，不会认为自己样样出众，承认其他人的长处，得到他人的帮助，这便是古人所说的“有容乃大”的道理。假如今日没有那么多人替我办事，我就算有三头六臂，也没有办法应付那么多的事情。所以，成就事业最关键的是要有人能够帮助你，乐意跟你工作，这就是我的哲学。

☆我常常这样问自己：你是想当团队的老板，还是团队的领袖？一般来说，做老板简单得多，你的权力主要来自你的地位，这可能是上天的缘分或凭着你的努力和专业的知识。做领袖就比较复杂，你的力量源自人性的魅力和号召力。做一个成功的管理者，态度与能力一样重要。领袖领导众人，促动别人自觉甘心卖力；老板只懂支配众人，让别人感到渺小。

可以看出，李嘉诚在用人上言行一致，贯彻古人“不捐细流，有容乃大”的思想，从不让自己说过的话打水漂，用自我人性魅力和号召力把大家团结在一起，这就不是一般老板能够达到的水平（一般的老板常常逼着别人为自己工作，员工出力气也不是心甘情愿的），而是真正的企业领袖自身表现出来的强大凝聚力，别人愿意跟着一起工作，心甘情愿地发挥能量。这是用人大师最重要的个人人品和对部属的态度，李嘉诚在这方面做得非常好，不愧对“最能善待下属”的雅号，可以点个赞！

前几年，李嘉诚主持汕大商学院经济沙龙，他对年轻人说：

☆一个企业，不止是靠一个人，是靠大家的。单单你一个人，再有能力也没有用。汉朝的时候，项羽是非常勇敢的，打仗也是打得非常好的。但最后都要失败。这就告诉你，你再有魅力的话，单靠自己也成不了事。你要以诚待人，还要有个好的组织，否则，你就是再出名、再能干，也难成事。大企业都有制度，有好的组织，有好的人员，有好的制度，每个人都帮助你的话，你一定能成功。

这就是说，你再牛，单干都不能打出一片天，必须要靠一帮人建立好的团队，才能把事业做大做强。前提是你必须像李嘉诚一样起初看人要靠“火眼金睛”看准人，不能走眼。如果一旦走眼怎么办？吃一堑长一智，下次不再马虎大意了。李泽钜用人也很大度，继承了父亲的作风，他说：“父亲的用人哲学，对我来说是非常适用的。我做得不够的时候，父亲总是提醒我说：‘一个企业，不止是靠一个人，是靠大家的！’”

许多人都认为能够识别人才，能够用好人才，事业离成功就会不远。可在现实中令人满意的人才却难以遇到，为此烦恼不已。常常听一些刚创业不久或者很久的年轻人自我调侃说：“人才难得，所以我没碰上一两个，难得是我啊。”

最近有一种观点认为：在利益为上的商场中，没有一个人值得你信任，你若太信任他，便很容易陷入事业的低谷，甚至会有生不如死的感觉！这绝对不是危言耸听！所以，在工作与生活中，我们必须牢记座右铭：“怀疑一切！”也就是说，别信任何人！商道第一法则：信疑参半；有德者，未必有能；有能者，未必有德；不可过度相信自己的感觉；走出“用人不疑”的误区；不要总是跟着感觉走；怀疑一切，决胜天下。

这些话不是全无道理，但是过于“怀疑一切”，你不觉得太累吗，还搞什么公司呢？不如一人躲到山沟里去静静地待着。管理学中有句名言：“没有诚心，光有心眼子，找你来的都是贼头贼脑的耗子！”但是很多搞企业的人对这句话置若罔闻，就死信自己的那一套！

还有一种观点说：

企业在选人的过程中，管理者要摘掉有色眼镜，要慧眼识人，以发展的眼光来识别和引进人才。选人要与具体工作任务以及工作任务的发展相互结合，合理确定工作任务对人才专长的需求。人才本身是一个动态的概念，人才的成长都存在一个抛物线过程，即才能萌生—才能发展—才能鼎盛—才能衰减—才能薄弱。由此看来，当一个人经过努力脱颖而出，为企业作出贡献后，就应及时发现，及时使用；当他的能力、才干继续提高，对企业的贡献更大时，应该继续提拔重用。但当人才逆向发展、知识老化、能力衰减，已蜕化为非人才时，也应停止使用，这才是符合人才发展规律的用人之道。

这些话说得头头是道，但是主张当人才“油灯耗尽”的时候，就不再用了，这一点与李嘉诚的用人思想根本不同，大家可以自己判断利弊。

李嘉诚教子启示

俗话说：“生意不在人情在”。善待人才包括以前与你一起打拼过来的，任何时候自己的良心就不会内疚。后面跟上来的人也会觉得你是个好人，愿意跟着你鞍前马后，没有“跳槽”的念头。

2. 把“人力战车”轰隆隆开起来

※ 李嘉诚贴心话

☆要成为一位成功的领导者，不单要努力，更要听取别人的意见，要有忍耐力，提出自己意见前，更要考虑别人的意见，最重要的是创出新颖的意念……作为一个领袖，第一，责己以严，待人以宽；第二，要令他人肯为自己办事，并有归属感。机构大必须依靠组织，在二三十人的企业，领袖走在最前端便最成功。当规模扩大至几百人，领袖还是要去参与工作，但不一定是走在前面的第一人。要大，便要靠组织，否则，便迟早会撞板，这样的例子很多，百多年的银行也一朝崩溃。

☆要建立同心协力的团队，第一条法则就是能聆听得到沉默的声音，问自己团队和你相处，有无乐趣可言，你是否开明公允、宽宏大量，能承认每一个人的尊严和创造的能力，有原则和坐标而不是费时失事、矫枉过正的执著者。

※ 教子真经解读

李嘉诚认为团队力量是无穷的，其中领导团队的人至为关键。为什么他会有这种想法呢？李嘉诚用人有个核心思想——“能人管理”，就是你给他安排一件事情，他做得只会比你想象的好，不会比你预计的差。在他看来，能人都有两把刷子，挑起重担稳稳地向前走，把一个个困难踩在脚下。形象地说，对于管理者来说，多几个能人，自己就多几条大胳膊！没有能人一茬茬跟上来，企业就会青黄不接活不下去。李嘉诚看见两个儿子开始成家立业，各有一摊子，对他们说了上面一番大彻大悟的话，目的就是要有自己的“人力战车”！

※ 教子故事解析

知识时代珍贵的是人才，而最珍贵的是人才中的人才，叫“大才”，叫“天才”，叫“超人”。有了一帮能用的人才，什么事都能干起来，而且领头人还不用怎么操心，他们就能把事情处理得干干净净、利利索索。俗话说得好：“土多好打墙，人多力量强”“众人拾柴火焰高”。

李嘉诚意识到：创业之初，忠心苦干的左右手对业主起步发家有很大的推助力，但发家之后，元老重臣们不一定都能跟得上新的形势。更何况，企业想要发展壮大，原来那种单靠埋头苦干型人才的观念渐渐过时，需要补充众多青年才俊作为新鲜血液。

李嘉诚深明“人才相续”的道理，虽然一直看重那些初期的创业伙伴，但并不一味依赖元老重臣。在事业小有成就以后，李嘉诚便决定慢慢起用新人，果断大力提拔青年才俊，最明显的是“三驾新型马车”——干将霍建宁、周年茂加上女将洪小莲，让三人合成的“人力战车”轰隆隆开起来，冲在前，这股阵势威风凛凛。细述如下：

1）霍建宁——一个“浑身充满赚钱细胞的人”

在长实管理层的后起之秀中，最引人注目的要数霍建宁。他擅长理财，负责长江全系的财务策划，是个专业管理人士，但处事较为低调，不常露面，认为自己不是个冲锋陷阵的干将。

霍建宁毕业于香港大学，随后赴美深造，1979年学成回港，被李嘉诚招至旗下，出任长实会计主任。他利用业余时间进修，考取英联邦澳洲的特许会计师资格证。

李嘉诚很赏识霍建宁的才学，1985年委任他为长实董事，两年后又提升他为董事副总经理。此时，霍建宁才35岁，如此年轻就担任香港最大集团的要职，实属罕见。

霍建宁不仅是长实系四家公司的董事，另外，他还是与长实有密切关系的公司如熊谷组（长实地产的重要建筑承包商）、广生行（李嘉诚亲自扶植的商行）、爱美高（长实持有其股份）的董事。

传媒称霍建宁是一个“浑身充满赚钱细胞的人”。长实全系的重大投资安排、股票发行、银行贷款、债券兑换等，都由霍建宁亲自策划或参与决策。这些项目动辄涉及数十亿资金，亏与盈都取决于最终决策。从李嘉诚对他如此器重和信任来看，可知盈多亏少。

霍建宁本人的收入也很可观，他的年薪和董事袍金，再算上非经常性收入如优惠股票等，年收入可能在1000万港元以上。人们常说霍氏的点子“物有所值”，他是香港“食脑族”（靠智慧吃饭）中的大富翁。

霍建宁不仅是长江的智囊，而且还为李嘉诚充当“太傅”的角色，肩负着培育李氏二子李泽钜、李泽楷的职责。

2）周年茂——有大将风范、指挥若定的干将

在长实公司高级管理层的少壮派中，还有一位名叫周年茂的青年才俊。周年茂是长实元老周千和的儿子。周年茂还在学生时代时，李嘉诚就把他当作长实未来的专业人士培养，把他和周千和一道送赴英国专修法律。

周年茂学成回港，很自然地就进了长实集团，李嘉诚指定他为长实公司的代言人。1983年，回港两年的周年茂被选为长实董事，1985年后与其父亲周千和一起升为董事副总经理。当时，周年茂才30岁。

有人说周年茂一帆风顺，飞黄腾达，是得其父的荫庇——李嘉诚是个很念旧的主人，为感谢老臣子的忠心耿耿，故而爱屋及乌。这话虽有一定的道理，但并不尽然。李嘉诚的确念旧，却不能说周年茂的高升是因为李嘉诚对他的关照。最主要的一点是他自身具备了相应实力，有足够的能力担此重任。

据长实的职员说：“讲那样话的人，实在是不了解我们老板，对碌碌无为之人，管他三亲六戚，老细一个都不要。年茂年纪虽轻，可是个有本事的青年呀。”

周年茂升任副总经理，是顶替移居加拿大的盛颂声的缺位，负责长实系的地产发展。周年茂走马上任后，负责具体策划，落实了条果岭丽港城、蓝田汇景花园、鸭洲海怡半岛、天水围的嘉湖花园等大型住宅屋村的发展规划，顺利实施了李嘉诚的迂回包抄计划，从而以自己的能力赢得了李嘉诚的信任。于是，李嘉诚将更大的重任托付给他。

压在周年茂肩上的担子比盛颂声在职的时候还要大，肩负的责任还要多。但他不负众望，努力扎实地工作，得到了公司上下的一致好评。

长实参与政府官地的拍卖，原本由李嘉诚一手包揽，全权掌握，而现在呢？同行和记者经常看到的长实代表，却是周年茂那张文质彬彬的年轻面孔，而李嘉诚那张老面孔则不常见了，只有资金庞大的项目出现时，大家才见得到李大超人的尊容。

周年茂虽然看起来像一位文弱书生，却颇有大将风范，指挥若定，调度有方，临危不乱，该进该弃，都能把握分寸，收放自如，没有浮躁病，这一点正是李嘉诚最放心的。

从重用周年茂上，我们可以看出李嘉诚的确很念旧。不过，他更看重的是能力而不是背景，以重贤任能为原则。假设周年茂扶不起来，那李嘉诚绝不会如此重用于他。他要报答周千和，办法实在多得很，可以送给他一笔钱，让他去干别的事情，任其去发展，断然不会拿自己的事业开玩笑。

3）洪小莲——待人热情，做事泼辣果敢的“女汉子”

洪小莲的年龄不算大，她全面负责楼宇销售时，还不到40岁。在长实上市之初，洪小莲就作为李嘉诚的秘书随其左右，后来出任长实董事。

洪小莲是长实出名的靓女，不仅人长得漂亮，风度好，而且待人热情，做事泼辣果敢。在地产界，在中环各公司，只要提起洪小莲，可谓无人不知，无人不晓，她被业界称为“洪姑娘”。

长江总部虽不到200人，却是个超级商业帝国。每年为长江系工作与服务的人数以万计。资产市值在高峰期达2000多亿港元，业务往来跨越大半个地球。日常的大小事务千头万绪，往往都要到洪小莲这里汇总。

洪小莲的工作作风颇似李嘉诚，勤奋过人，还是个彻底的务实派。就连面试一名信差，会议所需的饮料，境外客户下榻的酒店房间等琐事，她都要亲自过问。

要处理日益庞杂的事务，没有旺盛的精力、智力，没有日理万机的工作效率，是不可想象的。跟洪小莲交往过的记者说：“洪姑娘是个有本事的姑娘，是完全说话算数，能拍板的人。”

20世纪80年代中期，长实的管理层基本上实现了新老交替，各部门负责人大都是30～40岁的少壮派。李嘉诚不拘一格，敢于重用年轻人，使长实富于活力，而让三个年轻人组成自己带来的“三驾新型马车”，更是达到了用人的高水平。长江的地产发展有周年茂，财务策划有霍建宁，楼宇销售方面则有一名女将洪小莲。此前这些工作全由李嘉诚一手包办，每件事都要亲力亲为。而有了这三人以后，李嘉诚则实现了角色换位，由管事型领导变成了管人型领导。

因为上面的原因，20世纪80年代初，李嘉诚每投资一家公司，就要将其控制并做它的主席。从80年代末起，他已没有多少次太大规模的收购计划了，而较偏重于股票投资。他的集团实在太庞大了，他的精力不足以同时管理多家大型公司。他只有通过债券、股票投资，利用富有进取心的商家为他赚钱生利。这样虽不如自己投资自己经营获利大，但却比较省事，当好领袖就行了。

就拿霍建宁来说吧：1993年，霍建宁担任和黄董事总经理，对80年代后期和黄受海外业务亏损拖累而股价偏低，不断改组，随后处理亏损多年的欧洲电信业务，分拆Orange上市，都打了巨大的翻身仗，创出神话。任期内，令多年亏损的赫斯基石油转亏为盈。1999年年末他促成了多宗大交易，将和黄发展成名牌电信商；在过去5年，和黄集团大获好评，霍建宁都立下汗马功劳。香港人都知道，李嘉诚旗下的长和系盛产“打工皇帝”，这不仅仅因为长实、和黄是香港最有实力的公司，更因为李嘉诚对人才的重视。目前，霍建宁以2.7亿港元年收入新登“打工皇帝”宝座，身负多少李氏的重托与信赖自不必言。

李泽楷在接受香港《财经》杂志的采访时说：“人才是最重要的。”他说，“争取人才要有两点：一、人才不希望在一个很大、阶层很多的公司工作，因为如果他们是聪明的，不希望每一件事要批准才能做；二、人才不希望定薪制，如果做得好，贡献多，报酬方面要多于一般人。做得好的人应当有机会比同年龄、同经验的人获得高四倍甚至五倍的报酬。”这与其父的人才观一致，真是活学活用！

汉高祖刘邦曾经这样总结他从一介平民成为大汉开国皇帝的原因：“运筹帷幄之中，决胜千里之外，我不如张子房；筹集钱粮，保证大军的物质供应，我不如萧何；指挥军队，战必胜，攻必取，我不如韩信。这三个人都是人中的英杰，但是我能用他们，这就是我为什么能够夺取天下。”李嘉诚的用人之道，与刘邦有异曲同工之妙，所以他能够开创自己庞大的商业帝国。

李嘉诚敢于起用年富力强的人才，给现在众多公司怎样用人提供了一个好样板。

①不可否认，元老重臣们劳苦功高，且经验十分丰富，但他们必然会拙于开拓，缺乏闯劲，作风易流于保守。一般来说，在创业之初，作为老板，如果只顾自己赚钱，不顾下属利益，就没有人愿意真心实意陪你打天下，如果顾及下属利益，固然能有效集结人心，但也有一些后遗症，那就是：当年的下属一无所有，因此愿意陪你搏命赚钱。当你的事业发展到一定规模时，下属的钱也赚得差不多了，可能不想继续打拼而愿意享受享受。这时强行驱使他们前进，显然是不合时宜的，不如给他们适当的位置和待遇，开始起用那些没有老本可吃、愿意出大力的新人。

②如果企业家要扩大事业，就必须向外招揽新的人才，一方面可以弥补老臣们胸襟见识上的不足，一方面也可以利用专门人才，推动企业进一步发展。因此，一个企业家在不同的发展阶段，需要任用不同的人才而构成合理的人才梯队。李嘉诚十分重视对专业管理人才的任用，将他们视为事业拓展的基石，不拘一格委以大任，而且给予相应的收益，以增强其归属感。

③有一句关于领导艺术的话简单而精辟："指挥千人不如指挥百人，指挥百人不如指挥十人，指挥十人不如指挥一人。""指挥一人"就是抓某一部门的主要负责人。当然，对集团的重大决策，往往还得主帅亲自出马。"指挥一人"是用人的上乘法则，但实施起来也有一定难度。其一是要有充分合用的人才；其二是要对人才的能力、人品充分了解；其三是自己要对管理的各个环节充分了解，能准确判断目前情况是否正常，以便及时调控。要达成这三条，非得长时间下功夫不可。李嘉诚任用俊才，把自己从事无巨细一把抓的初级阶段给释放了出来，得以将主要精力放到了事关全局的重大决策上。

李嘉诚教子启示

识人最怕"有眼无珠"，好端端的人才在身边就是看不着，那一定是鼠目寸光到家了。要干事，必须把身边的能人"挖"出来，请他们把担子挑起来！

3. 用人就要信得过、放开手

※ 李嘉诚贴心话

☆一间小的家庭式公司要一手一脚去做，公司才发展。大了，便要让员工有归属感，令他们感到安心，这是十分重要的。管理之道，简单来说是知人善任，但在原则上一定要令他们有归属感，要他们喜欢你。

☆知人善任，大多数人都会有长处，也有短处，各尽所能，各得所需，以量才而用为原则。

☆你们不要老提我，我算什么超人，是大家同心协力的结果。我身边有300员虎将，其中100人是外国人，200人是年富力强的香港人。

※ 教子真经解读

在李嘉诚看来，企业领导学中所谓“经营无定式，管理无定法”，但是千般万般都离不开用人，落实“敢用人，用对人，会用人，用好人”的12字方针。很显然，善于用人的，个个都是英雄好汉；不善用人的，个个都是窝囊废。李嘉诚是一个富有丰富经验的管理者，对怎样落实12字方针自有体会。他对李泽钜、李泽楷的事业时时挂在心头，嘱咐他们用人之道——“知人善任”“扬长避短”“量力而行”，概括了大胆用人、放手用人的真谛。

※ 教子故事解析

“用人不疑，疑人不用”这句老话，人们说的嘴皮子都起了泡，但是心里却不这么想，用起来就更是另一回事了。可以讲，用人能不能信得过、能不能放开手，永远是讨论不尽、时时新鲜的一个重要话题。

我们知道：战国时期出了个孟尝君，是古代崇尚贤能的样板之一，身边“门客三千”，其中志士能人比比皆是。孟尝君的成功在于他深明大义、尚德尚贤，使不少身怀绝技的名人高士纷纷投其门下，他们感念孟尝君知遇之恩，便倾力相报，终使孟尝君功成名就、心满意足。

李嘉诚自幼就听父亲讲过战国时代孟尝君的故事，他所以成就大事，能得“客卿”相助是最重要的原因之一。李嘉诚在事业逐步发展、打造商业帝国的过程中，用人之法也颇有些孟尝君的风范，他以自己的信誉和重用人才的作风吸引许多“客卿”，甚至不图报酬者也比比皆是，来为他出谋划策，鼎力相助。除李嘉诚的左膀右臂外，300员虎将中便是总部与分公司的负责人，以及在长江系挂职或未挂职的“客卿”。大量“客卿”中，数大牌律师李业广与当红经纪杜辉廉两人的影响最大。这里先说李业广：

李业广是“胡关李罗”律师行合伙人之一，他还持有英联邦的会计师执照，属于“两栖”专业人士，在业界有着很高的声誉。

在业内，人们都说李业广是李嘉诚的“御用律师”。李嘉诚说：“不好这么讲，李业广先生可是行内的顶尖人物，我可没有这个本事独包下他。”

事实上，在当时来说，真是这么一回事。因为当时的李业广身兼香港20多家上市公司董事，而这些公司的市值总和已超过了全港上市公司总额的四分之一。

另外，李业广还是许多商界富豪的高参。其实，李业广并不是那种见钱眼开、谁给的钱多就帮谁的人。虽然一般的大亨很难请得动他，但只要是他敬重的人，没钱他也会鼎力相助。

李嘉诚正是李业广所敬重的人物。因此，长江上市之初，李业广便是首届董事会董事；长江扩张之后，他又是长江全系所有上市公司的董事。仅此一点，足见两李的关系非同寻常。

李嘉诚自然是一位彻底的务实派，他邀李业广进董事局，绝对不是拉虎皮做大旗，虚张声势。在香港这片商业领地上，拉名人做企业董事的人比比皆是。但李嘉诚认为这样做没有多大必要，他本人更是不会那样做的，况且他自己的名气比对方更大。

李嘉诚之所以重用李业广，是因为敬重李业广的博识韬略，信得过他，放手让他去做。长实的不少扩张计划，就是两李“合谋”的杰作。

李业广做事一贯甘处幕后，保持低调。直到1991年，李业广出任香港证券联合交易所董事局主席后，才突然一鸣惊人。因为香港证交所董事局主席的位子可不是人人都能坐的，在他之前任联所主席的个个都是名满商界、首屈一指的风云人物。

香港报章在介绍联交所新任主席李业广的资格履历时，称他是“胡关李罗”律师行合伙人，长实集团多家上市公司董事……长江在李业广及公众心目中的分量，可见一斑。

《明报》记者在一次采访中，问李嘉诚：“您的智囊人物究竟有多少？”

李嘉诚说：“有好多吧！凡是跟我合作过，打过交道的人，都是智囊，数都数不清，比如，你们集团的广告公司就是。”

老话说：“家有梧桐树，引得凤凰来”，如果自己品质不良，没有“梧桐树”，怎么引得“凤凰来栖”呢？李嘉诚在为创业打打拼拼的过程中，每每虚心坦诚，心胸宽广，不但善用身边的人，而且极会利用“外脑”的智慧。他能有后来的辉煌，“客卿”出谋划策的功劳至关重要。

那么，李嘉诚为什么非常重视“外脑”的意见呢？据香港报刊介绍，李嘉诚还给李泽楷私下讲过这么一件事：

> 李嘉诚在发售新界的高级别墅群时，曾委托《明报》旗下的广告公司做代理商，这家广告公司便派人去别墅现场察看。
>
> 广告公司的人见到这些高级别墅已全部落成，确实十分漂亮，颇具欧洲的典雅风格，又不失中式的豪华。然而，美中不足的是四周的道路还没修好，而且恰好这天下大雨，走起路来泥泞不堪。
>
> 李嘉诚这些日子很忙，也没去看过，知道已建成了打算立刻发售。广告商到现场查看过之后，向李嘉诚提议：能不能稍迟些日子，等路修好，装修好几幢示范单位之后再正式出售？这样不但售得快，售价也可标高。
>
> “对对对！”李嘉诚忙不迭地答道，感激之情，溢于言表，“你们比我更聪明，我入行这么多年，本该想到这一点，结果还是忽略了，多谢你们的提醒，我们就照你们说的办。”
>
> 李嘉诚马上按照广告商的建议去办，效果果然不错。后来在修建大坑龙华花园时，李嘉诚接受了这一经验教训，在发售前就修好路，还在四周种植上了美丽的花木，楼卖得更是出奇地好。
>
> 广采博纳，融汇众人的好主意，听一听“外脑们”怎么说，这便是李嘉诚超人智慧的源泉之一。
>
> 李嘉诚自己不仅善于广采博纳，融汇众智，而且也这样要求下属。他说：“决定大事的时候，我就算百分之一百的清楚，我也一样召集一些人，汇合各人的资讯一齐研究。因为始终应该集思广益，排除百密一疏的可能。这样，当我得到他们的意见后，看错的机会就微乎其微。这样，当各人意见都差不多的时候，那就绝少有出错的机会了。我很不喜欢人说些无聊的话。开会之前，我会预先几天通知人准备有关资料。到开会时，他们已经预备了所有的问题，而我自己也已准备妥当。所以在大家对答时，不会浪费时间。”

即使是超人和天才，终究也是人，有力所不及和疏忽大意的事。李嘉诚的睿智就在能够集思广益，通过“智囊团”中的顶尖高手，力求把事情做到圆满；一个人的强大不仅能提高自身的智慧，而且更要像李嘉诚一样凝聚众智形成一个高效的“智囊团”。如果总能抱着一颗坦诚谦虚之心，善纳忠言，广采博纳，凡人也能变得不平凡。

李嘉诚一贯善于拿放大镜看自己，拿望远镜看别人，而不像一般老板习惯拿望远镜看自己，拿放大镜看别人。在李嘉诚看来，“智囊团”里不能缺顶尖高人，要善于借用“外脑”，来拓宽自己的视野、壮大自己的实力。李嘉诚对两个儿子李泽钜、李泽楷说：“懂得用人是成功的前提”，意味着企业有没有活力，关键在于管理者是否识得真正的人才，是否合理地使用人才，是否提拔或埋没过真正的人才，这些都显示出管理者用人水平的高低。明代王夫之说：“能用人才，可以无敌于天下。”日本“经营之王”松下幸之助说过：“将错误的人安排在错误的职位上，就是将一个障碍物放在企业成功的道路上，任何‘智囊团’也都是废品”，管理专家默多克说过：“放错了位置的人才等于垃圾，只要我能管理，没有无用人才，都可作为‘智囊团’的一员”，这些说明人才运用的得当与否，“智囊团”建立的恰当与否，能不能信得过、放开用，都足以决定企业的兴衰成败，切不可等闲视之。

用人学中有一句话：“一头狮子带领一群绵羊去战斗，胜过一只山羊带领一群狮子去战斗。”这话虽然不绝对有道理，但说明领头的确实十分重要——一个团队有没有战斗力取决于领导的艺术、指挥的方略。原联想集团总裁柳传志做过一个形象的比喻：“合适的人是阿拉伯数字中有效数值的1，后面带一个0是10，带两个0是100，三个0是1000，没有合适的人作为1，再多的0也没有用。”有远见卓识的管理者择人任事和决定下属升迁时，都以一个人能做什么为基础，其中的问题不在于如何注意人的短处，而在于如何发挥人的长处。看准了一个人的长处，就让他去好好干，甚至带队伍。管理者真正做到知人善任，就是要认真考察员工、确切了解员工的优缺点，把每个员工都安排到适当的岗位上去，让他们充分发挥特长、施展才干。管理者布置工作时，可以说下一句让他们特别觉得起干劲的话：“相信你，会想办法完成到最好。等着你的好消息！”

最后，讲个应当学会利用所有资源的小故事：

星期六上午，一个小男孩在他的玩具沙箱里玩耍。沙箱里有他的一些玩具小汽车、敞篷货车、塑料水桶和一把亮闪闪的塑料铲子。在松软的沙堆上修筑公路和隧道时，他在沙箱的中部发现一块巨大的岩石。

小家伙开始挖掘岩石周围的沙子，企图把它从泥沙中弄出去。他是个很小的小男孩，而岩石却相当巨大。手脚并用，似乎没有费太大的力气，岩石便被他边推带滚地弄到了沙箱的边缘。不过，这时他才发现，他无法把岩石向上滚动、翻过沙箱边墙。

小男孩下定决心，手推、肩挤、左摇右晃，一次又一次地向岩石发起冲击，可是，每当他刚刚觉得取得了一些进展的时候，岩石便滑脱了，重新掉进沙箱。

小男孩只得哼哼直叫，拼出吃奶的力气猛推猛挤。但是，他得到的唯一回报便是岩石再次滚落回来，砸伤了他的手指。

最后，他伤心地哭了起来。这整个过程，男孩的父亲从起居室的窗户里看得一清二楚。当泪珠滚过孩子的脸庞时，父亲来到了跟前。

父亲的话温和而坚定："儿子，你为什么不用上所有的力量呢？"

垂头丧气的小男孩抽泣道："但是我已经用尽全力了，爸爸，我已经尽力了！我用尽了我所有的力量！"

"不对，儿子"，父亲纠正说，"你并没有用尽你所有的力量，你没有请求我的帮助，或者大胆地去请路人帮忙啊。"

父亲弯下腰，也没有抱起岩石，于是叫了一个刚好路过的人，两人一起将岩石搬出了沙箱。

这个故事在管理学、用人学上非常经典，说明：每个人互有短长，你解决不了的问题，对你的周围人而言或许轻而易举。记住，他们也是你的资源和力量，如果认准了，就要信得过、放开用。希望年轻人从这个故事中悟到用人的窍门，想一想自己能不能像李嘉诚一样身边多些"客卿"呢？

李嘉诚教子启示

天下没有做不好的事，只有不会做的人！其中，不会用人，显出小家子气是一大要命的问题。

4. 把“洋大班”用轿子抬过来

※ 李嘉诚贴心话

☆人才缺乏，要建国图强，亦徒成虚愿。反之，资源匮乏的国家，若人才鼎盛，善于开源节流，则自可克服各种困难，而使国势蒸蒸日上。从历史上看，资源贫乏之国不一定衰弱，可为明证。

☆忠诚犹如大厦的支柱，尤其是高级行政人员。在我心目中，不理你是什么样的肤色，不理你是什么样的国籍，只要你对公司有贡献，忠诚、肯做事、有归属感，即有长期的打算，我就会帮他慢慢地经过一个时期而成为核心分子，这是我公司一向的政策。

☆领导全心协力投入热诚，是企业最大的鼓动力。与员工互动沟通，对同事尊重，才可建立团队精神。人才难求，对具备创意、胆识及谨慎态度的同事，应给予良好的报酬和显示明确的前途。

☆一个真正优质的企业，只有组织正确，有一套健全的制度和科学的管理，才能生存并继续向前发展。

※ 教子真经解读

李嘉诚带有战略眼光，也竭力让李泽钜、李泽楷等年轻人了解用人的重要性，意思是：一心想把企业打造成优质的企业，离开高端人才是难于上青天的。这就需要管理者能够最大限度地把视野打开，迈出疆域，找到一些真正的带有忠诚心、肯做事的外国高端人才来助阵，把企业的“造血功能”强化起来。否则，一个企业在日趋竞争激烈的国际环境中想要“图强”，简直是“天方夜谭”，自己做做美梦好了！他希望两个儿子要把用人眼光放开，不要局限于几个身边人，要能把国际上有本事的人纳入到自己的集团之中，建立真正的团队精神和科学管理制度。

※ 教子故事解析

俗话说：“外来的和尚会念经”！现代企业越来越大型化、综合化，光有自己熟悉的本土人还不够，还需要放眼全球，把那些牛人请过来，以助一臂之力。李嘉诚早就看到了这一点的重要性，他为了让企业及时与国际接轨，便大刀阔斧地开始重用洋人，委以重任，挑起大梁。一句话，李嘉诚要求部属赶紧把“洋大班”中的精英用轿子抬过来，给自己的公司洗洗大脑、添添智慧、提提效益，还能有一招“撒手锏”——“以夷制夷”。

你们说：李嘉诚智慧不智慧？

李嘉诚为了企业的“图强梦”，在高级管理人员中聘用了不少外国人。例如，他在收购来的英资公司里，不但保留洋人，还继续招聘英国人，实行“以夷制夷”的策略。

在今天，香港华人见了洋人自然不会有见到“洋大人”的感觉。华人公司雇用外国人力，已经很平常，也理所当然。但在20世纪80年代初则并不是这样，由于华人受洋人的长期欺压，常处于一种心理劣势，及至华人在经济上开始崛起之后，在心理上仍存有抹不去的“二等英联邦臣民”的潜意识。

那时候，要是有哪个华人老板能够雇用趾高气扬的洋人做下属，实在是一件很值得荣耀的事，而且也有点让华人扬眉吐气的味道。但李嘉诚雇用洋人副手，只是唯才是举，量才而用，不但没有炫耀之意，反而十分倚重他们。

李嘉诚重用洋人，与他大力开拓海外业务分不开。他曾对记者说：“我并没有想过用雇用外国人，来表现华人经济实力和华人社会地位的提高。我只是想，集团的利益和工作确确实实需要他们。”

下面，看一看李嘉诚是怎样把“洋大班”用轿子抬过来的：

1）多让几个外来的“和尚”念念经

20世纪70年代初，长江工业的工厂分布在北角、柴湾、元朗等处，员工2000余人，管理人员约有200名。在这些管理人员中，就有不少洋人，而欧文·莱斯纳（Erwin Reisner）和潘·里昂（Pan Lyons）更是李嘉诚的得力助手。

李嘉诚为了彻底从塑胶业脱身，全身心投入地产业，便聘请了美国人欧文·莱斯纳（Erwin Reisner）任总经理，主管日常事务，而李嘉诚只参加重大事项的决策。其后，长江公司又聘请美国人潘·里昂（Pan Lyons）为副总经理。

这两位美国人都是掌握最现代化塑胶生产技术的专家，李嘉诚看中了他们的能力，便大胆地赋予他们实权，而付给他们的薪金也远高于他们的华人前任。

到80年代中期，李嘉诚已控有几家老牌英资企业，这些企业中都有不少外籍员工，李嘉诚为了这些企业能够继续平稳发展，并没有解雇原有职员，也没有安插新领导，继续利用这些企业原有的管理班子。

李嘉诚认为，用洋人管洋人，不仅有利于熟悉业务，更有利于相互间的沟通，提高管理效率。而且收购英资公司后，如果进行排外，势必会使公司出现混乱，陷于停滞或瘫痪。如此一来，经济上势必遭受惨重损失。相反，保持稳定，以夷制夷，则可起到稳定军心、控制局势的作用，能继续保证公司的正常运转。

当然，李嘉诚之所以这样做，还有他更重要的理由，那就是他从长远考虑，长江集团未来必将走向世界，走上跨国化的发展道路。而这些名牌英资企业，与欧美市场都有着广泛而密切的联系。日后，若用这些洋人打头阵，凭他们在血统、语言、文化等方面的天然优势，在开拓国际市场时，自然会取得事半功倍之效。

出于这种考虑，李嘉诚不但留用原来的外籍员工，还专门聘请了不少外籍高层管理人员。长实董事局副主席乔治·麦理思（George Magnus）是英国人，毕业于著名的剑桥大学经济系。麦理思曾任新加坡虎豹公司总裁，其间因业务关系与李嘉诚相识。

1979 年，麦理思正式加盟长实。此后，长实与香港洋行和境外财团打交道，多由麦理思出面。李嘉诚非常器重他，这不仅因为他具有英国血统、名校文凭，更因为他是个优秀的经济管理专家。

李嘉诚入主和黄洋行后，麦理思卸职，李嘉诚提升约翰·李察信（John Richardson）为行政总裁，自己任董事局主席。

到 1983 年，李察信与李嘉诚在投资方向上意见难以统一，选择离职。李嘉诚又雇用另一位英国人，这就是当初名不见经传，后来声名显赫的西蒙·马世民（Simon Murray）。

2）马世民——第一个有权有势、炙手可热的洋大班

在李嘉诚所用的洋人中，马世民是一个杰出的人物。他是英国人，原名西蒙·默里，1940 年生于英国里斯特，1966 年来到香港，进入当时最负盛名的怡和洋行工作，一干就是十四年。他形容自己就像个推销员，墙纸、果仁、钢材、机器、电器等，什么都卖过。事实上，他确实在多种领域经受过许多锻炼，在怡和洋行很受器重，曾任怡和多家公司执行董事。70 年代后期，他还被派往伦敦大学和美国斯坦福大学，专修经济管理。

1979 年的一天，马世民代表怡和贸易来长实推销冷气机，希望长实在未来的大厦建筑中，能采用怡和经销的冷气系统。他来到长实总部，极力要求亲自面见李嘉诚。

平日，身为集团老板的李嘉诚不会过问这类小事，只需把它交给手下人员去干就行了。但这一次，在对方的强烈要求下，他还是同意会见一下这位倔强的“鬼佬”（港人对外国人的俗称）。结果，这次会面给他俩都留下了非常深刻的印象，并有相见恨晚之感。

在交谈中，马世民说：“我属龙，用你们中国人的话说，是龙的儿子。”李嘉诚也是属龙的，不过他比马世民整整大了十二岁。他们交谈的话题很广，马世民显示出了十分广博的学识。李嘉诚对这位新认识的“龙老弟”颇有好感。

1980年，40岁的马世民告别打工生涯，自立门户，创立了一家工程顾问公司，业务主要是承接新加坡的地铁工程。

1983年，李嘉诚与和黄行政总裁李察信，在“立足香港”问题上产生了严重分歧。李察信执意要离去，李嘉诚于是拉马世民加盟。

1984年，李嘉诚经由和黄收购了马世民的公司，随后便委任他为和黄第二把手——董事行政总裁。

马世民一上任，就开始为和黄赚大钱，并辅佐李嘉诚成功收购了港灯集团。这就是当时最著名的华资进军英资四大战役（李嘉诚收购和黄、港灯，包玉刚收购九龙仓、会德丰）中的一役。此战胜利，使李嘉诚更加倚重马世民。

李嘉诚确实没有看错人，马世民在长实系，业务能力强，人品有口碑，除了老板李嘉诚以外，他当属翘楚，大家都对他赞不绝口。

马世民的日程表上，从早到晚，排满大大小小的各种会议，一般人可能根本吃不消，他却能应付自如。下班后，员工都走完了，他仍留在办公室处理文件，该审批的做出批示，该签名的签上大名，每日直到很晚才回家。

马世民从不吝惜笑容，性格明朗，真诚坦率，待人和善，且从不隐瞒自己的观点。他是个特大集团的总裁，却不像有些洋大班那样盛气凌人。不论和黄的老员工，或新到的，哪怕是清洁工，都能与他合得来，毫无拘束，就像处在一个大家庭中轻松自在。

他善于听取下属的意见，从不强迫下属去做未达成共识的事。他极少发脾气，他如觉得批评人的口气重了些，过后必向当事人道歉。据一位“挨训”的员工讲，老板道歉的方式很独特，不是一般的口头说说而已，而是买一只花篮送予他。正因为马世民非常富有人格魅力，因此长实上上下下都非常爱戴他。

李嘉诚极其看重马世民难得的管理才能。1984年，在李嘉诚的安排下，马世民很快坐上了和黄集团第二把交椅，任董事行政总裁，不久，又先后出任港灯、嘉宏等公司的董事局主席。马世民在长实系权高位重，是除老板李嘉诚外，第一个有权有势、炙手可热的人物。

在和黄、港灯两大老牌英资集团旗下，留任的各分公司董事长、行政总裁有数十人之多，他们大部分都是英国人。马世民曾把李嘉诚的左右手称为“内阁”。评论家说：“这个内阁，既结合了老、中、青的优点，又兼具中西方的色彩，是一个行之有效的合作模式。”

李嘉诚“以夷制夷”的策略，事实证明大获成功。不过，到1993年9月，马世民辞去和黄行政总裁职务时，由霍建宁接替，马世民便成为和黄最后一位洋大班了。这就是说，从霍建宁开始，李嘉诚以后不太起用洋大班了。李嘉诚后来表示，和黄以后要多用本地人，并通晓普通话。因为他此时的投资大计已放眼于内地。

“做人需有骨气”，这是李嘉诚父亲留下的一条遗嘱。李嘉诚能够打破用人的国际界限，这在当时是难能可贵的，但更难能可贵的是他在任用洋人的过程中心理健康，目的明确。如果重用洋人只是为了炫耀自己“过去是奴隶，今天做主人”，那说明用人者还没有脱离“二等公民”的心态，这样做对事业没有任何好处。只有像李嘉诚那样，一切从事业发展需要出发，才是对路的选择。由此可见，李嘉诚并不偏向用什么人，而从实际需要出发，用最适合自己事业发展的人才——你行你就来！

年轻人创业不管在什么样的阶段，也需要好帮手，好帮手能把事情盘活，带来可观的效益。在这方面，可以读一读台湾蒋友柏写的《悬崖边的贵族》，记述自己刚开始成立工作间，聘用几名外国人才的例子，中间经历了不少坎坷，有过良好的合作关系而互相信任，也有过不同意见的争吵而脸色铁青，但是对他的公司国际化的品质提升却起了很大的帮助，一下子起点就很高。

父母应当让孩子明白：不管你的出身如何高贵，但是想独立做事情，必须要有尖端思想，要会用高端人才，至少掌握怎样用对人的方法，否则，大半都是白扯！

李嘉诚教子启示

善于靠最牛气的人给自己洗洗脑，不僵化，要敏锐，才能把事业做得超前一步，而这正是做事情、做企业的命根子所在！

5. 去家族制："唯亲是用"的观念老掉牙

※ 李嘉诚贴心话

☆我看过很多古圣先贤的书，儒家一部分思想可以用，但不是全部。我认为要像西方那样，有制度比较进取，用两种方式来做，而不是全盘西化或是全盘儒家。儒家有它的好处，也有它的短处，儒家在进取方面是很不够的。

☆在我两个儿子加入公司前，我的公司内并没有聘用亲属。我老是在说一句话，亲人并不一定就是亲信。一个人你要跟他相处，日子久了，你觉得他的思路跟你一样是正面的，那你就应该可以信任他；你交给他的每一项重要工作，他都会做，这个人就可以做你的亲信。

※ 教子真经解读

在对儒家思想的运用上，李嘉诚吸收了宽厚为怀的仁爱思想，并与西方的民主自由思想整合一起。他因此提出了自己特有的"亲信观"，即把能不能做好事情摆在第一位，而不把不易扯断的亲戚关系摆在头位。这说明他的思维非常清晰，知道利害关系有多大，什么是大头，什么是小头。因此，我们不难看出他在创业过程中，为什么广纳贤能、支持"家族式管理"的原因。

※ 教子故事解析

"家族企业"历来是人们讨论的热点问题之一，许多这样的企业传承有序，也有许多这样的企业中途崩盘。

当家族企业发展到相当规模，要延续和创造辉煌，必须解决管理体制，特别是人事管理体制问题。家族企业管理的问题不同于事务性问题，事务性问题不会影响大局，同时也容易解决；而家族企业体制上的问题，则往往带有全局性质，如果不及时解决，会直接影响家族企业的前途和命运。

在这个问题上，李嘉诚深谋远虑，费了很多脑筋和心血，想尽一切办法提前处理好，以免留下后遗症。总体看，他想融汇中西文化的人事管理体制，但更偏重西方的先进管理制度、用人制度，所以在他看来，“唯亲是用”是老掉牙的“家族制”，他的这种思维是一种站在高处看大局的“直升机思维”。

1）中西融合的经营方式和理念

李嘉诚摒弃了家族式管理，而钟情于东方民族的企业家族氛围：一是西方经济学家探索日本经济起飞奥秘时发现，日本企业的家族氛围浓郁，其商业文化带有厚重的儒家文化特色。这可能正是日本经济创造奇迹的重要原因。李嘉诚觉得中日同属东方文化体系，日本企业的经验也值得借鉴。二是李嘉诚少年时接受的教育，是以儒教为核心的传统文化为主，在他的公司内部，自然带有儒家思想色彩。加上他善于吸收新事物，不人云亦云，对事情都有自己独到的见解。例如，他发现日本的一些企业，在新员工报到的第一天，通常要作“埋骨公司”之类的宣誓。李嘉诚从不苛求员工做出终身效力的保证，你走我留你，你坚决要走我就送宾客。他是通过一些对员工有益的事，让员工觉得公司值得效力终身，这就是他一直强调的“归属感”。所以，在长实的发展过程中并非没有跳槽的，但公司行政人员十分稳定，流失率极低。

李嘉诚用人哲学，汇集中西方文化精粹，既有重情义、讲仁德的一面，又有拼强手、抢先机的另一面，这种中西融合的经营方式和理念，在很多企业家中并不多见，或不能执行到位。

2）“唯亲是用，必损事业”

李嘉诚曾多次声称，他素来不主张古老的家族性统治，更看重西方公众公司的一套科学管理和用人，即公司首脑由董事股东选举产生，而非父传子承，这样方可保持活力。他说，如果他的儿子不行，不会考虑让他们接班。只要事业能发展，他不会在乎是家庭内还是家族外的人执掌大权。

按照中国传统观念，子承父业乃天经地义。李嘉诚的观念分明已经摆脱了家族血脉关系，充分显示出他冷静、理智的一面。确实，商场最容易克制不住的就是感情用事，他将家族事业开拓出来、让能人发扬光大，这才是最重要的。相比之下，谁来主管并不重要。这是他一直坚持的用人思想。

李嘉诚常说：“唯亲是用，必损事业。”“唯亲是用”是家族式管理的习惯做法，无疑表示，对外人不信任。这样一来，必定会严重挫伤外人的积极性，不利于事业的发展。

20 世纪 80 年代内地开放后，不少潮州老家的侄辈亲友，想来李嘉诚的公司做事，都遭到他委婉拒绝。在长实系有他的亲戚和老乡，但他们都没因这层关系而获得任何照顾，都靠自己一步步打拼。

不能不承认，在人才使用和管理上，李嘉诚确有高人一筹的眼光和胸襟。狭隘的家族式管理会将许多优秀人才拒之门外，这样的管理也许凭创业者的杰出才华可以显赫一世，但很难维持两三代的辉煌，更难像一些具有先进管理制度的企业百年兴盛。

香港作家何文翔曾这样评论李嘉诚的用人学问说："任人唯贤，知人善任，既严格要求，又宽厚待人。李嘉诚成功的关键，是他融汇了中西文化的精华，采用西方先进的管理方式。"

李嘉诚中西合璧，各采其长，因而形成了自己的独特风格。比如一个项目，李嘉诚都会周密调查，仔细研究这些西方管理、用人的方式；如果一旦确定下来，打一个电话或握一握手，就完成并实施了决策，这是李嘉诚的风格。

经过多年的探索，李嘉诚的现行管理体制中，既有老、中、青相结合的优点，又兼备中西方的色彩。他虽然并未完全根除家族色彩，但不像有的企业家那么刻意和明显，可以说是一种行之有效的合作模式。

还有一点，长实是一家股权结构复杂、业务范围广泛的庞大集团公司，李嘉诚可以说是这一商业帝国的领袖，但在集团内部，却丝毫看不到家长制的样子，它完全按照现代企业的管理、用人模式运行。

3）最终敲定拖延十几年的接班人选

李嘉诚 1998 年宣布淡出长实集团，将集团管理权逐步交至李泽钜手中后，李泽钜也仍然低调而保守，处处维护父亲尊严，自己在后面默默耕耘。他在面对媒体采访时，多次强调最忌讳"接班"一词："父亲正年富力强，精力智力旺盛，他不会这么快退休。他让我们兄弟负一些责任，仅仅是分担父亲的部分担子，使他更能集中精力处理大事，同时，这也是对我们兄弟的锻炼，现在谈接班问题，为时过早。"

2012 年 5 月 25 日，84 岁的李嘉诚首度将隐秘的分家方案公之于众：庞大家族企业的权杖将移交给已经 48 岁、在长江集团干了 27 年的长子李泽钜；留给次子李泽楷的则是"超过其现在身家数倍的资金支持"；而他的“第三个儿子”——李嘉诚基金会，则交由两个儿子共同打理。李嘉诚已经作出接班安排，李泽钜将分得6300亿港元资产，李泽楷分得1287亿港元资产。他稳稳地说：

> 长子李泽钜将获得“长和系”超过40%的股权以及加拿大上市公司赫斯基能源35%的股权，接管家族企业。次子李泽楷将不占有任何“长和系”股权，但可得到巨额资金支持，“相当于他现在资产的好几倍，让他收购喜欢的项目，且不会和家族业务产生冲突”。

近年来，李泽楷的“小超人”神话还在筑造，前途不明，但是也有自己的实业如电动盈科在继续发展；而李泽钜则以他踏实稳健的作风数年间将家族资产放大数倍，并使长实集团进入能源、通信、网络等新经济领域，充分证明了自己的才华与实力。李嘉诚选择于2012年辞职，顺水推舟让李泽钜进入汇丰董事局，接替了自己的位置。李嘉诚择机将资历本来不够的李泽钜安排进来，在这一关键性职位上，又完成了一次继承。而其他那些暗示着与香港政界关系的职位，其继承也就顺理成章。面对记者的提问，年届80岁的李嘉诚笑了笑说:“这是我对自己的责任心，希望将来交棒之时，公司可以上一个新的台阶。不过，现在我完全没有想过要退休哦，我天天打高尔夫球，都以全速的态度工作，当我感到有点疲倦会休息一下，但是不会停止工作。”

不管长实系的未来发展会出现什么样的局面，也不管李氏父子未来将有何作为，李氏王朝的兴起与发展已经告诉了人们许多可以借鉴的用人之道——把人品、能力摆在第一位，摒弃唯以亲属关系为准的做法。

4）“家族式管理”到底可学不可学

不只是李嘉诚，任何大企业家都有自己独特的管理风格。这种风格的形成一方面靠学习别人的长处，另一方面靠自己在实践中摸索，根据企业自身特点进行整合，因此既不能轻视管理，也不能图省事，照搬别人的经验，非得花费心血自己研究不可。

就家族企业而言，如何管理、用人确实是个大问题，很多人可能并不认可李嘉诚的做法，这就叫“自家种萝卜自个明白！”记得成都一位生产摩托车的家族企业掌门人就说：“用自家人有什么不好，放心啊！”

统计资料显示，当今世界60%~70%的企业可以划为家族企业，但

45% 的家族企业生命周期只能存续一代，35% 的家族企业可以延续第二代，只有 20% 的家族企业可能延续到第三代。中国自古也有“富不过三代”的说法，表明家族企业历来想要传承有序、维持久远，但是又解决不了这个难题。

每逢节假日数以亿计的中国人，都会想方设法从四面八方赶回家过年，这样的情形令世界对中国人的家族观念感叹不已。常言道：“家和万事兴”，对于家族企业发展而言，营造一个和谐健康的家族企业文化氛围，显得尤为重要。

俗话说：“打仗亲兄弟，上阵父子兵”。家族企业建立在血缘，亲缘关系上，企业就是家，企业的利益就是家族成员的利益，企业的资产就是家族的生命。对于家族企业而言，优势比较突出，一是凝聚力极强：企业的任何损失都能牵动每一位家族成员的神经，具有“一荣共荣，一损俱损”的心理，概括成一句话那就是：“自己的钱自己爱惜”。二是沟通方便，执行力强：家长的权威，使企业决策效率高。家族企业内部信息的流动异常通畅，决策、命令从下达到执行迅速有力。管理成本相对普通企业较低，工作的高效率成为家族企业的核心竞争优势。三是所有权和经营权结合密切：家族企业产权结构体现为典型的个人控股和家族控股。企业所有权，管理决策权以及人事财产权等理所当然地掌握在主要投资者和创办者手中，企业的主要职位由家族成员担任，实行集权化领导。

“李锦记”成立于 1888 年，已有 120 多年的历史，是国际上著名调味品品牌，目前企业经营的核心是第四代，但已经在培养第五、六、七代接班人，李氏家族从创业到目前也经历了多次家族财富分配、接班人培养风波，但因为有一个刚性的发展规划和管理规则，所以没有像有些家族那样出现重大变故。

“李锦记”家族第四代掌门人李惠森说，“许多家族关注公司的延续，我们则更多关注如何让家族延续，每年都秉承同一个理念，让家族在代代传承中不断壮大。”“李锦记”的核心价值观是“思利及人”。具体来说，所有家族成员都要认同两点：“我们”大于“我”；家族大于家庭。因此，思利及人，要求做事的时候，要换位思考；多考虑对方感受；站在高处看大局。

我们举这个例子，目的是让富有实力的企业家能够把李嘉诚用人方法与自己的实际情况对比分析，看一看是不是能像李嘉诚一样在部门用人上可以不用或少用亲戚，而在退休前后可以把最高执掌权交给可担重任的“富二代”？这是不是更符合中国式家族企业的特点呢？

李嘉诚教子启示

如果总是把沾亲带故的人看得比其他员工高一等，这样的企业一定是作坊式的，没有多大前途。

6. 掏心窝子法：你对我好，我就对你好

※ 李嘉诚贴心话

☆人才取之不尽，用之不竭。你对人好，人家对你好是自然的，世界上任何人都可以成为你的核心人物。

☆不为五斗米折腰的人，在哪里都有。你千万别伤害别人的尊严，尊严是非常脆弱的，经不起任何的伤害。

☆可以毫不夸张地说，一个大企业就像一个大家庭，每一个员工都是家庭的一分子。就凭他们对整个家庭的巨大贡献，他们也实在应该取其所得，只有反过来说，是员工养活了整个公司，公司应该多谢他们才对。

☆在我的企业内，人员的流失及跳槽率很低，并且从没出现过罢工潮。最主要的是员工有归属感，万众一心。

☆虽然老板受到的压力较大，但是做老板所赚的钱，已经多过员工很多，所以我事事总不忘提醒自己，要多为员工考虑，让他们得到应得的利益。

※ 教子真经解读

李嘉诚不止一次地回首往事，深有体会地对两个儿子李泽钜、李泽楷说了上面几段话，可见他体贴人心之处已经表露无遗，即希望管理者对下属多些关心、爱心、同情心，对他们好一点，不要轻易伤害他们的自尊心，像大家庭成员一样。他的这些话没有一句装腔作势，都是掏心窝子的，就是希望李泽钜、李泽楷对员工力戒苛刻，不把员工看作外人。

※ 教子故事解析

在这个世界上，人与人相处最基本的回报法则是，你对我好，我就对

你好；你对我不好，我对你好的可能性不大。其实，大家相处都掏心窝子，关系就不那么复杂了，不会让人觉得难受，反而觉得都很亲切，谁也不容易离开谁。

李嘉诚小时候打过苦工，深知老板与员工之间的冷暖关系，而他在创业有成后始终想做好一件事——想办法温暖员工的心。他拿出的办法就是掏心窝子，你对我好，我就对你好；你对我再好，我对你就更好！他在发展业务规模化的过程中，把这些落实到用人之道上，每每处理得周密细致，让大家心服口服。

1）尽量给手下人以丰厚的回报

做大事业需要争取尽可能多的人合作，按现代经营理念，利益一致才有真诚的合作，因此，必须把利益问题放在重要位置，包括下属的利益与外来合作伙伴的利益。李嘉诚在这个方面做得极好。

李嘉诚不但重用下属，而且很顾及他们的利益，当事业有发展的时候，会及时让下属分享利益。例如，马世民离职前，在和黄的年薪及花红共计1000万港元，这个数字相当于港督彭定康年薪的4倍多。至于马世民的其他非经常性收入，则很难计算。

李嘉诚为了增强下属对集团的归属感，往往会给他们以低价购入长实系股票的机会。就在马世民离职的9月中，他就用每股8.19港元的价格购入160多万股长实股票，当日就以23.84港元的市价出手，转手间就净赚2500多万港元。

天下商人熙熙攘攘，皆为利来。李嘉诚懂得体恤下属，让下属分享利益，从而使集团形成了更强的凝聚力。在与“客卿”的合作中，李嘉诚也很善于为他人谋利，做得仁至义尽。

杜辉廉也是曾为李嘉诚的事业鼎力相助的一个“客卿”。杜辉廉是一位英国人，出身伦敦证券经纪行，是一位证券专家。20世纪70年代，英国唯高达证券公司来港发展，委任他为驻港代表。在业务往来中他便与李嘉诚结下了不解之缘。

1984年，唯高达被万国宝通银行购并，杜辉廉随之参与万国宝通国际的证券业务。杜辉廉是长江多次股市收购战的高参，并实际操办了长实及李嘉诚家族的股票买卖，因而被业界称为“李嘉诚的股票经纪”。

但杜辉廉并不是李嘉诚属下公司的董事，他多次谢绝李嘉诚邀请他担任长实董事的好意，但不拒绝参与长实系股权结构、股市集资、股票投资的决策，这令重情重义的李嘉诚一直觉得欠他一份重情，总想着寻机报答于他。

机会终于来了，1988 年年底，杜辉廉与他的好友梁伯韬共创百富勤融资公司，李嘉诚当即决定帮助百富勤公司，以报杜辉廉相助之恩。杜、梁二人各占百富勤公司 35% 的股份，其余股份由李嘉诚邀请包括他在内的 18 路商界巨头参股。

这些商界巨头也得到过杜辉廉的帮助，所以接到李嘉诚的邀请后便欣然允诺。他们都和李嘉诚一样不入局，不参政，目的仅在于助其实力，壮其声威。

在 18 路商界巨头的大力协助下，百富勤发展势头迅猛，先后收购了广生行与泰盛，也分拆出另一家公司百富勤证券，杜辉廉任这两家公司主席。到 1992 年，该集团年盈利已达 6.68 亿港元。

当百富勤集团成为商界小巨人后，李嘉诚等巨商主动摊薄自己所持的股份，其目的是再明显不过了，那就是好让杜、梁两人的持股量达到绝对安全线。李嘉诚对百富勤的投资，完全出于非营利目的，他之所以这样做，完全是为了报杜辉廉之恩。

尽管李嘉诚并不想从百富勤赚得一分一厘，但他持有的 5.1% 的百富勤股份，仍为他带来了大笔红利。这是因为百富勤发展迅速，是市场备受宠爱的热门股，他不想赚钱，也得赚钱了。

90 年代，李嘉诚与中资公司的多次合作（借壳上市、售股集资），基本上都是请百富勤担当财务顾问。身兼两家上市公司主席的杜辉廉，仍忠诚不渝地充当李嘉诚的智囊。因为有证券专家杜辉廉的鼎力相助，李嘉诚在股市上更是如虎添翼，挥洒自如，甚至对股市形成了强大的左右力。

李嘉诚最辉煌的战绩在股市，最能显示其超人智慧的场所也是在股市，而被称为“李嘉诚的股票经纪”的杜辉廉，在其中起了不容低估的作用。李嘉诚给以丰厚的回报，又使杜辉廉更加专心一致地回报李嘉诚，充当李嘉诚的“客卿”。

从某种意义上来说，李嘉诚得到“客卿”大力相助，也是他愿意掏心窝子的结果和回报。一般的商家只能算精明，目光短浅，只贪图眼前利益，做生意时只想着自己独吞。结果呢，往往是一时赚得小利，而失去长远利益，可谓“捡了芝麻丢了西瓜”。只有李嘉诚等这样的商界翘楚才具备大大方方的用人智慧。

2）把员工的活力激发出来

美国著名成功学家戴尔·卡耐基在《懂得关爱人》一书中，写道：“一个能够从细微处体谅和善待他人的人，一定是一个与人为善的人，必定有很好的人缘关系，这种人缘关系就是他成功的基石。”

用人最主要的是能把员工的心抓住，始终让他们觉得心里暖洋洋的、甜甜的，干着有盼头，有回报。最高的用人之道就是这么点事，但是难啊，一是管理者心里有纠结，对员工抠抠搜搜，一点都不大方，二是总想把员工当无声的机器使，好像你到我这儿来，就是该为我打工的命。

听一听李嘉诚是怎么说的？他有句著名的话：“员工都是‘金元宝’”，这是对员工很高的评价。他把员工利益看得很重要，不把他们当外人而是当家人。在这种氛围中工作的员工能没有激情吗？用人关键一条是让被用的人愿意出大力，能把全身智慧和气力拿出来，为企业出谋划策、增砖添瓦，企业的各个角落都是热火朝天的样子，人人都在力争上游，这样的企业能“轰然”一声倒地下吗？仅举一个例子：

前面提到在长江塑胶厂濒临倒闭的那些日子里，工厂笼罩在愁云惨雾之中。李嘉诚召集员工开会，他坦诚地承认自己经营错误，不仅拖垮了工厂，损害了工厂的信誉，还连累了员工。他向这些天被他无端训斥的员工赔礼道歉，并表示经营一有转机，辞退的员工都可回来上班，如果找到更好的去处，也不勉强。从今后，保证与员工同舟共济，绝不损及员工的利益而保全自己。希望留下的员工共渡难关、谋求发展。

这样，员工们的不安情绪基本稳定，士气不再那么低落，慢慢地开始激昂起来，干劲冲天。大家严格把好产品关，李嘉诚陆续获得新订单，筹到购买原料、添置新机器的资金，慢慢地收到货款，分头偿还了一部分银行债务，长江塑胶厂产销渐入佳境。被裁减的员工又回来上班，李嘉诚还补发了他们离厂阶段的工薪。

一天，李嘉诚召集员工聚会，他首先向员工鞠了三躬，感谢大家的精诚合作。然后，用难以抑制的喜悦之情宣布：“我们厂已基本还清各家的债款，昨天得到银行的通知，同意为我们提供贷款。这表明，长江塑胶厂已走出危机，将进入柳暗花明的佳境！”

话音刚落，员工顿时沸腾起来。散会前，每个员工都得到一个红包，由李嘉诚亲自分发，让大家继续带着劲头做起来。

李嘉诚不管平时再忙，都要亲自奖励员工的习惯，就这么一直保持下来，真是把他们当成了“金元宝”。这说明：用人之难在于用人者失去人心，用人之易关键在用人者赢得人心。互相关爱是人情的一大特征，最容易温暖、打动人心，俗话所说“一次关爱就是一次温暖，一次关爱就是一次打动”。管理者要学会对下属问寒问暖，让彼此间没有隔阂，没有障碍，才能让下属浑身是干劲，实打实地冲锋陷阵。换句话说，管理者理解对方，替对方着想，用人的事就会迎刃而解。道理很简单，你替他着想，他也替你着想，这就是最基本的解决问题之道。

但是李嘉诚对待员工也有比较严厉的一面。长实的员工说道：“李先生对我们既宽厚，又严厉。如果哪个员工做了错事，李先生必批评不可，不是小小的责备，而是大大的责骂。他急起来，恼起来时，半夜三更挂电话到员工家，骂个狗血淋头的也有。”李嘉诚不是喜怒无常的乱骂，总是骂到实处，是为了员工自己好，也是为了企业好。当然，他也有骂错的时候，在他冷静后，自己便会知错就改，向被批评者赔礼道歉，说明道理，说些掏心窝子的话。一般而言，在长实公司，越被李嘉诚看好的职员，所挨的批评越多、越严厉。他们经受过李嘉诚一段时期“锤打”后，通常又能升职和加薪。李嘉诚下面的几段话，说明了他这样做的理由：

☆每位员工的薪水都取决于他为企业创造的价值。只有为企业创造的价值越多，他的薪水才会越高。提高价值，一是技能，二是态度。

☆要吸引及维持好的员工，要给员工好的待遇及前途，让他们有受重视的感觉。当然，还要有良好的监督和制衡制度，不然山高皇帝远，一个好人也会变坏。

☆对一个职工，如果他平时马马虎虎，我会十分生气，一定会批评，但他有时做错事，你应该给他机会去改正。

☆凡事都留个余地，因为人是人，人不是神，不免有错处，可以原谅人的地方，就原谅人。

因而李嘉诚把用人的工作制度建设视为一大关键，他经常提醒两个儿子说：“一个没有严格制度的队伍，一定难以把大家管理得井井有条，也难以让大家把工作做到最好。但不是在原则性的大问题上，可以原谅的就原谅，不要把人逼到死角去。”这是创业者管人、用人一个很好的提醒，多学学李嘉诚向儿子讲述的用人之道，是没有错的！

李嘉诚教子启示

管理者心里要老是装着下属，一次关爱就是一次温暖，一次温暖就多一份干劲。但如果赏罚不明，就会把工作弄成一摊烂泥。

第 9 句话　要时刻考虑合作伙伴的利益

经商需要手牵手，需要合作双赢。这就需要时时顾及对方的利益得失、挣多挣少，绝不能只顾在账房里算自己的进进出出、得得失失，赚多了手舞足蹈，赚少了心有不甘。否则，你的生意一定做不大、做不久。

李嘉诚早把商人之间的利益合作看得透透彻彻，嘱托儿子千万不要老有独占利益或吞吃大头的心理，一定要明白“合作愉快”才是赢得市场的硬道理，而且“要时刻考虑合作伙伴的利益”，即该让就让，让是为了长久得到的更多，不让是为了短暂的利益玩命。

1. 单打独斗累死人，又做不大

※ 李嘉诚贴心话

☆人要去求生意就比较难，生意跑来找你，你就容易做，那如何才能让生意来找你？那就要靠朋友。如何结交朋友？那就要善待他人，充分考虑到对方的利益。

※ 教子真经解读

李嘉诚把人与人之间为什么需要合作的道理说得简洁明了——你要想让生意来找你，你就必须先去找生意，找朋友。因为深知单打独斗是不行的，既累死人，还做不大，所以他是一个善找合作对象的好猎手，对哪些人能合作、哪些人不能合作往往独具慧眼。当然，他的那份“慧根”是出于一份“有心”，有一颗天赋经商智慧的大脑。李嘉诚对两个儿子李泽钜、李泽楷谈合作的经验很实在，表明要合作做生意，必须是朋友与朋友之间的善待关系、联手关系才行。

※ 教子故事解析

好像有首《单打独斗》的歌曲，其中有几句词写得很悲壮，结果难预料：

谁都挣扎过，
你我各有沉和浮。
必须单打独斗，
可不可击败命运，

亦掌握于我手。
临行前，
互拍肩膊已够。
够力再搏斗……

我们可以这样理解词作者讲的“单打独斗”：一是自己对朋友很珍惜，宁愿自己单打独斗，也不连累朋友，我的事你就别管了；二是对朋友失望，觉得还是靠自己单打独斗最好，我的事我做主。

单打独斗尽管能够逞一时英豪，但总归比较势单力孤，是一个人或者一小股力量在打拼，做不了太大的事情，即使做到了，也会把自己累得惨兮兮。这就像非洲草原上老态龙钟、形单影只的狮王被逐出去后苟延残喘，要想如当年带领狮群威风八面已经是传说一样了。

俗话说：“众人拾柴火焰高，团结就是力量”“一人难唱一台戏”。事实证明，单打独斗不是办法，大家要合作起来，才能做成大事情。当年“三大战役”中淮海战役的胜利有个关键，就是为给大部队提供有力的后勤保障，老百姓硬是用小推车推出来的；攀登珠穆朗玛峰，也是十几个人互相密切合作，才能最终到达顶峰，把胜利的旗子插起来。

李嘉诚是一个具有现代经营理念的人，雄心很大，能力很强，为了获得更多资金，除招股集资外，他还努力博得银行的支持，与银行紧密合作。他为了用别人的钱赚钱，想到的好办法就是与汇丰银行合作，这样做起来不但自己不累，而且还可以迅速做大。

1）万事开头难

说起汇丰，港人无人不晓，它的全称是“香港上海汇丰银行”，创设于1864年，由英、美、德、丹麦和犹太人的洋行出资组成，次年正式开业，后因各股东意见不合，相继退出，成为一家英资银行。汇丰一直奉行所有权与管理权分离，管理权一直操纵在英籍董事长手中。

汇丰是香港第一大银行，又是以香港为基地的庞大的国际性金融集团。1992年，跻身全球10大银行之列。汇丰的声誉，还不仅仅限于其强大的资金实力，它在香港充当了准中央银行的角色，拥有港府特许的发钞权（另一获此特权的是英资渣打银行）。在数次银行挤提危机中，汇丰不但未受波及，还扮演了“救市”的“白衣骑士”。

一个多世纪来，经汇丰扶植而成殷商巨富的人，不计其数。60年代起，刚入航运界不久的包玉刚，靠汇丰银行提供的无限额贷款，而成为闻名于世的一代船王。当时李嘉诚一心想要取得汇丰银行的信任，建立了合作关系，未来极有可能在汇丰的鼎力资助下，成为香港地王。

当时的汇丰集团董事局常务副主席为沈弼，是汇丰史上最杰出的大班，任何时候他都以银行的切身利益为重，而不在乎对方是英人还是华人，如他自己所说："银行就是银行，银行的宗旨就是盈利。"李嘉诚寻求与汇丰合作发展华人行大厦，正是与沈弼接洽的，两人还由此建立友谊。香港经济界的人士常说："谁攀上了汇丰银行，谁就攀上了财神爷；谁攀上了汇丰大班，谁就攀上了汇丰银行。"

在地铁上盖竞投中一举中标、声誉鹊起的李嘉诚自然也是其中之一。他原以为会经过一番激烈竞争才能取胜，没想到竟然十分顺利地如愿以偿。沈弼在接到李嘉诚的合作意向材料后，当即拍板确定长实为合作伙伴。

李嘉诚打响地铁车站上盖发展权一役，虽然没有给他带来多少利润，但他在这场战斗中显示出的大智大勇，使他名声大振，信誉猛增，令沈弼对这位地产"新人"格外关注，欣赏有加，并产生了进一步合作的意向。

业界莫不惊奇李嘉诚"高超的外交手腕"。其实，熟悉李嘉诚的人都知道，言行较为拘谨的他，绝不像一位谈锋犀利、能言善道的外交家，倒像一位从书斋里走出来的中年学者，也不像那种巧舌如簧、精明善变的商场老手。他靠的是一贯奉行的诚实，以及多年建立的信誉。这些便是他与汇丰合作的基础。

2）第二步自然就顺下来

1978年，李嘉诚的事业再攀高峰，与汇丰银行联手合作，重建了位于中区黄金地段的华人行。

华人行建于1924年，楼高九层。1974年，汇丰行已购得其产权。因华人行位于高楼林立的中环银行区，原来的华人行已年久失修，显得十分破旧矮小，与该地段的摩天大楼极不相称。1976年，汇丰开始拆卸旧华人行，决定清出地基，发展新的出租物业。

由于此时正处于地产高潮时期，该物业又处于黄金地段，寸缕寸金，因此地产商们闻讯后莫不跃跃欲试，除了想在这一物业中分一杯羹，更想借此搭上与汇丰银行的关系。换句话说，谁都想与业主汇丰银行合作兴建新华人行。李嘉诚便是其中之一，他稳操胜券，果然如愿以偿。

长实与汇丰合组华豪有限公司，以最快的速度重建华人行综合商业大厦，大厦面积24万平方英尺，楼高22层。整个工程耗资2.5亿港元，写字楼与商业铺位全部租了出去。

1978年4月25日，华豪公司举行隆重的华人行正式启用典礼，汇丰银行大班沈弼出席典礼，剪彩并发表讲话：

“旧华人行拆卸后仅两年多一点时间便兴建新的华人行大厦。这样的建筑速度及效率不仅在香港，在世界也堪称典范。本人参与汇丰银行正好30年，深感本港居民以从事工商业而闻名于世，不管是海外公司还是本港公司，均以快捷的工作效率、诚实的商业信用而受人称赞。我可以这样说：新华人行大厦不愧为代表本港水平的出色典范。”

长实与汇丰都是本工程的开发商，故而沈弼不便自我吹嘘，他对港民和新华人行的赞誉，也就是对李嘉诚的赞誉。

长江集团总部迁入皇后大道中29号新华人行大厦。长江正式立足大银行、大公司林立的中环，地位更上一层楼。新华人行被人们视为长江的招牌大厦。

3）可以再把事情做更大

与香港航运业老行尊——怡和、太古、会德丰等英资洋行下属的航运公司比，包玉刚出道最晚，但他的环球航运集团却是获得汇丰贷款最多的一家。这是因为包氏的经营作风和能力，能够确保偿还汇丰放款的本息。现在，汇丰在处理和记黄埔的问题上也是如此态度，信任李嘉诚的信用和能力，足以驾驭和黄这家巨型企业。因此不惜将这间英人长期控有的洋行，交予李嘉诚手中。汇丰不仅摆脱了这个包袱，汇丰保留的大量和黄优先股，待李嘉诚“救活”后还会为汇丰带来大笔红利。

汇丰让售李嘉诚的和黄普通股价格只有市价的一半，并且同意李嘉诚暂付20%的现金。不过汇丰并没吃亏，当年每股1元，现在以7.1元一股出售，股款收齐，汇丰共获利5.4亿港元。尽管如此，仍给予李嘉诚极大的优惠，沈弼在决定此事时，完全没有给其他人角逐的机会。

李嘉诚、包玉刚双双入主英资大企业，引起国际传媒界的关注。美国《新闻周刊》在一篇新闻述评中说：“亿万身家的地产发展商李嘉诚成为和记黄埔主席，这是华人出任香港一间大贸易行的第一位，正如香港的投资者所说，他不会是唯一的一个。”

如果说资金是企业的血脉，那么银行就是企业发展和经营活动的重要血来源。传统的经营观念把向银行贷款视为不光彩的事，而按照现代经营理念，一个企业没有银行贷款，不但不能证明这个企业有活力，反而证明这个企业停滞不前。从上面三件事，我们可以领略到李嘉诚进行商场征战的一个要诀，那就是善于合作，努力借助他人特别是银行的力量。李嘉诚与汇丰合作的良好开端发展为未来的“蜜月”，汇丰力助长实收购英资洋行，并于1985年邀请李嘉诚担任汇丰的非执行董事。应该说，李嘉诚能有后来的辉煌，汇丰银行功不可没。但是李嘉诚不以为自己有什么超人的智慧，他避而不谈自己的谋略，而对汇丰厚情念念不忘，“没有汇丰银行的支持，不可能成功收购和记黄埔。”

这里要插上一段，除商场才干令沈弼赏识外，李嘉诚曾经给沈弼一个不小的面子，也是他能与汇丰合作的原因之一：李嘉诚暗中收购九龙仓，逼得九龙仓向汇丰银行求救，于是汇丰大班沈弼亲自出马斡旋，奉劝李嘉诚放弃收购九龙仓。李嘉诚考虑到不但日后长江的发展还期望获得汇丰的支持，而且即便不从长计谋，如果拂了汇丰的面子，汇丰必贷款支持怡和，收购九龙仓将会是一枕黄粱，于是趁机卖了一个人情给汇丰银行大班，答应沈弼，鸣金收兵，不再收购。

俗话说：“一根筷子容易折，一把筷子难折断”。据说，原本故事是这样的：

> 很早，有一位勤劳聪明的农夫，家里有三个儿子。这三个儿子经常为了一点小事吵嘴、打架，平时好吃懒做，除了自己，他们谁也瞧不起，每个人都认为自己最有本事。当两个儿子打架时，另一个儿子不仅不劝架，还在旁边看热闹，家里被他们搞得乱七八糟，日子也越来越艰难。农夫常常摇头叹息道：“真是作孽哟，养了三个儿子，不争气，只顾自管自，这样下去日子可怎么过哟！”
>
> 农夫曾多次语重心长地劝说他们，尽管他费尽口舌，儿子们仍然不听，农夫认为应该用事实来教育他们。
>
> 有一天，农夫叫儿子们去拿一捆筷子来。筷子拿来后，他先把整捆筷子交给他们，叫他们折断。小儿子先试，他使出吃奶的劲，仍旧没折断，老二笑着说“原来你就这么点力气啊，平时跟我打架

的力气哪儿去了？”可是他竭尽了全力都无法将它折断。老大说：“你们俩都是大笨蛋，我来吧。”可他想尽办法，脸涨得通红也没折断。

随后农夫解开那捆筷子，给他们每人一根，兄弟三个毫不费力轻轻一折就断为两段。这时，农夫意味深长地说：“孩子们，你们要像筷子一样，团结一致，齐心协力，你们三兄弟，谁也离不开谁，大家团结起来，就好比一捆筷子，合起来谁也折不断，如果你们都自以为了不起，那就什么本事也没有。只有团结才不会被对手征服，如果你们互相争斗不休，便很容易被对手打垮。”

兄弟三人明白了折筷子的道理，从此他们团结友爱、互相帮助、共同劳动，日子过得很幸福。

三兄弟折筷子的故事家喻户晓，在家庭教育中具有经典意义，足以说明简单却又关键的生存法则：团结与合作是不可征服的力量，而相互争斗只能耗损自己。这两点分别体现了人性的优点和人性的弱点，不夸张地讲是人人都要解决好的大问题。否则，单打独斗累死人，又做不大。

原联合国秘书长安南说出了一句真理：“不论今后你们选择什么样的职业，都要学会与人合作相处。”这是他40年外交丰富经验的总结。2015年2月26日，有权威调查机构指出：今后8年社会高水平发展激烈程度会考验人们的神经，将最有可能优先淘汰7种人，其中一种就是“不懂合作的人”。正在打拼的年轻人都要想一下自己是不是位列其中呢？

李嘉诚教子启示

历史上一个个单打独斗者的主要败因，正在于：“双拳难抵四手，好汉打不过人多”。

2. 合作就像好朋友手牵手

※ 李嘉诚贴心话

☆相互信任的程度越高，合作成功的概率就越大。那些私下忠告我们，指出我们错误的人，才是真正的朋友。

☆坏人固然要防备，但坏人毕竟是少数，人不能因噎废食，不能为了防备极少数坏人，连朋友也拒之门外。更重要的是，为了防备坏人的猜疑，算计别人，必然会使自己成为孤家寡人，既没有了朋友，也失去了事业上的合作者，最终只能落个失败的下场。

※ 教子真经解读

李嘉诚非常明白这种合作关系的要诀，所以他对两个儿子李泽钜、李泽楷能否做到、做好这一点，比较操心，经常提醒他们：双方合作就是奔着互相把事情做好的目标去的，你信任我，我就做到最好。不要互相算计对方，弄得不欢而散。

※ 教子故事解析

公元 208 年赤壁之战，周瑜和诸葛亮两军人马互相合作，巧用东风，以少胜多，打败了曹操 20 万（对外号称 80 万）大军。还有那个动不动就自大到没边的马谡，老是不听劝，当想要援兵来合作突出敌围时为时已晚，最终失街亭。

这两件事说明：合作就像好朋友手牵手，牵得好事就成，牵不住事就败。说具体点：周瑜和诸葛亮至少当时是好朋友，才能携手共同应对强敌，所以成就大事；马谡有王平等好友助阵，但是不把他们当朋友，所以败于关键事！

这就直接引出一个问题来：既然合作，那就应当像真朋友一样互相信任，千万不要给对方弄砸事、丢脸面，更何况给对方弄砸事、丢脸面，也是丢自己的脸面，这样还有什么再合作的基础呢？当然合作也要首先分清对象，不是人人都能合作。

李嘉诚进入和黄出任执行董事，在与董事局主席韦理以及众董事的交谈中，听出他们的话中分明含有这层意思：“我们不行，你行吗？”李嘉诚是个喜欢听反话的人，他特别关注喝彩声中的“嘘声”。香港的英商华商都有人持这种观点：“李嘉诚是靠汇丰的宠爱，轻而易举购得和黄的，他未必就有本事管理好如此庞大的老牌洋行。”

当时《南华早报》和《英文虎报》的外籍记者，盯住沈弼穷追不舍：“为什么要选择李嘉诚接管和黄？”沈弼答道：“长江实业几年来成绩良佳，声誉又好，而和黄的业务脱离 1975 年的困境踏上轨道后，现在已有一定的成就。汇丰银行在此时出售和黄股份顺理成章，尤其出售其在和黄的股份，将有利于和黄股东长远的利益。坚信长江实业将为和黄未来发展作出极其宝贵的贡献。”

李嘉诚深感肩上担子沉重。俗称：“新官上任三把火。”细究之，李嘉诚似乎一把火也没烧起来。他是个表现欲不强的人，总是让实绩来证实自己。

初入和黄的李嘉诚只是执行董事，按常规，大股东完全可以凌驾于支薪性质的董事局主席之上，李嘉诚却从未在韦理面前流露出“实质性老板”的意思。李嘉诚作为控股权最大的股东，完全可以行使自己所控的股权，为自己出任董事局主席效力。他没有这样做，他的谦让使众董事与管理层对他更尊重。他出任董事局主席，是股东大会上由众股东推选产生的。

“退一步海阔天空”，李嘉诚的退让术，与中国古代道家的“无为而治”“无为而无不为”有异曲同工之妙。李嘉诚能较快地获得众董事和管理层的好感及信任。在决策会议上，李嘉诚总是以商议建议的口气发言，实际上，他的建议就是决策——众人都会自然而然地信服他，倾向他。

韦理大权旁落，李嘉诚未任主席兼总经理，已开始主政。李嘉诚入主和黄实绩如何，数据最能说明问题。李嘉诚入主前的1978年财政年度，和黄集团年综合纯利为2.31亿港元；入主后的1979年升为3.32亿港元；到1989年，和黄经常性盈利为30.3亿港元，非经常性溢利则达30.5亿港元，光纯利就是10年前的10多倍，盈利丰厚，股东与员工皆大欢喜。

现在，不再会有人怀疑汇丰银行大班沈弼“走眼”、李嘉诚“无能”了。相反，一篇综述和黄业绩的文章，用这样一个标题：“沈大班慧眼识珠，李超人不负众望。”今日世界，提起“超人”，无人不知指的是谁。李嘉诚的这一称号，是谁最先提出的呢？人言人殊，有人说是长江公司的人最先叫起来的，他们对老板最熟悉，也最敬佩。长江公司的人称，是看到报章这样称呼的，大家都这么叫，我们也跟着叫。李先生知道后，还批评过手下的人，他并不希望别人这样称呼他，不过，报章都这样称他，他才默认了。

可以讲，李嘉诚做事先做人，谦恭有礼，进退有度，一点都没有辜负合作伙伴汇丰银行大班沈弼的期望，让他心满意足。这就是好朋友之间精诚合作的根由。

生意场上离不开合作，但是合作中学问多多。有道是：“一个篱笆三个桩，一个好汉三个帮。”李嘉诚广博的学识、诚恳的态度，塑造了他那种独特的魅力。因此，人们十分乐意与他交朋友。无论什么时候，李嘉诚的周围总会有一帮朋友为他出谋划策，这与他严于律己、与人为善、宽以待人的做人品质有极大关系。

善待他人，是李嘉诚一贯的处世态度，即使面对合作对象、竞争对手也是如此。尤其是，他身为世界级商业帝国的大佬，却能在细微处体谅别人，这一点常常令与他接触和相处的人感动不已。

> 最典型的例子，莫过于老竞争对手怡和。李嘉诚鼎助包玉刚购得九龙仓，又从置地购得港灯，还率领华商众豪围堵置地。李嘉诚并没为此而与纽壁坚、凯瑟克结为冤家而不共戴天。第一次战役后，他们都握手言和，并联手发展地产项目。
>
> “要照顾对方的利益，这样人家才愿与你合作，并希望下一次合作。”追随李嘉诚20多年的洪小莲，谈到李嘉诚的合作风格时说，“凡与李先生合作过的人，哪个不是赚得盘满钵满？”林燕妮对此更有深切体会。她曾主持广告公司，而与长实有业务往来。广告市场是买方市场，只有广告商有求于客户，而客户丝毫不用担心有广告无人做。这样，自然会滋长客户尤其是像长实这样的大客户颐指气使、盛气凌人。
>
> 林燕妮回忆道：“头一遭去华人行的长江总部商谈，李嘉诚十分客气，预先派了穿长江制服的男服务员在地下电梯门口等我们，招呼我们上去。电梯上不了顶楼，踏进了长江大办公厅，更换了个穿着制服的服务员陪着我们拾级步上顶楼，李先生在那儿等我们。那天下雨，我的一身雨水湿淋淋的，李先生见了，便帮我脱下外衣，他亲手接过，亲手替我挂上，不劳服务员之手。”
>
> 双方做了第一单广告业务后，彼此信任，李嘉诚便减少参与广告事宜，由洪小莲出面商谈下一步的售楼广告。
>
> “有时开会，李先生偶尔会探头进来，客气地说：‘不要烦人太多呀！’我们当然说：‘愈烦得多愈好啦，不烦我们的话，不是没生意做？’……”

这些看似简单的描述，其实原原本本道出了李嘉诚为什么总能找到合作对象而且双方满意的缘由了，正在于他不把生意经当作唯一的追逐目标，而是可以先把生意经放一边，多从细微处体谅和善待他人，让对方体会到他的真心诚意，而不是有你没你我照样做生意的一股傲慢劲。这一点，现在很多商人都做得不够好，老以为我比你钱多，你来找我，你就得多听我的、多服从我，所以这样的商人忙活了一年半载谈成的生意没有几笔，即使谈成了，结果好不好，还说不定呢。一句话，要真想好好做事情、谈生意，必须像李嘉诚表现出来的态度——合作就像好朋友手牵手，要不，就别到一起玩，别在一口锅里吃饭。

但是也不得不承认，真正的合作会存在很多问题，到了这个时候，正是考验双方还能不能成为合作伙伴的关键期。李嘉诚与好朋友荣智健有过亲密的合作关系（后面将详细谈到），但李嘉诚看中了一个曾与荣智健有关的重量级人物——袁天凡。

1952 年，袁天凡出生于上海，他 5 岁时到香港，后来在美国最有名的经济系——芝加哥大学经济系读书。1976 年，他大学毕业回香港，在香港中文大学任教，不到一年后，跳槽至汇丰旗下的获多利债券部工作。在获多利工作 8 年，先后从债券部晋升至财务部。1985 年离开前，已成为集团的财务部主管。离开获多利后，他先后出任唯高达董事总经理，参与全球证券业务工作。

1986 年，长和系四大公司 100 亿元集资行动震惊港人，轰动一时。这次“震撼弹”行动是由花旗银行唯高达香港有限公司负责包销，“投资奇才”袁天凡就是其中的关键人物，起了重大作用。为此，李嘉诚开始关注袁天凡，非常看中他的才华。

1988 年，袁天凡出任联交所行政总裁一职。1991 年 10 月，荣智健联手李嘉诚等香港巨贾做出一项重大决定——收购恒昌行。李嘉诚则想到了袁天凡，希望袁天凡考虑一下，能够出任恒昌行政总裁。袁天凡没有多犹豫，马上辞去联交所要职，走马上任，年薪 600 万港元。

但是问题突然来了，次年 3 月，荣智健向众巨贾收取他们所持的恒昌行其余股份。袁天凡看在眼里，愤然辞去要职，发誓自己不再做工薪阶级，要自己干出一番事业。

1992 年 2 月，袁天凡与老同事杜辉廉、梁伯韬主持的百富勤合伙创办天丰投资公司，袁天凡占 51% 股权，并出任董事总经理，并兼旗下两间公司的总裁。李嘉诚则大大方方，没有什么私心，腾出手全力支持袁天凡，当时认购了天丰投资的9.6%的股份。

1996年，当李泽楷要大搞高科技时，李嘉诚亲自请袁天凡协助儿子打江山，袁天凡出任盈科亚洲拓展的副总经理。尽管李泽楷遇到困境，但袁天凡当年分文不费，与梁伯韬一起抓住时机，决定采取最快捷的方式，找一个“仙士股”借壳上市，令盈动借壳上市成功，仍可谓杰作。在袁天凡和梁伯韬的策划下，李泽楷将盈科拥有的地产项目（主要是北京盈科中心）作价24.6亿港元，再加上香港数码港发展权一道无偿注入得信佳，未花一分钱现金就达到了目的，“得信佳”于是更名为“盈科数码动力”。1999年5月4日，“得信佳”复牌交易，开市仅15分钟，股价从停牌时的1毛多，飙升到3.22港元，升幅高达22.6倍，盈动立即摇身一变成为一家市值上亿港元的巨型公司。袁天凡拥有收购香港电讯前盈动3200万份认股权，其他人依次不等。员工所持有的认股权占整个盈动总股权的5%~6%。由于袁天凡在高位行使了认股权，有人说，2000年至2001年的“打工皇帝”可能就是袁天凡了。

作为杰出的投资银行家袁天凡投到李嘉诚旗下的一大原因就是想报答李嘉诚的真心诚意，他曾公开表示：“如果不是李氏父子，我不会为香港任何一个家族财团做事。”袁天凡说：“李先生父子真的比较重视人才，我是报答知遇之恩。”

按常理说，李嘉诚起初对袁天凡的赏识以及后来的重用，因为隔着好友荣智健这一层关系，总是有那么些不太方便，但是他出于对年轻人才能和创业的欣赏，真心支持，不计名利，与袁天凡之间有一种真朋友的感情。袁天凡也是极聪明的人，后来愿意接受邀请投到李嘉诚门下辅助李泽楷，自然顺理成章。李嘉诚能得到这样的英才，合作起来如鱼得水，像手拉手的好朋友，岂不是“天下英雄尽入吾彀中矣”！所以，当时有些报道题目即是《李嘉诚雄霸天下，多亏了军师袁天凡》。从这件事，我们也可以看出李嘉诚对李泽楷用心良苦！

无疑，离开真正的朋友关系，要想合作好简直是不可能的。美国钢铁大王安德鲁·卡内基这样教育自己的孩子：“如果你找到了一个对的合伙人，你们一起努力追求——你和那个人得有共同的追求，成为真正牵手而行的朋友，都有奋斗的力量和勇气，就能等到成功的一天。成功合作如此：别人给机会 + 自己努力 = 成功。”可见，合作就是在对的时间选择对的人，对的人成就了自己，自己也成就了对的人。我们想，这对眼前年轻人创业寻找合伙人，是有点化作用的。

李嘉诚教子启示

真正志同道合的合伙人，都是以大局为重，不会去干损害对方而丢脸的事。

3. 不扯皮法：按照定好的规则去执行

※ 李嘉诚贴心话

☆商业合作必须有三大前提：一是双方必须有可以合作的利益，二是必须有可以合作的意愿，三是双方必须有共享共荣的打算。此三者缺一不可。

☆在事业上谋求成功，没有什么绝对的公式，但如果能依赖某些原则的话，能将成功的希望提高许多。

※ 教子真经解读

李嘉诚对合作双方的利益分配认识得非常清楚，既然合作那就要照顾到双方的利益，以及以后发展的打算，不能做一锤子买卖。他强调的原则，在这里可以理解为合作双方按照制定的规则去做事、去分配，不要扯东扯西。生意场上最容易伤感情！他要求李泽钜、李泽楷合作时不要感情用事，遇事多考虑考虑别人，不能光想到了自己而不顾别人，甚至撕毁以前的合约。

※ 教子故事解析

如今是一个追求合作成功的新时代，1+1=2 叫数学，1+1=11 叫经济学，1+1=111 叫成功学。抱团打天下已是必然趋势，谁拥有得力的合作对象，谁就拥有巨大的成功率。我们如果放弃单兵作战，凝聚成一股力量，像一家人合作起来，只有想不到没有做不到。

让我们先从几则动物合作的故事或事例说起：

蜜獾和导蜜鸟是一对好伙伴，它们常常相互合作，共同捣毁蜂巢。野蜂常把巢筑在高高的树上，蜜獾不容易找到它。目光敏锐的导蜜鸟发现了树上的蜂巢后，使去寻找蜜獾。为了引起蜜獾的注意，导蜜鸟往往扇动着翅膀，做出特殊的动作，并发出“嗒嗒”的声音，蜜獾得到信号，便匆匆赶来，爬上树去，咬碎蜂巢，赶走野蜂，吃掉蜂蜜。导蜜鸟站在一旁，等蜜獾美餐一顿后，再去独自享用蜂房里的蜂蜡。

猴子和大象都想吃对岸树上的果子。猴子无法过河，大象则无法上树。双方协商后，大象驮猴子过河，猴子上树摘果，它们都吃到了果子。这就是彼此取长补短，密切合作所取得的效益。

英国科学家发现，蚂蚁在前进途中突遇大火，众多蚂蚁迅速抱成一团，飞速滚动，逃离火海。试想一下，如果大家都争着逃命，假如没有团队合作精神，渺小的蚂蚁家族不全军覆没才怪呢！

孙中山说：“物种以竞争为原则，人类以合作为原则，人类顺此原则则昌，不顺此原则则亡。”显然动物之间也有互惠互助的合作关系，人与人之间也有互不相让的竞争关系。要处理好合作与竞争的关系，就必须按照定好的规则去执行，不要在中间互相扯皮，最后公说公有理、婆说婆有理。

中国人以前长久生活在比较封闭的环境中，加上传统文化的影响，人情观念相当重。这种观念与现代商业观念很不协调，因而成了影响和阻碍现代商业竞争的因素。譬如，两个朋友之间做生意，往往有话埋在心里，谁也不提钱，可是最终又不能不谈钱，结果不是生意做不成，就是朋友关系破裂。又如朋友间发生了商业竞争，往往把友情与正常竞争混杂不清，同样是要么退出竞争，要么朋友成了敌人。

众所周知，李嘉诚和李兆基是形影不离的高尔夫球友，是“高球四大天王”中的两个，经常来俱乐部玩球。就算是所谓商场朋友，多年后彼此间的交情也非泛泛。他们俩与其他华人富商曾经联手合作围堵过怡和置地，互相配合，打出了一场漂亮仗！但这两个朋友之间，却又展开过几乎针锋相对的商业竞争。是所谓“商场无父子”吗？又是，又不是。说不是，是因为所谓“商场无父子”，是指那种为了利益六亲不认、为富不仁的行为，这种行为从来为人们所不齿；而说又是，是因为他们在商言商，把感情珍藏深埋于心底。他们的用意，是不让铜臭玷污了友情，又不让友情影响了生意，一切按照商业规则允许的范围去做就行了。

香港楼市的涨幅，远远高于物价的平均涨势。香港各业，形成千军万马“攀楼”的汪洋之势，财大气粗的新手的加入，使楼市竞争愈加激烈。

李嘉诚与同业的竞争，莫过于与好友李兆基的对撼了。李嘉诚的长实与李兆基的恒基，在新界马鞍山均有大型商居楼盘，长实的叫海怡花园，恒基的叫新港城，两个楼盘群仅隔一条马路，二李在美丽华之役较量后，这番再次比拼。

第一回合，始于1994年年底，李嘉诚先声夺人，减价推出海怡花园，短时期就卖出800余个单位，致使李兆基的新港城客户锐减。李兆基急忙还招，也来个减价售楼。

1995年夏，恒基兆业将推出第四期最后一座楼宇，李兆基精心策划，秘密筹备，准备打得对手措手不及，闹个“满堂红”。7月13日，恒基宣布以先到先得方式开售248个单位，售价4100元/平方英尺，比二手价还便宜。恒基还推出九成按揭，住户只要交一成的楼价就可以入伙。更新鲜的是恒基搞幸运抽奖，1/10的中奖率，中奖者可得十足黄金。

装修示范单位，是效仿长实的一贯做法，但恒基另有创新，聘请著名设计师萧鸿生推出八款装修，各具特色，可供买家任意选择，最便宜的一款仅4万多元一套单位，最贵者也不至于贵到离谱，极易被买家接受并心喜。

14日恒基安排看楼，公司安排免费巴士不停往返沙田广场至新港城之间。客户免费享用早餐晚餐，这又是系列吸引客户的条件之一。毋庸置疑，是日必有大批客户涌至新港城。

聪明的李嘉诚，岂会错失马鞍山客户如云的良机？他做了一个非常合算的安排。13日晚，长实从媒介获悉恒基的楼价后，马上将新港城对面的海怡花园定价电传给各传媒，每平方英尺售4040元，较新港城的平均楼价要低60元。

本来，长实还没这么快推出新楼单位，担心欲入马鞍山置业的买家会被恒基抢去大半，故在14日，火速请名师高文安设计监做示范装修单位，好赶到15日向客户开放。时间太仓促，示范单位非实楼，而是模型。14日晚，长实董事洪小莲出席恒威25周年酒会时向记者表示：“我们的海怡花园比新港城优胜好多好多。”

一般竞争对手在公众场合，尽可避免过激语言，尤不宜直言不讳褒己贬他。《壹周刊》评议道：“这个破天荒的评论，掀开了李嘉诚和李兆基马鞍山之战序幕。”

两强对撼，在售楼现场更呈剑拔弩张之势。长实的职员对参观示范单位的客户说：“我们便宜过对面（新港）几十元，我们也都有请设计师设计，你有没看过对面的装修同用料？我们的要靓得多。我们的设计师是高文安，没得比，你如果看过，就知道没得比嘞，你有没看过先？”长实的现场职员个个这般说，自然是事先统一口径。

在新港城摆档售房的经纪商，亦大肆挖苦海怡花园：“我们这里潜质一流，有八佰伴购物中心，海相连街市都没有，商场又小，没得比。”当客户说海怡有靓景时，经纪商笑道：“论海景，马鞍山的都差，向西北；买新港的山景单位，向东南，岂不更好！”

恒基造声势到16日星期天步入高潮，与新港城相连的八佰伴商场开张，客户如潮。周一起，就有买家提前排队，等周二正式发售。

长实见势不妙，又出一招——周一晚11时左右，就在排队候新港城发售的人龙前（已有180余人连夜排队），挂出一条醒目的长幅——“海怡花园每尺仅售83275元起！”

这大概是同业竞争最可怕的情景——顶烂市。一时间，新港城排队的人龙缩了一截，跑掉近20人。到天亮和当日，有买家加入，但结果不尽如人意。据《二李决战马鞍山》一文报道：“翌日，新港城248个单位开售，恒基只派出寿号（注：凭寿号可购单位一个）逾200，反应不及嘉湖的楼宇，首天只卖出七八成单位，较预期逊色。”

单位公开发售，本是黄牛党最猖獗之时，直接置业者休想得到寿号，会被黄牛党挤出圈外，真正的买家需从黄牛党手中购买二手、甚至三手四手的寿号。

如此淡市，黄牛党叫苦不迭，内部认购的代理商怨声载道，李兆基更是有苦难言。记者采访李兆基，李氏尽可能扮出轻松状，表示不会再减价：“我都平价了许多啦，只要楼盘好，买家就不会计较这几十元。”

李兆基总算沉住气，不再与“超人”顶烂市。几天后，248个单位好歹推了出去。人们联想起美丽华收购战，李兆基力挫“超人”，胜券在握。这次马鞍山比拼，长实总算杀了一杀李兆基处处与“超人”争锋比肩的气焰。

但特别要注意的是，尽管二人在商场上彼此厮杀，毫不客气，但是并没有影响彼此间的关系，二人仍然经常形影不离，共享友情之乐。

“商场上没有永远的朋友，也没有永远的敌人”，这名言揭示了竞争与合作的辩证关系，竞争不排斥合作，合作不排斥竞争。李嘉诚与李兆基之间的竞争启示我们，朋友之间并非不能进行商业竞争，重要的是要把商业竞争与个人友情看作两码事，彼此分开而不掺杂。

友情与利益就好像油和水，二者不能混在一起，一旦混在一起，油不再纯，水也会被污染，两不相宜。如果珍视友情的话，不妨把它看作油而严密包装、高高挂起，这样才既不影响竞争，又不伤害友情。这就需要把握友情与商战之间的平衡关系！

现代社会中本来是好好的合作者、分手后恶性竞争的例子不少，大公司、大财团之间发生的这类事情就不用说了，大家时常都能从新闻媒体上了解到，这里只举一个普通的例子：

罗高高与王集、马小凡合资120万元，在小区周围找了一个门脸，开了个有100多平方米的加盟连锁店。年轻人都想做点事，分工明确，责任到位，也制定了分配原则：罗高高出资55%，是经理，负责全面工作，主要抓销售；马小凡出资30%，是副经理，负责进货；王集出资15%，负责财务，又雇了三四名营业员。

由于连锁店的位置不错，周围多是在科技园上班的白领一族，还有七八栋拆迁过来的居民，所以生意局面越来越好。第一个季度，就赚了12万多元，大家都高兴得不亦乐乎，到酒馆好好庆祝了一番。罗高高趁着酒劲，说：“这个季度大家都不容易，为了奖励同志们，我少拿一点，你们多拿点。下个季度就按制度办了！”

到了第二个季度，罗高高依然还是按照第一个季度的办法给大家发薪水。但是第四季度，他就按照自己应多拿一点的规定发薪水了。为啥？因为家里母亲有病，躺在医院，需要医疗费。但是马小凡就不乐意了，认为自己辛辛苦苦在外面跑来跑去，也不容易，为啥薪水少两千块钱呢？并悄悄地找到王集，查罗高高手机电话费是不是报多了，外出打车是不是收据不对，等等。

罗高高发现苗头不对，就找马小凡、王集了解情况，说：“这不是按照咱们开始签下的合同办的吗？况且我没有任何别的多吃多占。你们怎么了？”王集默不作声，马小凡说：“是，当初是那么定的，但是规矩是能改的呀，我现在也能多拿出一些集资款。所以，我要求重新来！”

罗高高是个明白人，知道这是在挑事，与马小凡再不可能合作下去了，但想里面肯定有隐情。他有天外出回来，刚到连锁店门口，就发现马小凡躲在拐角处接电话，只隐隐约约听到他说：“快搞定了，完事我就去你的店里上班去啊，咱两家就差80米远，几步路的事……”顿时，罗高高差点没一头栽在门口，恨自己看错了人，不明白人与人咋会这个样子？

罗高高等马小凡接完电话回到店里，说：“小凡，我可以多给你发点钱，但这是最后一次！”

马小凡故意吃惊地问：“为啥呀，我不是为你整天东奔西颠的吗？啥叫最后一次？”

罗高高说：“你该撤资就撤资，走吧，这里庙小，我不想看到‘黑手’插在我身后！”

俗话说：“家居隔院墙，人心隔肚皮”，本来有章有规的合伙生意，到头来弄成了一锅粥。这就叫坏了当有的合作规矩——不扯皮。按照定好的规则去执行！希望想做点事的年轻朋友们能有所借鉴！

李嘉诚教子启示

俗话说：“人心齐，泰山移”“人心正，难事无”。双方合作最要紧的是心往一处想、劲往一处使，否则，再好的摊子也会守不住。

4. 双赢法：在利益面前可以让一让

※ 李嘉诚贴心话

☆有钱大家赚，利润大家分享，这样才有人愿意合作。假如拿10%的股份是公正的，拿11%也可以，但是如果只拿9%的股份，就会财源滚滚来。

☆我的生意比别人做得大些，其实原理很简单，就是在生意的过程中，本该赚10块，我只拿9块，给对方多留1块。因为大部分人只想多赚，于是，更多的人就愿意与我做生意，结果，时间长了，我反而赚得更多。让别人多赚，就是自己赚多的秘密。

☆合作伙伴之间是一种相辅相成、互相弥补的关系。在从事一项业务活动的过程中，如果双方都拿 50% 的利润，这个活动可以很快进行下去。如果愿意把利润的 60% 让给对方呢？就更让对方满意。所以，做任何生意，都要时刻考虑合作伙伴的利益。

☆（有记者询问李嘉诚与人谈判合作成功的奥秘）奥秘实在谈不上，我想重要的是首先得顾及对方的利益，不能把目光仅仅局限在自己的利上，两者是相辅相成的，自己舍得让利，让对方得利，最终还是会给自己带来较大的利益。我母亲从小就教育我不要占小便宜，否则就没有朋友，我想经商的道理也该是这样。

☆如果一单生意只有自己赚，而对方一点不赚，这样的生意绝对不能干。

※ 教子真经解读

在李嘉诚看来，赚钱没有“只进不出”的原则，都是“有进有出”的过程。大商人与小商人的区别正在于一个是有“大蛋糕”大家一起吃，一个是有“大蛋糕”自己想悄悄吃。他反反复复对两个儿子谈“双赢法”，意思是：合伙人之间应该利益均沾，才能保持久远的合作关系。相反，光一门心思顾自己的利益，而无视对方的权益，只会使自己的生意做断做绝。其实，不难理解这番道理。如果只有一个合作伙伴，即使你将双方所得利润全部拿来，收获也很有限，而且以后可能再没人愿与你合作了。如果有十个合作伙伴，即使你分别从他们那儿分得不足一半利润，也很可观，而且别人以后会争相跟你合作，从而带来百个、千个合作伙伴，自然就财源滚滚了。所以，他告诫两个儿子切忌自己悄悄“吃独食”。

※ 教子故事解析

利益关系到一个企业的生与死，当然利益大小还是取决于企业领导者的决策方案，怎么样与市场接轨？怎么样在竞争中求合作？美国商界有句名言：“如果你不能战胜对手，就加入到他们中间去。”现代竞争，不再是“你死我活”，而是更高层次的竞争与合作，现代企业追求的不再是单赢，而是双赢和多赢。

总体说，李嘉诚对企业利益看得很重，但是与别人合作时所获利益多少，他常常看得很淡。他的这种生意经是极大度的，试想如果没有正确的心态，是不可能这么想、这么做的，归根结底，还是会做人、做好人。做人最高的境界是想到别人，精明的最高境界也是想到别人。无怪乎，李泽楷说："父亲从没告诉我赚钱的方法，只教了我一些做人处事的道理。父亲叮嘱过，你和别人合作，假如你拿七分合理，八分也可以，那我们李家拿六分就可以了。"

香港中资四大老牌天王是中银、华润、招商、中旅。最能体现香港资本主义游戏规则的领域在股市。从90年代初起，香港中资掀起上市热。中资后起之秀，似乎比老牌中资更显得活跃。中资上市公司四大天王中的中信泰富、首长国际，在四大天王中分别占首席与第三席。这两家公司之所以能如此顺利上市，并急速发展，李嘉诚功不可没。

1979年10月，中国国际信托投资公司在香港设立分公司，董事长荣毅仁邀请李嘉诚出任中信董事。荣毅仁的儿子荣智健于1978年移居香港，经商办公司。1986年，荣智健参加香港中信集团的工作，不久，升为董事总经理。荣智健雄心勃勃，想凭自己的实力，创立一家完全由自己控制的公司。

李嘉诚以扶植李泽钜、李泽楷的心理，关注荣智健的事业。李嘉诚任中信董事10年，未做多少实质性的工作。如今，交情不错的荣智健有心大展宏图，岂有不帮之理？

1991年5月，郑裕彤家族的周大福公司、恒生银行首任已故主席林炳炎家族、中漆主席徐展堂等成立备贻公司，准备全面收购恒昌。但是备贻公司出师不利，没有及时得到恒昌大股东的支持。荣智健、李嘉诚原本也在紧锣密鼓策划收购，只是按兵不动，秘而不宣，他们见状，以中泰为核心的新财团，立即加入收购角逐。新财团公司共由9名股东组成，前6大股东是：荣智健任主席的中泰占35%，李嘉诚占19%，周大福占18%（郑裕彤倒戈加盟），百富勤占8%，郭鹤年的嘉里公司占7%，荣智健个人占6%。1991年9月，香港收购史上最大的一宗交易，为荣智健、李嘉诚等合组的财团完成。

中泰控得这位贸易巨人，遂成为香港股市的庞然大物，市值至1992年初膨胀到87亿港元。香港股市，一直视中资股为无物，此番不得不刮目相看。

1992年1月，中泰宣布第三次集资计划，配售11.68亿新股，集资25

亿港元，用以收购未持有的恒昌64%股权。荣智健突然向其他股东全面收购，市场议论纷纷，有人说荣过桥抽板，有人说事先与李嘉诚等通过气。

李嘉诚很爽快接受荣智健的收购条件，所持恒昌股作价15亿港元，售予荣智健。恒昌一役，李嘉诚名利双收，既赢得帮衬荣公子的好名声，又获得实惠——售股盈利2.3亿港元。

李嘉诚与荣智健联手合作，成为股市一段佳话。有人提出疑问："他们未必是合作得十分愉快，不可能会有下一次合作。"有人说："李嘉诚先倚住中资，然后另做打算。"以李嘉诚的一贯为人行事，相信他不会如人所说，但就算他诚如人们所说，不也是商家的正常举措吗？不难看出，李嘉诚向来重义不重利，是一个愿意以千金买义的人，从而赢得了广大人心，使自己的事业步步辉煌。

人人都想为己，这是不可否认的，但为己的方式却大不一样，那种赤裸裸地为己豪取的手段，不值得提倡。懂得照顾别人利益的经商思想，才是真正的智慧。李嘉诚作为一个有智慧的人，他想的是要把眼光放远一些，把为人看作为己的必由之路，多做些搭桥铺路的事，也就是通过"我为人人"，实现"人人为我"。

实际上，越大的商人越想做更大的事，李嘉诚与荣智健等联手协助中资借壳上市，也是他们再次合作愉快的表现：

上市公司有买壳者，就有造壳者——有的有意分拆上市，或掏空某上市公司的"肉"，使其变成空壳，待价而沽。醉翁之意不在酒，买家买的不是肉，而是壳，即上市地位。

在协助中资的过程中，李嘉诚看好"借壳上市"，这和在港一家中资公司董事长荣智健正是英雄所见略同。

李嘉诚、荣智健在股市多方寻找、权衡，相中了泰富发展这只壳。泰富发展前身是香港证券大亨冯景僖旗下的新景丰发展，几经改组，控股权落入毛纺巨子曹光彪的手中，1988年8月，曹氏拥有泰富发展50.7%控制性股权。

泰富经营地产及投资，状况良好。曹光彪的大项目是港龙航空，与太古洋行的国泰航空展开激烈的空中争霸战。曹氏不敌对手，财力枯竭，焦头烂额。为摆脱困境，曹氏只有"减磅"。

李嘉诚的英籍高参杜辉廉为中信的财务顾问及收购代表。1990年1月，百富勤宣布向泰富主席曹光彪以1.2元/股的价格购入其泰富股份，并以同样的价格向小股东全面收购。

泰富市值7.25亿元，是当时股市“蚊型股”。中信并无付现金收购，而是通过一系列复杂的换股及以物业作价的步骤而完成的。李嘉诚和荣智健都曾是港龙的股东，与曹光彪打过交道，因此，这次收购，是经各方缜密协商的，是互利的公平交易。

到1991年6月，泰富经改组、集资、扩股之后，股权分配是：中信49%、郭鹤年20%、李嘉诚5%、曹光彪5%。泰富正式改名中信泰富，荣智健任董事长。从股权分配上，可见李嘉诚旨在促成这件事，而无意获取权益。

从1990年年初，李嘉诚辅佐中信收购泰富起，香港中资与内地国企，纷纷扯“超人”衫尾，欲借“超人”之力购壳上市，合组联营公司，利用双方的优势，在香港和内地同时拓展业务。

1994年，中信泰富跻身香港十大财阀榜，据1995年1月1日的《快报》，中泰富以375亿元市值，排名第8位，风头之劲，连香港老牌华资英资大财阀，都感到可畏。

香港中信，拉香港超级富豪助威，其中一位是香港首富李嘉诚，另一位是来自马来西亚的首富郭鹤年。权势加财势，任何一家大财团都莫与争锋。

人们都说李嘉诚的成功中，机遇的因素占有很大的比重。对此，李嘉诚深有感触地说：

☆因为我公道公正，以前很多跟我合作过的人，没有一个不高兴的。很多年来，很多机遇都是跟我合作的人送来、追来给我的。

李嘉诚这番话道出了企业由小做大的真谛。所谓由小做大，绝非财富的简单累增，而是财富与能力、信誉、人际关系等的双向积累。如果将财富形容为房子，那么，能力、信誉、人际关系等就是房子的地基。如果地基坚实，房子才能安然不动；否则，房子越高大，越容易遭殃。

不管怎么说，在这个拜金若神、物欲横流的商业社会里，李嘉诚始终秉持住“双赢法”，不为眼前的名利绞尽脑汁，而是处处照顾股东和公司的利益，处处体谅他人的感情，实在是难能可贵。有人高度评价：“长江实业最珍贵的财产就是李嘉诚。”这就无怪乎香港人提到李嘉诚，多少带有崇敬的意味。

李嘉诚在发展事业的过程中，能够一以贯之地执行“双赢法”，首先要求自己在利益面前可以让一让的做法，给年轻人经商留下几点启示：

①精诚合作才能长久共赢：一堆沙子是松散的，可是它和水泥、石子、水混合后，比花岗岩还坚韧。由此可知，双方合作、共赢是多么的重要。这就需要养成互相合作的好习惯，不要在利益上争得面红耳赤，而要以合作共赢为重中之重。

尽管现代大多数管理者都公开宣称信奉合作共赢，但可悲的是，真正在企业中实现愉快合作共赢的人寥寥无几。美国著名管理咨询专家帕特里克·兰西奥尼就曾经通过调查了解到：尽管《财富》500强中有超过1/3在自己的网站中公开宣称合作共赢是自己的核心价值观，但实际上只有很少的企业真正理解和在行动上支持这么做。相反，合作双方总是自觉不自觉地在钩心斗角，掐着指头算自己的账，但他们却仍然不断冠冕堂皇地兜售自己对于合作共赢的信仰。

②合作共赢需要彼此了解，知根知底，知道双方现在做什么、将要做什么，不能做成一锤子买卖，今天有酒今天喝，管它明天咋回事。这就需要坦诚相见，共定战略方针，拿出可行的步骤，按照计划执行下去。

李嘉诚教子启示

双方合作时，绝不能把自己当天才，把别人当傻瓜，老想着怎样蜇摸别人的既得利益。

第10句话　肯用心来思考未来

大商人要有大格局，大格局要靠大眼光。天下大商人、小商贩的区别正在于有没有大格局、大眼光。很多小商贩羡慕大商人的生意风生水起，一天比一天红火，而自己天天掐着指头算计小事情，走不了几步就完蛋。

李嘉诚非常看重“未来战略”在商业规划版图上的紧迫性，希望儿子能够以前瞻性的大眼光看到大格局，扎扎实实地做出一番大事业，劝他们再忙，都要“肯用心来思考未来”，否则，就只能属于小打小闹的小商贩而已。

1. 想成大事，心中必须揣着指南针

※ 李嘉诚贴心话

☆想当好的管理者，首要任务是知道自我管理是一项重大责任，在流动与变化万千的世界中，发现自己是谁，了解自己要成什么模样是建立尊严的基础。自我管理是一种静态管理，是培养理性力量的基本功，是人把知识和经验转变为能力的催化剂。

☆一个总司令，是一个集团军的统帅，拿起机关枪总不会胜过机关枪手，走到炮兵队操作大炮也不如炮兵。但作为集团军的总司令不要管这些，只要懂得运用战略便可以，所以整个组织十分重要。

☆好的时候不要看得太好，坏的时候不要看得太坏。最重要的是要有远见，杀鸡取卵的方式是短视的行为。

☆当我整理公司发展资料时，最明显的是我们参与不同行业的时候，市场内已有很强和具实力的竞争对手担当主导角色，究竟“老二如何变第一”？或者更正确地说：“老三老四老五如何变第一第二”？我想在于：抓住竞争和市场环境、知己知彼、磨砺眼光、毅力坚持。

☆眼睛仅盯在自己小口袋的是小商人，眼光放在世界大市场的是大商人。同样是商人，眼光不同，境界不同，结果也不同。

这“化学反应”由一系列的问题开始，人生在不同的阶段中，要经常反思自问，我有什么心愿？我有宏伟的梦想，我懂不懂得什么是节制的热

情？我有拼战命运的决心，我有没有面对恐惧的勇气？我有资讯有机会，但有没有实用智慧的心思？我自信能力天赋过人，但有没有面对顺流逆流时恰如其分处理的心力？

你的答案可能因时、因事、因处境，审时度势而有所不同，但思索是上天恩赐人类捍卫命运的盾牌，很多人总是把不当的自我管理与交厄运混为一谈，这是很消极无奈，在某一程度上是不负责任的人生态度。

※ 教子真经解读

20 世纪 90 年代以来，李嘉诚越发在思考长实系这艘战舰该怎么开的问题，经常与未来掌管长江实业的李泽钜讨论这个问题。我们明显看得出：李嘉诚很强调“梦想”“热情”“勇气”“命运”“责任”等词，就是要给自己的管理团队打气，不能歇脚，要继续前行，去克服和解决路途上遇到的各种难题。希望管理团队的领导者能够像“总司令”一样带队伍，把握住战略目标，看到远处，不要盯住近处，因为前者是未来，后者是脚下。李嘉诚使用的是前瞻思维的方式，成功诠释了一个最简单的道理：一个人做事情，最主要的是掌握“制脑权”“目光力”，要敢于寻找发展的突破口，不放弃就会有希望，努力就会接近成功的未来。

※ 教子故事解析

一个人要想把自己做强做大，必须要有一个更大的雄心，对准心中的指南针方向继续前行，绝不能停在半路上休息，甚至想过“坐享其成”的日子，这样才能赢得更美好的未来。同样，企业如同一艘战舰，不能停在大海中转圈圈，必须对准既定的航标方向，及时开足马力，起航远行，经历大风大浪，才能看到更为辽阔的地平线。

李嘉诚驾驶长实系这艘战舰，他的未来目标非常明确，那就是照着自己心中的指南针，打造出一艘世界级的航母。因为李嘉诚对长江实业的未来定位很准确——在包容、扎实、灵活、前瞻、拓展、重拳的战略思想的引导下，在领导者与团队的正确统率和执行过程中劈波斩浪，成就自己未来更大的辉煌。

通观李嘉诚经商奋斗史，我们发现他在用心思考未来时，最关键的时候都能把指南针掏出来，找问题，想办法，出对策，寻出路。这里，我们选择他几个不同时期的案例加以说明：

1）挖来“第一桶金”后的“几桶金”

20 世纪 50 年代中期，香港的塑胶及玩具厂已有 300 多家，长江厂只不过是其中的一家。在同业中，长江厂只是步人后尘，并没有任何大特色，长江厂创办以来，主要生产塑胶玩具和日用品，这两大类产品，也并不是一成不变的，也先后变化了几十款，但大部分都是根据代理经销商的订单要求设计改型的。此时的李嘉诚头脑异常冷静，时刻思考长江厂的现状及未来。

为什么有这样的思路呢？李嘉诚认为自己只不过是此一行业的一个平庸之辈而已；他的天性从来就不甘于平庸，因此对现状越来越不满。他盼望有一天能有一个突破，以使长江厂从众多的同行中脱颖而出，崭露头角，独领市场风骚。要想寻求突破，就要开阔视野，放眼全球，关注国际市场塑胶业的新动向。在这一点上，李嘉诚少年时学成的英语发挥了威力。

李嘉诚每天都工作 10 多个小时，订阅了不少经济类杂志，并从中获取了大量知识和信息。一天深夜，他翻阅英文版《塑胶》杂志时，看到了一则消息：意大利一家公司，已开发出利用塑胶原料制成的塑胶花，即将成批生产，推向欧美市场。

这条消息牢牢地牵动了李嘉诚的心。一直在苦苦寻找突破口的李嘉诚，真有一种“山重水复疑无路，柳暗花明又一村”似的豁然开朗之感。他再也睡不着了，兴奋地在地上来回走动。第二天一大早，李嘉诚跑遍了港岛各地，仔细研究了一番香港市场，他注意到港九各大商店几乎都没有塑胶花，而港人随着生活水平的提高，又越来越喜欢家庭环境的美化。这是一个潜在的大市场，“钱”途无量。李嘉诚激动不已，再也等不及了，他必须快速行动。

1957 年春天，李嘉诚满怀着美好的希冀和强烈的求知欲，以最快速度办妥了赴意大利旅游签证，亲自前往考察塑胶花的生产流程和销售市场。到了意大利，他立即到工厂开始“偷师学艺”——边打工边了解情况掌握信息资料。例如，每逢假日，他便邀请这些工友到城里的中国餐馆吃饭，在吃饭游玩时，他趁便向他们请教有关他看不明白的技术问题。李嘉诚的目的终于达到了，他带着几大箱塑胶花样品和资料，满怀信心和希望，决定回国拓展事业。这为他迅速打开香港市场以及东南亚市场获取更多的财富，开了一个好头！

李嘉诚在事业发展顺利的情况下，仍然不安现状，不断思考未来、积极求变，这是每个有志于开创大事业者必备的素质。世上有许多人在艰难的条件下能勤于思考，以改变自己的生活处境，而在顺利的条件下安于现状，心中没有未来，就不思变革了。这种人性上的弱点，成了许多人小富即安，难有大作为的思想根源。

2）威震香港的“百亿救市”活动

20世纪80年代中期，香港股市持续兴旺，恒生指数一路攀升。到1987年10月1日，一举飙升至创历史最高纪录的3950点，真可谓牛气冲天。1987年9月14日，李嘉诚宣布长实旗下四家公司——长实、和黄、港灯合计集资103亿港元，这是香港证券史上最大的一次集资行动。至于这笔巨资的用途，李嘉诚并没有明言，只是表示将在3个月内公布。

10月19日，美国华尔街股市突然狂跌508点，引起香港股市恒指暴跌420多点。绝大多数人，特别是李嘉诚的包销商更是欲哭无泪，因为他们将承担包销的风险。10月20日早上，联交所主席李福兆宣布停市4天。10月26日重新开市当日，香港恒指又暴挫1121点，全面崩溃。

大盘崩溃后，约占香港总市值15%的长实系上市股票均下跌三成。依常规，这正是向公众股东廉价收购本系股票的大好时机。10月23日，李嘉诚向香港证监会提出一个“稳定股市”的方案，即拟动用15亿～20亿港元，吸纳长实系四公司的市面散股，以便“协助本港股市的稳定”。他强调，“此举目的是希望看到本港股市和经济不要有太多波动，希望能稳定下来”，“绝非为个人利益，完全是为本港大局着想”。

当时许多业内人士和各媒体都认为李嘉诚这次是在劫难逃，只能是自酿的苦酒，自己喝了。因为依以往香港及海外的股市经验，大股灾之后，仍有2～3年的低谷期，李嘉诚这次自然是亏定了。然而，谁也没有想到，股市竟恢复得如此之快，到年底股市就开始回扬上涨。幸运之神再一次光顾了李嘉诚——他做对了！这就是被有关传媒所广为传颂的“百亿救市”行动。

1988年元旦聚餐会上，李嘉诚自豪地说：“在过去两个月来，香港的经济和金融市场，经历了一次有史以来最大的波动，但我们公司和联营公司，整个集团都做得很好，以智慧和辛勤争取得来的业绩，比去年更为有利，更为稳定。1987年的纯利，有一个良好的数字，而集团的一切，前途都是非常美好的。”

李嘉诚筹划的这次“百亿大集资”，是香港历史上规模最大的一次股市集资活动，他在股灾中扮演了一个敢冒风险的白衣骑士的角色。这种敢于负责、思考未来的胆魄，立马树立了一个商界领袖的形象和善于为人的楷模，至今为人们所称道。这也表明，最厉害的商人用心思考未来都有“大手笔”，胆量和目光是衡量一个成功商人是否顶级的标志之一。

3）国际化合作的一次艰难挑战

1999 年年底，当美国将从巴拿马运河撤离时，香港和记黄埔有限公司通过竞标赢得了巴拿马运河两端港口的管理权，在美国惹起很多风波。美国众议院的银行及金融事务委员会举行听证会，一些议员指和黄是北京的棋子，意图控制巴拿马。巴拿马运河港口的投标，被美国国务院界定为“缺少透明度”，“非常不寻常”，克林顿政府竟予以认同。巴拿马政府贪渎，使和记黄埔取得了港口和邻近的战略性地产。在巴掌马运河港口的租赁招标时，中国人的和记国际码头公司出价 1000 万美元，而两家美国公司分别出价 1100 万和 1160 万美元。巴拿马政府不接受这些出价。于是，和黄不但取得拍卖单上所列的港口，还得到了运河沿岸其他主要战略性地产。为此，李嘉诚赶紧向新闻界表示，他属下的和记黄埔集团不会通过在巴拿马运河投资兴建集装箱码头来控制运河的航权。

11 月 30 日，美国总统克林顿在白宫举行的吹风会上说，香港和记黄埔有限公司管理巴拿马运河两端港口，不会对美国安全构成威胁。为此，李嘉诚发表谈话说：和黄集团在巴拿马运河只是进行一项集装箱业务的投资，与控制权并不相干。他强调和黄集团只是在巴拿马经营集装箱业务的公司之一，同一些美国和中国台湾公司相比，和黄甚至不是最大的集装箱经营公司。

李嘉诚海外投资遭到一些人士的非议，却不能阻挡他拓展的决心和步伐。这对他努力发展企业未来，应该做好怎样的艰苦心理准备，采取怎样有效的应对措施，都上了一次富有实战性的大课。也使得他在政经方面更成熟，懂得如何规避各种麻烦，也学会采取各种合法手段去解决这些麻烦。

由此可见，在李嘉诚看来，作为“总司令”，不仅要盯住眼前解决不了的问题，还必须有一颗敢于面对未来的强大心脏，能够因时、因事、因处境，审时度势而采取相应的对策，涉险过关，这既是带领“集团军”打胜仗的战略智慧和指挥本领，也是负责任的人生态度和公众情怀，他很希望两个儿子李泽钜、李泽楷都能当好自己团队的“总司令”，常常为他们出谋划策。这对眼下很多企业家用心思考未来，大有裨益。

李嘉诚教子启示

一旦不想去追求高远的目标，即使十几米高的土堆也高如大山，或者被遮挡视野，或者无力攀登。

2. 地盘上，不能光有高原没有高峰

※ 李嘉诚贴心话

☆现今世界经济严峻，成功没有魔法，也没有点金术，但人文精神永远是创意的泉源。作为企业领导，他必须具有国际视野，能全景思维、有长远的眼光、务实创新，掌握最新、最准确的资料，做出正确的决策、迅速行动，全力以赴。

☆更新求变，就是使自己不被盔甲禁锢束缚的关键，我们要像故事中的骑士一样，要有智慧，能够客观地认清各种困境，鼓起勇气，直面世界的挑战；要有毅力，去克服重重障碍，勤于反思，追求新知，才能营造一个和谐、健康和有价值的社会，缔造出未来新的传奇。

※ 教子真经解读

李嘉诚这两段话，非常具有前瞻性，能看到企业现在究竟应该怎么做，才能通向未来的目标，最核心的观点就是：眼光必须是国际化的，思维必须是全新的，信息必须是最丰富的，决策必须是果敢的，这样才能“缔造出未来新的传奇”！

※ 教子故事解析

俗话说：“鸟要紧的是翅膀，人要紧的是理想。”理想可以提到新高度，肯用心来思考未来则需要把计划落到实处。我们知道，没有高原也就没有高峰，没有高峰的高原会黯然失色。对于想要成大事者来说，时刻都要准备好抢占未来的制高点，因为没有制高点就没有更有力的出发点。

李嘉诚用心思考未来的“三大块”，即立足香港、依靠内地、扩张海外，让自己的企业成为高原上的高峰。他对眼前经济发展格局有清晰的判断：

☆如果今天说我们不需要自由行，全部不需要，我相信股票会跌1000点以上。香港最大的得益就是有内地很多方面的支持。

☆欧美今年普遍认为经济可以出现三个百分点的增长，而内地仍会有百分之七，增幅最大。就经济增长而言，现时没有哪一个国家能与中国相提并论。

李嘉诚像战略家一样研究作战地图，思考如何在未来商业竞争中打出好牌。他自己知道怎样做的秘诀，那就是做事情里里外外都是一盘棋。下面，我们简要看一看他的“三大块”是怎么实施的：

1）寻找内地中心地带的商机

从20世纪80年代后期以来，长实系在香港的重要投资还有五大屋村的续建工程、兴建现代货柜码头、亚洲卫星公司、亚洲电视、购买股票及可兑换债券，等等。长实集团的实质资产负债率虽然低得惊人，但作为一家超级财团，这些投资的声势似乎一年弱过一年，不如海外投资那么“火爆水响”。

在李嘉诚的心目中，投资环境是否成熟问题上，也有一个抓住时机的问题，既不能在很不成熟时投资，也不能等它很成熟才投资。假如投资环境不成熟就投资，难免造成手插在磨眼里，欲退不能，不得不忍痛挨下去的窘境。但是假如投资环境已经成熟而仍不敢投资，则会失去有利时机。因此，如何才能抓住最佳时机，是投资者必须深入思考的问题。李嘉诚则是一位善抓商机的高手。

1992年，李嘉诚在内地搞了许多投资计划。1993年，内地因投资过猛，通货膨胀，紧缩银根，抑制过猛的发展势头，有相当多的发展商陆陆续续折翼内地，李嘉诚的许多计划，包括东方广场计划，也遇到了不少麻烦。于是，有人说李嘉诚头脑发热，骑虎难下。

李嘉诚虽然是一个稳健派，但说他赶时机还是有几分道理。他心如明镜，认为投资条件没有绝对的成熟，只要大体成熟就可以了；在向内地投资问题上，赶时机在一定程度上是必要的，至于有什么麻烦，不妨“兵来将挡，水来土掩”。已经空旷无物的王府井地盘该起楼了。按计划，建成后的东方广场将高达70米，不仅可以俯视昔日皇宫里的一砖一瓦，稍远处的中南海全景亦可尽收眼底。

在香港已建惯了高楼，不上100米就算不上摩天大厦，这70米对于香港地主李嘉诚来说，只能算是小菜一碟。然而这是中国的心脏，要建这么高的建筑非同小可，逐渐引起了各界人士的关注。最后，由于地理位置重要以及建筑高度再加上政府决定加大宏观调控力度，抑制通货膨胀，东方广场一度被迫停工。

东方广场停工的消息一传到香港，全港各界立即一片哗然。不久，他向外界宣布，长实与市政府合作非常愉快，只是方案需要修改而已。并就大家对他的担心说："我现在无甚烦恼，球照打、会照开，开开心心。"直到 1999 年国庆 50 周年前夕，东方广场宣告全部竣工。

李嘉诚的积极主动态度，充分显示了他做事果敢、知错就改的作风，同时也显示出他在政治上的成熟。

从以上一波三折的案例看，内地的投资环境在当时还不十分成熟，李嘉诚妙就妙在不早也不晚地在这种情况下开始进军内地：太早会导致麻烦无穷，投资亏本，而太晚则会错过大好时机。这堪称一门投资艺术。换句话说，李嘉诚向内地投资后来居上，正是他制定未来决策，把握投资时机之恰到好处。

2）憋足劲在内地做大事

怎样才能做大生意？李嘉诚认为做大生意靠的是眼光和胆略，这样可掀起一股商势，形成一股席卷之风。李嘉诚在这方面做得非常超绝，他善于利用已有条件，拉开大规模的序幕。

1992 年 10 月，以和黄集团为核心的港方财团与中方财团深圳东鹏实业，在北京签署深圳盐田港发展合同。深圳盐田港发展公司总投资额为 50 亿元人民币，目标是建成与香港货柜码头互补的世界级盐田货柜码头。工程分若干期完成，第一期拥有 2 个货柜泊位和 4 个杂货泊位，建成后将大大缓解香港货柜码头的压力。但是盐田港计划曾遭到马世民竭力反对。他认为在内地搞货柜码头，等于抢香港的生意，自己打自己。对此，李嘉诚更具远见卓识。他说："深港间的大鹏湾是天然深水港，我们不抢先建盐田港，别的财团也会抢着去建，那将成了我们与别人对打。"

1992 年 6 月，在上海，港沪发展有限公司与闸北区政府签署协议，以 1.31 亿美元租得火车站以南 5.78 公顷土地的使用权。港沪发展由李嘉诚、郭鹤年以及中国光大、香港鹏利等财团组成。该联营公司准备在租下的地盘上建造 22 万平方米的综合建筑群，投入资金上百亿元人民币，全部工程于 1998 年年底完成。

李嘉诚在上海的另一项大手笔是海港工程，这是他 1992 年 9 月间在上海考察码头设施的结果。11 月 23 日，和黄集团及上海港务局，就合作经营的项目——上海集装箱码头有限公司达成原则协议。这样，李嘉诚不仅在香港拥有货柜码头的半壁江山，还将在中国内地的货柜码头业坐大，成为亚洲首席私营货柜码头大王。

1992 年 9 月，在海南，长江实业、香港熊谷组、中信旗下的荣高贸易、台资大中华及海南省 3 家银行，共同组建海南洋浦土地开发有限公司，计划投资 180 亿港元发展洋浦自由港，其中长实占一成股权，投资约 18 亿港元。

1992 年 10 月，首都钢铁、长江实业、怡东财务、东荣钢铁在北京签订有关收购东荣的协议。李嘉诚选择了首钢为合作伙伴，是因为首都钢铁企业总公司，是中国特大型四大钢铁基地之一，职工数 27 万人，经营多元化，包括钢铁、采矿、电子、建筑、航运、金融等 18 个行业；在国内拥有百多家大中型工厂和 70 家联营公司；在海外拥有独资、合资企业 18 家。李嘉诚打的是倚大做强的牌。

1992 年 11 月，长实集团与福州市政府签署协议，由长实投资 35 亿港元，参与福州旧城区三坊七巷的改革和重建工程。

1992 年 11 月，李嘉诚与胡应湘达成协议，合作发展广深珠高速公路第二期工程广州至珠海段，总投资为 96 亿港元，长实与合和共持控股权，其余股份由新鸿基地产及数家日资公司拥有。该项工程项目的投资回报依赖于征收费用，是一项投资大、风险大、见效慢的长线基础设施投资。李嘉诚看好这段公路的广阔前景，他认为虽然慢，但回报长期而且稳定，随着经济的进一步发展，投资回报额会逐步提高。此外，修路也是造福积德的好事，何况能进一步提高声誉。

从 1992 年秋起，长实集团就在大西南选择投资基地，最后将目标确定为西南第一大都会重庆。1993 年，长实系三家公司斥资 8 亿元，对重庆市中区依仁巷进行全面改造，建成面积为 23 万平方米的大型商住楼群。1994 年 3 月，李嘉诚在重庆专设和记实业有限公司，参与该市康居工程建设。

李嘉诚投资内地房地产，搭台唱大戏，可谓驾轻就熟：一来房产是他赖以发展的最内行的核心产业，而且房产一般投资短，见效快；二来房产与人民生活息息相关，尤其是康居工程。李嘉诚一旦认为时机成熟，向内地的投资就气势磅礴，后劲十足。他在2006年的回答是："中国有太多的机会，到处是金矿。"在CEPA《关于建立更紧密经贸关系的安排》协议不断推进之下，港资在内地专业服务业正一步一个脚印进行着摸索，70多岁高龄的李嘉诚还带着TOM集团试水了内地的传媒、娱乐产业，和黄也开始大举涉足内地的药业。另外，和黄还在内地各大城市，全面拓展电讯业务，成为内地移动电话及传呼台的最大合作伙伴。显然，这是李嘉诚"高峰战略"的体现。

3）准备"跑路"欧洲引起的争论

近几年，李嘉诚抛售内地资产，李氏商业帝国"往海外搬家"，基于他对大势的基本判断：欧美经济复兴，新兴经济体暂时处于弱势，而香港的风险在上升，收益相对下降。

李嘉诚接连抛售成为社会热议的焦点。从抛售百佳超市、上海陆家嘴东方汇经写字楼，再到近期抛售上海某甲级写字楼等，确实为大家带来诸多的信号。据不完全的数据统计，仅在过去一年时间内，李嘉诚通过抛售手中的资产，已累计套现金额高达800亿元以上。一方面，李嘉诚在大肆抛售内地物业；另一方面，他却大举进军欧洲市场。有资料显示，自2000年以来，李嘉诚及其儿子已将部分资产投资到欧洲市场。在英国，李氏家族拥有近三成的天然气市场，约四分之一的电力分销市场及约5%的供水市场。除此以外，李氏家族还对当地的港口、机场等领域进行了收购。

实际上，李嘉诚在欧美的布局时间可谓长久，从2000年至今，李家父子已经或者即将控制英国天然气近三成的市场，约四分之一的电力分销市场，以及约5%的供水市场。此外，港口、机场与金融市场业务也在李氏收购范围之内。从芬兰、荷兰到新西兰，处处可见李氏商业帝国的身影。自2010年以来，长和系总共在香港和中国内地以外完成了11笔收购，涉及金额约1868亿港元。这其中，欧洲地区占比高达96.75%。

对于李嘉诚资产"大挪移"这种"跑路"迹象，社会各界纷纷表达不同看法，褒贬不一。有些评论专家认为：

李嘉诚这样做，既有合理之处，也有不合理之处。合理之处是他能够看准时机，将资产转移至欧洲市场，大举抄底欧洲，由此获取理想的投资收益率。显然，这种成功的资本运作是建立在李嘉诚敏锐的眼光及长期的运作经验之上；不合理之处，这种“跑路”的政治时机并不合适。而且李嘉诚表面上多次强调不会从香港及内地市场撤资，实际上，他的种种举措却正好相反。李嘉诚的“跑路”无疑会让其他富豪产生跟风的效应，从而加速降低香港及内地市场的投资信心，不利于香港及内地经济的理性发展。

2013 年年初，李嘉诚说：“多年前就发觉，有些人可能会因为妒忌或其他原因不太高兴。虽然我做了好多对香港有益的事，但每多做一样，就会有人认为多一样生意是李嘉诚的，我不想这样。”在商言商，追求利润最大化，规避风险是精明商人的必备能力。当自身利益与大局利益发生冲突时，以李嘉诚为主的富商们重新衡量自身的未来战略部署，实事求是地说，多区域投资是摆脱不确定性风险最好的办法，起码现在的中国还需要全球代言人，信奉“墙外开花墙内香”。

台湾广告界有句名言：“与其被国际化，不如去国际化。”李嘉诚认为不能抓住商机的投资都会打水漂，他经商最主要的一点就是抓商机，敢投资，通盘考虑下对未来每一步棋，用“三大法”——找大处，建大台，唱大戏来开拓自己的市场，把自己企业的高峰建立在高原上，正如他自己所说的“骑士精神”！作为重任在肩的长子李泽钜不无感慨地说：“父亲的骑士精神，一直潜移默化着我，我觉得父亲的教育是最好的言传身教，我和弟弟泽锴在这方面都要多学父亲的骑士精神，把我们的企业掌管好，在风吹浪打的市场中开稳前行的大船！”

2006 年 4 月，长江商学院组织了马云、牛根生、傅成玉等一批名字响亮的首席执行官拜访李嘉诚，李嘉诚对这些企业家的寄言简单而有力：“你的市场必须要靠自己建立起来”，由此我们也能理解李嘉诚“大挪移”的商业战略，是要打开未来更大的带有保险系数的广阔市场。

李嘉诚教子启示

为了让自己的事业做大起来，对未来的决策必须落实在一个“变”字上，千万不要坐井观天，要知道心有多大舞台就有多大！

3. 时刻谨记：坚决不干踩“红线”的事

※ 李嘉诚贴心话

☆我对自己有一个约束，并非所有赚钱的生意都做。有些生意，给多少钱让我赚，我都不赚……有些生意，已经知道是对人有害，就算社会容许做，我都不做。

☆一个有使命感的企业家，应该努力坚持走一条正途，这样我相信大家一定可以得到不同程度的成就。绝不同意为了成功而不择手段，刻薄成家，理无久享。

☆正正当当做一个商人是不容易的，因为竞争越来越大。如果个人没有原则，从一个不正当的途径去发展，有的时候你可以侥幸赚一笔大钱，但是来得容易，去得也容易，同时后患无穷。

☆商业的存在除了创造繁荣和就业机会，最大的作用是服务人类的需求，企业本身虽然要为股东谋取利润，但是仍然应该坚持“正直”是企业的固定文化，也可以被视为是经营的其中一项成本，但它绝对是企业长远发展最好的根基。一个有使命感的企业家，应该努力坚持，走一条正途，才有美好未来，这样我相信大家一定可以得到不同程度的成就。

※ 教子真经解读

李嘉诚对两个儿子李泽钜、李泽楷说的意思非常明白：做个正当商人不容易，为了防止出现“后患无穷”，必须明白，做生意不是哪项生意都能做，关键看它是不是法规范围之内，超出这个范围，即使能赚再多的钱也不赚；其次，作为一个企业要始终坚持走正途，不能偏离而去搞些歪门邪道的事情，才有真正的未来前景。由此看来，李嘉诚头脑非常清楚，认为做生意虽然是为了赚钱，但赚什么样的钱以及赚钱后果，不能不谨慎考虑。烫手的钱即使再多，也不能要，每位生意人都应该死记这个原则，否则会犯下天大的糊涂病。换句话说，做生意不能违背大原则，不能踩“红线”，什么钱能赚，什么钱不能赚，要分得清楚，不能一心只想赚钱而不顾正道。归结为一句话：做生意的天条是不能去赚烫手的钱，否则热了一会儿就会冷了一生，根本没有什么未来可言！

※ 教子故事解析

做任何事都有一条底线，那就是“犯规”的事情坚决不能做，而且根本不要想。要不然，就会自己给自己挖个“大坑”，这可是一个原则性问题。或者说，真正的成功者都有一条死守的底线——坚决不会去干踩“红线”的事，即使伸手能得到的利益大无比！

天下有辛苦钱，有烫手钱。前者是靠自己踏踏实实挣来的，或者说靠自己双手赚的符合法规的钱，可以慢慢过好日子；后者则是靠歪点子、潜规则捞来的，这样的人明天是可怕的。

很有必要解释一下烫手的钱，大体包括下列三类：

第一类是会触犯法律的钱，如靠非法手段赚来的钱，即我们通常所说的“黑钱”，一定是烫手的钱。赚这种钱于法于理不容，必将招来灾祸，受到惩罚，无论如何不划算。

第二类是以损人利己为后果，靠坑害同行同业或蒙骗欺诈赚来的钱。这类以损害他人利益的手段赚取的钱财，本质上与前一类差不多，既违背了商场交易必须互利互惠的原则，也糟践了人应该遵循的基本道德准则，同样会为自己招祸。

第三类是既不违法同时也有正当的理由去拿，拿了却有可能得罪同行或朋友，结怨于他人的钱。这类钱需要理智对待，切忌情绪冲动。

作为“华人首富”，李嘉诚明白一个商人最要紧的是自己知道究竟该怎样做才对，有些事不能做就是不能做，做了是没有一点好处的；有些事可以做，但需要谨慎考虑，能不做就不做。在香港长江中心70层的会议室里，摆放着一尊别人赠予李嘉诚的木制人像。这是一个中国旧时打扮的账房先生，手里本握有一杆玉制的秤，但因为担心被打碎，李嘉诚干脆将玉秤收起，只留下人像。这一细节从另一侧面反映了李嘉诚是一个时刻注意风险的人。李嘉诚一生从商为自己提出许多戒律，如戒浮、戒疑、戒欺、戒满、戒急、戒苛、戒小、戒散、戒贪等，其中有一个目的就是不触碰规定的“红线”，稳步发展，把企业做大做强。

显而易见，坚决不干踩“红线”的事，这是一个做人做事的基本原则，古往今来的许多案例都证明，唯有如此，才能得个好结局。反之，不行！

晚清“红顶商人”胡雪岩精于生财之道，有一句名言，叫作生意人要学会“前半夜想想自己，后半夜想想别人”。他注重“做”招牌、“做”面子、“做”场面、“做”信用；广罗人才，经营靠山；施财扬名，广结人缘，这些措施就是他的生财之道。

胡雪岩起家时有个为官的好朋友王有龄。王有龄因筹解漕米有功，很快由海运局坐办改升署理湖州府。当时官场有不成文的规矩，一方官员和地方士绅逢年过节都必须给主官备送节敬。王有龄改升署理湖州府正在端午前，他如能赶在五月初一上任，五月初五必有一笔不菲的节敬好拿。拿这笔钱于情于理实在也无大碍，但胡雪岩认为不可。他的理由有两条：一、节敬只此一份，前任已署理好些日子，该当他得，为他着想，不能去抢了他的好处；二、往深一层说，抢别人的好处必定得罪对方，结下怨恨，“铜钱银子用得完，得罪一个人要想补救就不容易了”。

胡雪岩在洋场势力的确定，是他主管了左宗棠为西北平叛而特设的上海采运局。上海采运局可管的事体甚多，牵涉和洋人打交道的，第一是筹借洋款，前后合计在一千六百万两以上，第二是购买轮船机器，用于由左宗棠一手建成的福州船政局，第三是购买各色最新的西式枪支弹药和炮械。

由于左宗棠平叛心坚，对胡雪岩的作用看得很重，凡洋务方面无不要胡雪岩出面接洽。这样一来，逐渐形成了胡雪岩的买办垄断地位。洋人看到胡雪岩是大清疆臣左宗棠面前的红人，生意一做就是二十几年，所以也就格外巴结。这也促成了胡雪岩在洋场势力的形成。

这种局面的形成和他在权场的势力配合甚紧，因为加征蚕捐，禁止洋商自由采购等，都需要官面上配合。尤其是左宗棠外放两江总督，胡雪岩更觉如鱼得水。江湖势力方面，像郁四等人，本身的势力都集中在丝蚕生产区，银钱的调排，收购垄断的形成，诸事顺遂。

胡雪岩在商场上靠自己勤奋能干、不欺骗人、真材实料把自己的“金字招牌”树立了起来，成为当时一名大商人。他经商有几条原则：第一，可以为了钱“去刀头上舔血”，但决不在朝廷律令明白规定不能走的道上赚黑钱；第二，可以捡便宜赚钱，但绝不去贪图对别人不利的便宜，绝不为了自己赚钱而去敲碎别人的饭碗；第三，可以借助朋友的力量赚钱，但绝不为了赚钱去做任何对不起朋友的事情；第四，可以投机取巧，但绝不背信弃义靠坑蒙拐骗赚昧心钱；第五，可以将如何赚钱放在日常所有事务之首，但该施财行善时决不吝啬，绝不当守财奴。这些说法有可取之处！特别是胡雪岩还说过“做生意还是从正路上去走最好”，但是他的发家史有一点很醒目——他常常私下与官场联手而得到的好处多多，善于借取官场人物如上面讲的王有龄、左宗棠等关系和势力，拉抬自己，虽然赚了大钱，富甲一方，红极一时，但是为他最终走向家败人亡埋下了巨大隐患。这种教训是极为深刻的！

古人说：“君子爱财，取之有道”，即要靠自己的胆识、能力、智慧，靠自己勤勉、心安理得地挣取，而不是存一份发横财的心思，靠旁门左道去获取。有一句俗语，“马无夜草不肥，人无横财不富”，其实这是一种误解。真正成功的商人都知道，商事运作最要讲在正途上勤勤恳恳、本本分分，不能踩“红线”，这样所得才是该得，生意才会长久，所谓“飞来的横财不是财，带来的横祸恰是祸”，说的就是这个理儿。现在有些生意人不怕冒险，总想赚些不明白的钱，以为不冒险怎么可能赚大头？有的时候甚至敢刀头上的血也敢舔，舔完了再说。这完全是拿自己开玩笑！

李嘉诚对历史上的很多商人兴衰成败，心里十分清楚，对于如何平衡社会责任与获取商业利益，他在2006年表示：

☆我内心已有非常好的保障，若一个人不知足，即使拥有很多财产也不会感到安心。举例来讲，如果看着比尔·盖茨的财富和你自己的距离那么大，那么你永远不会快乐。重要的是内心的安静，表面看来很忙，但内心其实没有波动，因为自知做着什么工作。我知足，但不表示没有上进心。

李嘉诚说的意思是：作为成功的大商人，需要“知足”，但并不意味着啥也不干，而是要干正事。啥叫“知足”？在李嘉诚看来，就是安分守己，淡泊名利，这是最好的修身法。李嘉诚非常喜欢了解明代贤相张居正的事迹和著述，张居正说：“君子处其实，不处其华；治其内，不治其外”，即有修养有名望的人务求实际，而不图外表好看；致力于自身的修养锻炼，而不计较自身以外之物。他还说：“创始之事似难实易，振蛊之道似易而实难”“常将有日想无日，莫将无时想有时”，这都是给人生敲警钟！李嘉诚当着两个儿子李泽钜、李泽楷的面，颇有感叹地说：

☆一个人除了赚钱满足自己的成就感之外，就是为了让自己生活得更好一点，如果只顾赚钱，并赔上自己的健康，那是很不值得的。

☆尽量挤出时间使自己得到良好的休息。只有得到良好的休息，才会有充沛、旺盛的精力去面对突如其来发生的各种事情。

☆我觉得一家幸福是最紧要，生意起跌是小事。生意今日起，明日跌，一家人开心最紧要。

从这里，我们能够看到李嘉诚的一种“知足观”和“幸福观”，都很实实在在，没有什么高调子，这说明他是一个平凡的人，而平凡的人往往是最了不起的。李嘉诚的办公室有三幅真迹字画，透露出他为人处世的心境：

第一幅在他办公桌正前方墙面，抬头可见，是张大千画作，名为“李白诗意”，题字来自李白诗《山中问答》：“问予何事栖碧山，笑而不答心自闲。桃花流水杳然去，别有天地非人间”，李嘉诚说：“这代表心境很宽。”第二幅位于橱柜前方，是八大山人的画作。李嘉诚说：“八大山人画作一般是不开心的，唯有这幅画是开心、自在的，光这一点，就值得挂在这里。”第三幅是书法，挂在他右手侧墙上，离他最近，诗句为清代儒将左宗棠所做，字为名家所写：“发上等愿，结中等缘，享下等福；择高处立，寻平处住，向宽处行”。

李嘉诚嘱咐儿子用心思考未来，当然包括“金钱观”与“幸福观”，可以用一句话概括：坚决不要烫手的钱，好好生活就是不辜负生活！所以，希望父母教子成长时，一定要警告孩子对下面三点马虎不得：

①任何时候不走歪道，都要走正道，否则没有未来：这里的“道”，应该是指取财于不违背良心、不损害道义的正道。从某种意义上说，商道其实就是人道，即做人为人之道。一跤跌进钱眼里，心中只有钱而没有人，为了钱坑蒙拐骗，伤天害理，便是奸商，奸商与奸诈无耻等值，这种人钱再多，也为人们所不齿。

②做生意不能违背大原则，要牢牢把握一条正路走下去，否则没有未来，即使仅仅从商人求利的角度看，也是完全必要的。做生意从正路去走，往往可以名利双收，即便一笔生意失败了，也有东山再起的希望。而违背道义、不走正路，必将遭人唾弃，一旦失败往往一败涂地，名利两失，不可收拾，实在是愚不可及。

③任何人做人做事都必须走在正道上，踏踏实实，才不会让人生突然崩坏掉。为什么有很多人做不到这一点而铸成大错，根子就在这里。做人必须本本分分、稳稳当当，不能因诱惑来到眼前、利益跑到脚下，就开始胡思乱想，把手伸出去，这都是绝对要不得的“踩红线”行为，否则早晚会出大事。所以，在任何时候都要管住自己，做人坦坦荡荡，做事踏踏实实。这是根本大法，不能有丝毫松懈。记住：只有自己在正道上走稳每一步，然后才能大踏步向前迈！

李嘉诚教子启示

告诫孩子坦坦荡荡、本本分分做事情，在人生路上千万别犯糊涂病，一定要拒绝烫手的钱！这样的钱来到眼前，连瞅都不瞅一眼！

4. 撒腿追上法：跟得上知识时代的锣鼓点

※ 李嘉诚贴心话

☆无论何种行业，你越拼搏，失败的可能性越大，但是你有知识，没有资金的话，小小的付出就能够有回报，并且很可能达到成功。

☆知识不仅是指课本的内容，还包括社会经验、文明文化、时代精神等整体要素，才有竞争力，知识是新时代的资本，五六十年代人靠勤劳可以成事；今天的香港要抢知识，要以知识取胜。

☆人的眼睛的作用在于发现、洞察世事人性，从中找到为己所用的知识、机会、以便让自己在更高的起点上、宝贵的经验上起步。古人说，“世事洞明皆学问，人情练达即文章。”一个人要做好任何事情，都离不开“世事洞明”和“人情练达”这八个字，对于有志于经商的人来说尤其是这样。

☆从前经商，只要有些计谋，敏捷迅速，就可以成功；可现在的企业家还必须要有相当丰富的知识资产，对于国内外的地理、风俗、人情、市场调查、会计统计等都要非常熟悉不可。

☆一个人凭自己的经验得出的结论当然是最好，但是时间就浪费得多了；如果能将书本知识和实际工作结合起来，那才是最好的。我从不间断读新科技、新知识的书籍，不会因为不了解新讯息而和时代潮流脱节。

☆科技世界深如海，正如曾国藩所说的必须有智、有识。当你懂得一门技艺，并引以为荣，便愈知道深如海，而我根本未到深如海的境界，我只知道别人走快我们几十年，我们现在才起步追，有很多东西要学习。

☆如果一切有机会从头再来，我的命运会如何不同？人生充满着很多“如果”，转折点比比皆是，往往也不由我们控制。如果战争没有摧毁我的童年，如果父亲没有在我童年时去世，如果我有机会继续升学，我的一生将如何改写？我对医学知识如此热诚，我会不会成为一个医生？我对推理与新发现充满兴趣，我会不会成为一个科学家？这一切永远没有答案，因为命运没有给我另类的选择，我成为今日的我。

☆下一个世纪的企业家将和我完全不同，因新世纪企业家的成功取决于科技和知识，而不是钱。

※ 教子真经解读

李嘉诚认为未来的商战胜负取决于知识含量的多少，即做成大事情的关键在于“要以知识取胜”！用一句大白话说，就是谁没有知识谁就玩不转商战！为什么这么说呢？在李嘉诚看来，知识比资金重要，没有知识，未来失败的可能性很大；知识包括很多方面，有书本的，有社会的，有市场的，掌握的越多，未来的成功率越高；过去经商可以靠脑子灵、出苦力，现代和未来经商则要靠拼知识水平。李嘉诚本人已经意识到自己必须学知识、抢知识，要不然，不可能到达“未来的深海”！他用了“抢知识”这个词，非常形象，就是尽自己的全力撒腿追上去，跟上知识时代的大步伐！

※ 教子故事解析

几十年来，人们对“知识就是力量”“知识改变命运”这两句话，已经朗朗上口，记忆尤深，因为这两句话最能反映知识时代的特点。

苏联著名作家高尔基说：“我扑在书上就像饥饿的人扑在面包上。”为什么知识好比每天都要吃的粮食一样重要呢？

远的不说，就拿地球人都知道的比尔·盖茨为例，他以电子技术为知识力量，把电脑功能一步步提高到今天这个程度，不仅使自己成为了“世界首富”，还大大推动了社会发展的革命性进步，人类从此进入了信息瞬变的电脑时代。美国著名管理学大师德鲁克说：“比尔·盖茨的电脑知识为全世界做出了巨大的贡献，是人类技术史上的伟大一页！”是的，我们现在有谁能够离开电脑呢？再如，与我们密切相关的手机也是这样，经过内森·斯塔布菲尔德到马丁·库帕等发明与改进，直到今天的“摩托罗拉”“小米”“联想”“苹果”等等已经完全占据了我们生活的分分秒秒。

李嘉诚有一个基本信念是“知识改变命运”（十几年前系列同名励志纪录片，由导演顾长卫执导。当时，李嘉诚应邀拍了一辑，但因他不愿在电视播放而太多露面，该辑片段从未曝光。直至前几年李嘉诚首肯在网站播放，外界才有机会一睹为快）。李嘉诚极力倡导年轻人多读书、多长学识，因为他把一个人有没有知识，看作事业能不能大踏步奔向未来的起跳板。

李嘉诚如此高度评价知识对每个人未来的重要性，以为是人生的一招胜负手，这是他在与世纪同行的人生经历中总结出的感悟。

李嘉诚曾这样描绘他年少时的心态：“小时候，我的家境虽不富裕，但生活基本上是安定的。我的先父、伯父、叔叔的教育程度很高，都是受人尊敬的读书人。抗日战争爆发后，我随先父来到香港，举目看到的世态炎凉、人情冷暖，就感到这个世界原来是这样的。因此在我的心里产生了很多感想，就这样，童年时五彩缤纷的梦想和天真都完全消失了。”

仅仅做一个地道的香港人，不是年少李嘉诚的目的。书香门第的熏陶，使他抱定了一个信念，即在一切知识中，文化知识是最重要的，它不但是一个人的能力之本，而且是深造和达到高深境界的前提；艰难困苦的激发，更使他决心将来干出一番事业，以出人头地，彻底摆脱生存维艰的困境。

当时香港虽在战时，但科技的力量仍无所不在。时刻关注时局发展的李嘉诚认识到，没有知识便成就不了大事业。他首先给自己定下了一个近期目标——利用工余时间自学完中学课程。

李嘉诚每天工作都在 15 小时以上。回家后，还要就着油灯苦读到深夜，有时经常会忘了时间，以至于想到要睡觉时，已到了上班的时间。生活的艰辛已使他的意志逐渐坚强起来，尤其在学知识方面，他更是有着顽强的毅力。他咬紧牙关，坚持做到学习工作两不误。

尽管李嘉诚有着强烈的求知欲望，却为无钱买教材而发愁。他自小心性高傲，不愿受人施舍，更不愿欠下人情。因此，他没有考虑去借。然而他工资微薄，不仅要维持全家人的生活，而且还要保证弟弟、妹妹的学费。他希望弟弟妹妹不要像自己这样因生活所迫过早地辍学打工，能够一帆风顺地读完应读的学业。那么，他哪来的钱买书呢？

李嘉诚想到了一个绝妙的办法。他通过观察，发现大多数中学生将用过的教材当垃圾扔掉，而有些颇有心计的学生却将旧教材出卖换钱。这样虽然所得甚微，但毕竟换了钱。他猜测：既然有人收购旧书，就会有专做旧书生意的书店。然后他开始注意留心考察，结果很容易便证实了他的推断。于是，他到折旧书店廉价买些旧教材，一次只买一两种。学完之后，又拿到折旧书店去卖，然后再将卖旧书的钱买回“新”的旧书。就这样，他不仅学到了知识，又省了钱，真可谓一举两得。

李嘉诚后来谈起这件事时，仍很得意，似乎那时节省几元钱比现在赚几亿元还兴奋。他说：“先父去世时，我不到 15 岁。面对残酷的现实，我不得不去工作，忍痛中止学业。那时我太想读书了，可家里是那样的穷，我只能买旧书自学。我的小智慧是被环境逼出来的。我花一点点钱，就可买来半新的旧教材，学完了又卖给旧书店，再买别的旧教材。我学到了知识，又省了钱。”

那个时候，李嘉诚为了尽快融入到香港的文化氛围中，还苦学广东话（广州话属粤方言，潮汕话属于闽南方言）和英语，尤其学英语几乎到了走火入魔的地步。他上学放学的路上，边走边背单词；夜深人静，他怕影响家人的睡眠，便独自跑到户外的路灯下读英语。每日天刚蒙蒙亮，他就一骨碌爬起来，口中念念有词，苦练英语会话能力。甚至他怕遭到茶客的耻笑和老板的训斥，常常利用短暂的空闲靠着墙角，快速拿出写好英语文章的纸片来看一眼。

1999 年 4 月，李嘉诚再次回忆起这段日子时说："那时候，人家是求学，而我是抢学。我不看小说，也不看娱乐新闻，这是因为我要从小争分夺秒地抢学问。我的学问，我的知识都是在有限的时间内抢回来的。我一直好勤力，有时间便自修，现在的人说求学问，我是偷学问。"

少年李嘉诚满脑子诗书礼教，因战争而随父母迁徙香港。他非常好学，记忆力好，是个能吃苦、干实事、好读书的好后生。他在艰辛环境下积极"抢学"，充实自己的知识水平，确实难能可贵。李嘉诚平生虽然正规学历不高，但他刻苦求学，通社会人情，所以学识高，能力强，与时代步伐不脱节，总能踩在锣鼓点上，所以才有了与时俱进的事业。如果离开早年的求知之路，李嘉诚恐怕难有成就，会留下终生遗憾，正如唐代颜真卿写的《劝学》诗："三更灯火五更鸡，正是男儿读书时。黑发不知勤学早，白首方悔读书迟。"由此而来，我们可以明白，李嘉诚为什么对两个儿子李泽钜、李泽楷的早年教育特别重视，不惜一切把他们送到国外学习，就是想让他们掌握一流的知识，为将来拼事业打下坚实的基础。

李嘉诚每周都会带儿子到海边玩，身边不离几本文言文书籍，他让孩子们大声朗读，并给他们讲解，希望借此让他们学好做人的道理。他说："他们一定要听我讲话。我带的书本是文言文，解释给他们听，然后问他们问题。我想当时他们亦未必能懂，但那些是中国人最宝贵的经验和做人的宗旨。"

社会上有一些人认为李嘉诚、王永庆、松下幸之助甚至比尔·盖茨都没有太高的正规学历，因而瞧不上读书，这显然是错误的。他们只是没有令人炫目的学历而已，知识的丰富已超出一般高学历者很多。

曾经有年轻记者问李嘉诚："今天你拥有如此巨大的商业王国，靠什么？"李嘉诚回答道："依靠知识！年轻人要明白：知识决定了命运。知识不能决定你的财富增加，但你会多了机会，你为自己创造机会，才是最好的途径。”

每天晚上睡觉前，李嘉诚都要看书，记者追问看什么书，他回答：“我晚上看些有关商业资讯方面的书，我相信这个行业发展非常快，未来两三年，电影、电视都会在小小的手机电话中显示出来。我比较喜欢科技、历史和哲学类的书籍，最近对网络资讯也比较感兴趣。”

有一位外商曾经问：“李先生，您成功靠什么呢？”李嘉诚说：“靠学习，不断地学习！我年轻时没有钱和时间读书，几个月才理一次发，要抢学问，只能买旧书，买老师教学里用过的旧书，长大了也没有时间去看言情小说、武侠小说。不过，我是喜欢历史的，小时候历史都拿高分的。现在在知识经济的时代里，没有知识，不可能打开自己未来事业的大局面，这一点毋庸置疑！”

大凡成大器者，个人的聪明睿智固然重要，但都离不开平时的勤奋和知识的积累。任何人想成大事，可以没有学历，但不可没有学识，如果能把书本知识放进人生历练中，就会更有力地改变自己未来的命运。

为了防止自己跟不上知识时代的需要，李嘉诚一生勤学不辍，夜以继日，活到老学到老，这一点很像金庸先生。他调侃自己现在也是“80后”，依然坚持每天阅读科学、经济、政治和哲学方面的书，最近正在读明朝宰相《张居正传》，张居正的名言“心以积疑而起悟，学以渐博而相通”“人情物理不悉，便是学问不透”，一定让他产生了不一般的心理共鸣。有人认为李嘉诚的独特性在于“对事物发展方向了然于心，支撑起这一点的是他对科技世界的好奇和开放心态”，这样看来，李嘉诚忠告两个儿子需要“用心思考未来”，不是没有缘由的。

下面讲个故事：

> 阿道夫·贝耶尔10岁生日那天，他以为爸妈会像其他小朋友的父母那样，为他好好庆祝一番。可是母亲一大早就把他领到外婆家里，在那里消磨了一整天，压根没提过生日的事。
>
> 贝耶尔很不乐意，在回家的路上嘟着嘴不说话。母亲见了，语重心长地说：“我生你的时候，你爸爸41岁，还是个大老粗。现在他51岁了，可还跟你一样，正在努力读书，明天还要参加考试。我不愿意因为你的生日而耽误他的学习，时间对他来说实在太宝贵

了。你还小，学会珍惜时间。”

母亲的话，一下刺进贝耶尔幼小的心田。后来他回忆道：“这是母亲送给我10岁生日最丰厚的礼品。”

贝耶尔读大学时，年轻的有机化学家贾拉古教授的名字传遍了德国。不过，一些科学界前辈总是提出这样那样的问题挑剔他。有一天，贝耶尔和父亲闲谈，提起贾拉古教授，说：“贾拉古，只比我大6岁，没啥……”父亲听到这儿很不满意，对儿子说：“大6岁怎么样，难道就不值得你学习吗？我读地质学时，有的老师比我小30岁，我一样恭恭敬敬地称他们为老师，认认真真地听他们讲课。你要记住，年龄和学问不一定成正比。不管是谁，只要有知识，就应该虚心向他学习。”

古人向来注重诗书传家，如“少壮不努力，老大徒伤悲”“玉不琢，不成器。人不学，不知义”。我国著名作家麦家在一篇文章中回忆自己年轻时，文化水平不高的农民父亲对他说了“一句照亮世界”的话：“家有良田，可能要被水淹掉；家有宫殿，可能要被火烧掉；肚子里的文化，水淹不掉，火烧不掉，谁都拿不走。”他禁不住感激父亲，说：“总之，这句话永远烙在了我心里。改变一个人有时候就是一句话，一夜之间，一念之间。当我带着这句话去上学后，我变了，我像换了一个人，至少是换了一颗心灵、换了一台发动机。……父亲送我这句话，其实是给了我一个世界、一个支点，让我时时心有磐石和灵犀，对这个日益喧嚣、物化的世界保持了一种应有的距离和警惕。”

在很多人眼里，这个社会往往会出现一些反比现象：特别有知识的人能力不全大，有的活得不如意；没多少知识的人不全不行，有的反而活得挺滋润。甚至有不少人感觉到社会的生存法则是，知识多一点少一点都差不多，自己能不能通人脉、走关系最重要。在这里，我们表个态：这种歪想法摆不到桌面上，不管你想干什么，还得老老实实多学知识，撒腿追上知识时代的锣鼓点，一步步把自己的头脑武装起来，要不然，迟早会被淘汰得无影无踪。说句更实在的话：大多数情况下，没有知识你只能给别人打工，难有自己的一片天地。即使有一块，你要再上一个新台阶使出吃奶的劲都不行，会看到知识一族从你身边快速超过去。简单说，没有辛苦的求知就难有绝好的求职！

这里，我们希望父母教子在求知、用知方面，多给孩子创造环境，多给孩子提供机会，督促他们积极向上的精气神，早些把未来命运掌握在自己手中。

李嘉诚教子启示

古人教子说：“积累知识在于勤，学问渊博在于恒”。人生成功不易，右手需要牵住从书本上学到的知识，左手需要拿住从社会得来的学识，两条腿还要跑起来。

5. 大行善举法：做个热心回报社会的人

※ 李嘉诚贴心话

☆我的钱来自社会，也应该用于社会，我已不再需要更多的钱，我赚钱不是只为了自己。为了公司，为了股东，也为了替社会多做些公益事业，把多余的钱分给那些残疾及贫困的人。

☆如果你的价值观不是空洞口号，而能历久常新，你一生会有定力去应付现实社会复杂、多元和变幻莫测的挑战；如果你真正深爱你的社会、深爱你的民族、深爱这个世界和深爱活着，那你必须参与和无惧承担。

☆更重要的是正如我曾经说过的，要建立个人和企业良好信誉，这是在资产负债表之中见不到但价值无限的资产。

☆我们的社会中没有大学文凭、白手起家而终成大业的人不计其数，其中的优秀企业家群体更是引人注目。他们通过自己的活动为社会作贡献，社会也回报他们以崇高荣誉和巨额财富。

☆一般而言，我对那些默默无闻，但做一些对人类有实际贡献的事情的人，都心存景仰，我很喜欢看关于那些人物的书。无论在医疗、政治、教育、福利哪一方面，对全人类有所帮助的人，我都很佩服。

☆对人诚恳，做事负责，多结善缘，自然多得人的帮助。淡泊明志，随遇而安，不作非分之想，心境安泰，必少许多失意之苦。

☆在人生旅途中，我深深体会到王安石所说“丹青难写是精神”这一句话，作为中华民族的一分子，我会竭尽所能贡献个人力量实现这个理想，不为名利，更不介怀别人的想法。

☆我是一个傻气的人，如果没有傻气，不会办汕头大学一办30年。如果为了赚钱，为了名跟利，要我鞠躬屈膝，我不肯的；但如果为了自己的基金、教育、医疗，或者民族大义，我就都可以做。

※ 教子真经解读

李嘉诚极为重视成功商人的社会责任感，认为这是事业有成后的使命，也是未来能够立足于社会、获得大家肯定的重要任务。为此，他发表了很多相关的谈话，充分显示了他作为成功商人要做社会慈善家的决心。正如他的儿子曾经问："爸爸，我们赚这么多钱到底有什么意义？"李嘉诚的回答很简单："赚钱多可以爱国，回报社会。"

※ 教子故事解析

人的价值离不开自我，但人的最大价值不是满足自我，而是用一颗爱心回报社会，做一个热心回报社会的人。法国思想家卢梭说："慈善的行为比金钱更能解除别人的痛苦。你爱别人，别人就会爱你；你帮助别人，别人就会帮助你；你待他情同手足，他对你就会亲如兄弟。"

众所周知，李嘉诚始终倡导一个人要积德行善，为社会多做无私贡献，让需要帮助的人感受到别人的关爱。事实上，他自己一直坚持这么做，可谓名副其实的一位"大善人"。他曾真诚地说："经商一句话，'人在做，天在看'。"做人不能对不起良心，对不起社会，尤其作为一名真正成功、合格的商人，要随时热心回报社会的厚爱，这是一个做对人、做好人的根本。

李嘉诚从小就牢记父亲李云经"达则兼济天下，穷则独善其身""不义富且贵，于我如浮云"的遗言，后来他自己还把父亲说的后一句写成书法作品挂起来。翻阅李嘉诚事迹，便能发现他慷慨捐献无数，如向中国希望工程、残疾人基金会、孔子基金会、北京炎黄艺术馆、北京第十一届亚洲运动会、华东地区特大水灾、汕头大学创立、汶川地震、北京奥运会等捐款，领域涉及教育、医疗、体育、住建等，范围遍布内地、港台等，可以开列出一串长长的名单。另有以挚爱的亡妻庄月明名义捐助的养老院等。据不完全统计，到2013年，他的个人捐款大约达130亿港元，这几年他旗下的基金的捐款89%用在香港和内地，主要用于教育和医疗事业。这些善行义举无疑体现了他做人崇尚奉献社会的美好品德，也为其他企业家树立了好榜样。2008年度"中华慈善奖"，他名列前三甲之一。可以讲，他现在兑现了父亲的重托！

李嘉诚捐款有很多感人的事迹，这里我们仅说两件，以便大家了解他要回报社会的心理和精神。

1）为家乡民众办实事

1978 年 9 月底，李嘉诚作为港澳观礼团的成员，应邀到北京参加国庆典礼。这是李嘉诚自他逃避战乱远走他乡的近 40 年来，第一次踏上祖国内地的土地。他随观礼团受到国家领导人的亲切接见，并游览故宫、颐和园、十三陵、长城等名胜，他一方面预感到中国将会发生巨变，另一方面看到内地的贫穷落后，顿时别是一番滋味在心头，想："我该为祖国、为家乡做些什么？"这一问题时时萦绕在他的心中。

这年底，李嘉诚从家乡的来信中，获悉潮州有很多返城的"黑户"，或露宿街头，或挤在临时搭起的矮棚笼屋栖身。李嘉诚深为不安，马上复函至家乡政府，提出捐建"群众公寓"，以缓解房荒之急。

幼时，李嘉诚随父读过杜甫的诗句"安得广厦千万间，大庇天下寒士尽开颜"。在香港，他承建的楼宇近千万平方英尺，却不敢将自己的行为，与杜甫的诗联系一起，因为是出于商业利益。捐建群众公寓，虽不可根本上解决房荒，也算是为家乡父老尽了绵薄之力，他共捐资 590 万港元，工期分几年完成，陆续迁入新居的住户无不欢天喜地。

1979 年，李嘉诚回到家乡，在潮州市举行的茶话会上，他说出一席感人肺腑的话："40 年后的今天，我第一次踏上思念已久的故乡的土壤，虽然一路上我给自己作了心理准备，但是就在刚下车的时候，我看到站在道路两边欢迎我归来的父老乡亲们衣衫褴褛，我心里很不好受，心痛得不想说话，也什么都说不出来，说真的，那一刻我真想哭……"李嘉诚说到这，已泪水潸然。

回港后，李嘉诚与家乡飞鸿不断。他在信中恳切道："月是故乡明。我爱祖国，思念故乡。能为国家为乡里尽点心力，我是引以为荣的。本人捐赠绝不涉及名利，纯为稍尽个人绵力。"1980 年，李嘉诚捐资兴建潮安县医院和潮州市医院，大大改善了潮州医疗条件。

2）独资兴办汕头大学

汕头大学创办于 1981 年，是继陈嘉庚独资创建厦门大学后，内地第二所由海外爱国人士捐巨资兴办的大学。李嘉诚在《我对汕头的希望》一文中，敞开了自己爱国报国的真挚情怀：

“教育的重要，是国家的兴亡，社会繁荣的关键。甚至一个机构，一个家庭，其成员教育程度的高低都对其发展前途有着深远的影响。因此，教育事业的发展，直接影响时代的发展。一个国家资源丰富，若人才鼎盛，善于开源节流，则自可克服各种困难，使国家逐渐走向繁荣富强。从历史上看，资源贫乏之国不一定衰弱，可为明证。基于这一信念，我深感人才的重要性……教育事业跟不上，就会造成国家人才缺乏。因此，国家各方面发展的快慢，是和教育事业的成败进退有着直接的关联。……若能因此而加速祖国四化的步伐，也可作为我为祖国做出的一点贡献吧。”

1983 年 5 月，李嘉诚在给汕大筹委会的信中动情地说：

“近年世界经济衰退影响所及，长实也面临着极大的困难。各行业倒闭及亏蚀者甚多，他们经济损失十分严重。上述捐赠，在个人今后数年之现金收入，已达饱和，但鉴于汕大创办成功与否，较之生意上及其他一切得失更为重要，而站在国民立场，能在此适当时间，为国家尽心尽力，即使可能面对较为困难的经济情况下，他们也一定要做这件有重大意义的事情。”

在汕头大学的筹建过程中，李嘉诚多次追加捐款，还亲自确立了“立足粤东、面向全省、顾及全国、对外开放”的办学方针和“团结、勤奋、求实、创新”的校训，一心要把汕头大学建设成为国内乃至国际上有名的高等学府。为此，付出再大的资金与精力的代价，他也毫不吝惜：“办汕大是我人生最重要的事，比生意上的得失更重要，我把一生的心血放在汕大上了……说句心里话，汕大是我一生最大同时也是最重要的一件大事，为了汕大我付出了不少心血，为了汕大我破釜沉舟。”所以他被人们誉为“汕大的恩公”！

1986 年，邓小平接见李嘉诚时，说：“你为祖国做出的杰出贡献，我是理解的，中国人民是理解的，我代表全国人民表示感谢。”

我们读了这些故事，李嘉诚心目中的“中国梦”已经昭然若揭，而他在汕头大学的十多次演讲，更是对“中国梦”的很好注解。李嘉诚还被继任国家领导人誉为“真正的爱国者”，当之无愧！对李嘉诚捐赠的想法，专职负责他捐赠事宜的私人秘书梁茜琪深有感触地说：“李先生捐款与别人不一样，他的捐赠是真正发自内心的。李先生不是那种捐出100万元、200万元，只要有自己的名字就可以的人，他是真心实意去解决这些问题。李先生的捐款与别人完全不一样，他的不一样在于别人在捐出款项以后，所考虑的和关心的仅仅是其善举为不为社会所知；而李先生考虑的是捐出款项后，是否解决了问题。”

富足并非拥有，而是如何运用，没有钱会给人烦恼，但太有钱也会令人很迷惘。李嘉诚对此深有体会，他谈到早年做生意初有成绩的时候，说：“刚多赚了些钱，那时觉得好快乐。但那时开始我想，是不是人生有钱就快乐？我也有些迷惘，也不肯定。”当想到两个儿子李泽钜和李泽楷年纪还小时，父子三人在这片湖上划独木舟的情景，他感怀道：“到现在，这里还是一样的山，一样的环境，一百年、一千年后山仍是一样，但人却不同了。当你想到，人生就是这样短短一程，自己也希望在仍能做事的时间，尽量在世上留下好的种子。”

李嘉诚劝导两个儿子“为世界留下美好种子，人生才不会白过”，就是做人要有回报社会的一颗爱心和一次次善举，做对国家有贡献的人！李泽楷在事业有成后说：“自己做的事情，除了钱的报酬外，还要对社会是有贡献的。”李泽楷在汶川大地震中慷慨解囊，李泽钜为上海世博中国馆捐出首笔捐款等，我们看出他们做到了父亲的要求，知道他们的未来事业是离不开社会的，这是人生价值所在！

瑞典首富瓦伦堡家族教子十训之一：“取之于社会，用之于社会”，犹太人罗斯柴尔德家族教子十训之一：“世代保持捐赠的慈善传统”。“在巨富中死去是一种耻辱”，这是美国一代成功学大师戴尔·卡耐基临死前的名言。对此，卡耐基在专门探索如何正当处理财富的书——《财富的福音》中这样写道：

> 正确看待自己的财富并将它们处置得当，并非易事，为物所累的人并不在少数。应该好好记住，赚钱需要多大本领，花钱也需要多大本领，唯有如此才能有利于社会。衡量生命的指标并不是你拥有多少，而是你能给予多少。生命中，你所付出的一切，99%都会有所回报。所以慷慨给予吧！慈善可以只是温暖的微笑、倾听的双耳或者援助的一双手。这世界上，有许多的善良是跟金钱无关的。

请记住，人生最终的目标是快乐，而让自己快乐的最佳方式则是让身边的人因你而快乐。

最后，卡耐基捐出自己的全部财产，共计3.5亿美元，由此美国兴起了大规模的慈善事业。美国《时代周刊》这样评价他：“或许除了自由女神，他就是美国的象征！”

古人说：“尺蠖之屈，以求伸也；龙蛇之蛰，以存身也；精义入神，以致用也；利用安身，以崇德也。”有些人终生都在追逐名利，他们生活的也许很快乐，有些人毕生都在酒足饭饱，他们生活的也许很痛快；还有些人享有富足而生活平淡，心念国家，回报社会，这又何尝不是一种了不起的真幸福呢！

如果一个人在思考自己未来事业时，没有考虑把个人价值放进社会价值中，一股脑儿地围绕个人利益从白天纠结到天黑，那么，一辈子下来只能“轻如鸿毛”！

李嘉诚教子启示

个人是“小我”，社会是“大我”。“小我”组成“大我”，“大我”成就“小我”。

结尾　把李嘉诚给儿子10句话的睿智搬回家

近几年，大家会发现，书店里摆放着的教子书五花八门，有大有小，有厚有薄，都喜欢打着“教子圣经”的招牌，从自己的理解去大谈如何如何教育孩子，摆出了一套套方法和道理。但是你仔细看起来的话，觉得这本意思不多，瞧那本意思不大，再翻翻又都差不多，而且很多并无多少真正的教子经验，也不太适用，好像“隔山放炮——空对空”。

作为慈父严师，李嘉诚先生把自己80多年的人生体验、经商观念，都汇总在给儿子李泽钜、李泽楷说的10句话：“克勤克俭，不求奢华”“赚钱靠机遇，成功靠信誉”“耐心等待成功的到来”“学会培养独立的生活能力”“别人如果放弃，你就要出手”“不要对一项业务情有独钟”“有胆识也要有谋略”“懂得用人是成功的前提”“要时刻考虑合作伙伴的利益”“肯用心来思考未来”。我们可以把这10句话依次浓缩成10个正能量的词：勤俭、机遇、诚信、耐心、独立、出手、胆略、用人、合作、长远。

李嘉诚对两个儿子的教育方法，始终坚持言传身教，把课堂搬到社会，把社会搬进课堂，不是死管而是引导，不靠棍棒而靠劝告，注重对两个儿子的素质培养和能力训练，希望他们能够明白下面这些道理：

1）人生经历是成功的最大资本，忘记它是最大的亏本

很多人都有过痛苦的经历，往往不愿再提及，提起来就头痛，但是一旦这一页翻过去，就开始忘乎所以。与此不同，李嘉诚在经历过去的数十年间，时时回过头去思考，不断给自己施加压力，给自己提出新挑战，即使事业有成，也是这样。他把1943年父亲李云经病逝后自己承担家庭重担、辛苦打工、不分昼夜、四处奔波、看人眼色的经历，当作磨砺自己个性和雄心的一块磨刀石，练就了自己经商的灵活头脑。在几次跳槽后，他觉得自己可以做大事了，就毫不犹豫地开始独立打天下。

李嘉诚反复给两个儿子说起自己早年的艰辛生活，就是激励他们不要怕什么，尤其不要怕吃苦，怕吃苦的人不会有大作为。人生都是一把抓住时机闯出来的，在最没有出路的时候，要敢于做行动英雄，朝着选定的目标走下去，走下去就是希望，不走下去就是绝望。

2）做事情首先做人，既要心怀坦荡，也要讲究方法

很多人把做事和做人分得十分清楚，甚至以为做事怎么干都行，做人也不需要多么讲究。其实这是大错特错的！李嘉诚始终把“做好人”摆在第一位，做不好人就做不好事，即使做了事也做不久做不大。所以他把“诚信”两字摆在第一位，用这两个字去交朋友，去做生意，自己的人生局面越来越成功，越来越开阔，蒸蒸日上。

李嘉诚给两个儿子讲述做人先做事的道理，就是担心他们把人所以为人的根本丢掉了。也就是说，丢掉做人之本，不但没有可信的合作者，而且根本不可能把自己的事业做起来。反之，就完全是另一回事。在这种前提下，李嘉诚给两个儿子传授自己的生意经，做事情要抓机遇，要保持耐心，要懂得进退，要靠胆略，要讲诚信，不能糊里糊涂做事情，更不能与别人叫板死磕，可以不求直线走动，而求曲线挺进，一切以“稳健”两字为中心，掌握好什么时候舍小利而取大利、什么时候舍大利而取小利的通则。另外，要死记住：赚钱要赚放心钱，不能赚烫手钱。想想看，有多少摸了烫手钱而堕入人生败局的人，此时想做一名平凡的人而不可得，就反证了平凡其实不平凡。

3）要把能人招过来，对下属好一点，都像一个大家庭

世上固然有单打独斗成功的人，但是都疲惫不堪。在今天的社会，尤其需要能人和能人抱团拼事业。李嘉诚用人哲学很有特色，本着“有容乃大”的思想，想办法把各方能人招募麾下，那就是你能你强，我就给你提供大舞台，而且你我都是一家人，都有归属感，但是要破除家族式管理制度，不用自己身边的亲戚。他说：“以外国人的管理方式，加上中国人的管理哲学，以及保存员工的干劲及热诚，我相信无往而不利。”所以他是家族式管理的颠覆者。

李嘉诚告诉两个儿子这些道理，就是让他们明白“一个好汉三个帮”。做事情最难得的就是有几个替你冲锋陷阵的干将，对他们出过的力、做成的事都要看在眼里、记在心头，大大方方给待遇，发“红包”，因为小家子气做不了大事情。

4）赚钱固然重要，但是回报社会更重要；没有社会，你能干成个啥

很多人赚了钱就开始肆意挥霍，怎么爽怎么来，这样的人充其量与钱玩了一辈子。李嘉诚身为华人首富，他把慷慨解囊、善举义行看作自己的责任，不断传播爱与善良的力量，因为他心里始终挂念需要帮助的贫困人们，每每饱含深情，又想为他们做点实事，但是他淡泊功名，保持低调，赢得社会一片片掌声。

李嘉诚让两个儿子知晓自己在回报社会方面的言行，就是启发他们即使自己金山银山，也不能为了自己大肆炫富、追求奢侈，而要做一个有知识、有爱心的人，一定要拿出不菲的钱款用于慈善公益，这样才人品可嘉。所以最高的经商境界是想明白了“赚钱还是赚人生”这个问题后，就会把社会当作自己最大的服务对象，实现了“大我”！

李嘉诚上述言传身教的教子方法，就是让两个儿子从小养成做人做事的好习惯，这样的事不能拖，拖了就养不成好习惯。正如我国著名教育家叶圣陶先生说的一句话：“什么是教育，简单一句话，就是要养成良好的习惯。”孩子教育常分管住他、引导他、由着他三种。第一种过于严苛，就会把孩子管的没了脾气和个性，变平庸的可能性大；第三种过于随便，就会让孩子放任自流，变得极端，随性而为，不留神就会往偏里走；第二种最好，李嘉诚就是用这种办法引导两个儿子成长，与他们出游、吃饭、喝茶时讨论为人处世的价值观，带着他们培养参与事务的执行力，适当的时候给他们提供成就自我的舞台。李嘉诚对孙辈也非常关爱，每天回家都必定抽空陪孙女玩。他说：“我们感情很好的，但玩之中我比较严的，他们不对的时候我照样会说的。我比较希望他们成才，和他们一起的80%的时间，都是和他们讲做人的宗旨，很少讲生意。”可以看出，李嘉诚培养子孙的方法都是从小就抓，最主要的是抓做人！

我国著名教育专家刘良华认为：“影响孩子成绩的主要因素不是学校，而是家庭。家庭教育是人成长的根部和根本，它是‘培根教育’”，“成功的教育是‘虎父无犬子’，失败的教育是‘母强子弱’”。现行开放式教育方法认为：父母都是第一线的好老师，对孩子不是管，也不是不管。在管与不管之间，有一个词语叫“引导”，管理与引导。主要培养孩子几个方面的目标——加强能力与修炼素质并进，正确做人与合理做事、近期要求与长远规划，个人独立与融入群体。李嘉诚一次次通过家庭“周一餐桌会”“旅游对话课”等形式，对两个儿子的教育做到了：提醒与督促、加压与减压、批评与鼓励、信任与放手，因为两个儿子个性不同——一静一动，一收一放，他的侧重点也不一样，这些都很值得每位家长多学习，多运用。家长不妨把这些智慧搬回家，把自己的孩子培养成大家叫好的栋梁之材。